物联网工程研究丛书

物联网的最优设计和数据适配技术

刘幺和 编著

科学出版社

北京

内 容 简 介

本书介绍了物联网的最优设计和数据适配技术，描述了物联网设计中常见的问题，根据移动互联网的发展及作者多年软、硬件工程设计的经验，在轻量级软件设计的基础上，指出软、硬件边界协调设计的重要性，提出了物联网的最优设计和数据适配技术与方法，该方法通过实用系统的设计过程，使读者可以全面地掌握物联网的设计和应用。

本书可作为高等院校物联网、计算机、系统工程、测控和机电等专业本科生和研究生的教材或参考书，也可作为相关领域技术人员的参考资料。

图书在版编目(CIP)数据

物联网的最优设计和数据适配技术 / 刘幺和编著. —北京：科学出版社，2014.11
（物联网工程研究丛书）
ISBN 978-7-03-042218-7

Ⅰ.①物… Ⅱ.①刘… ②宋… Ⅲ.①互联网络-应用 ②智能技术-应用 Ⅳ.①TP393.4 ②TP18

中国版本图书馆 CIP 数据核字(2014) 第 243236 号

责任编辑：任 静 闫 悦 / 责任校对：郭瑞芝
责任印制：徐晓晨 / 封面设计：迷底书装

科学出版社 出版
北京东黄城根北街16号
邮政编码：100717
http://www.sciencep.com

北京凌奇印刷有限责任公司 印刷
科学出版社发行 各地新华书店经销

*

2014年11月第 一 版　开本：720×1000 B5
2019年 1 月第五次印刷　印张：16 1/2
字数：319 000
定价：**98.00 元**
(如有印装质量问题，我社负责调换)

前　言

当前，物联网的设计和搭建已被广大科技人员所熟悉。物联网是基于泛在网技术建立起来的物物相连的互联网，这种连接可以包含任何时间、任何地点和任何物体。这种网络的特点是既有测控传感器的功能，又有分布式 Web Service 平台上数据查询功能，还可以使各种应用服务在云计算平台上交互。由于移动互联网和智能移动终端(如智能手机)的飞速发展，传统网络基础架构向云的方向迁移，云计算基础架构要实现自动化按需分配，需要依赖于数据中心、服务器、存储、虚拟化、软件轻量级设计和操作系统等对终端设备进行快速配置，有配置就有选择，有选择就有优化，本书的目的就是研究物联网设计中的最优设计和数据适配。

本书假设读者已掌握物联网的基础知识，如条形码、RFID 工作原理、GPS 定位、嵌入式开发、无线传感网络和一般软件设计知识。因此，在极限编程、测试驱动开发和 Agile 软件设计的基础上，本书的重点是物联网的优化设计方法和数据适配。

物联网涉及多学科融合，特别是云、大数据、移动化三者正越来越呈现三位一体的融合趋势，最大的设计困难既有系统复杂性，也有接口编程和软、硬件的设计平衡。要完美设计一个物联网项目，设计人员必须具备坚实的软、硬件工程经验和柔性软件设计思想。本书从工程角度出发，结合不同学科专业知识来理解物联网的搭建和设计过程。将物联网的数据适配、Agile 软件设计、测试驱动开发、Restful Web Services、非关系数据库 Mongodb、NoSQL、轻量级数据交换模式 Avro、大数据的语义搜索与数据挖掘、智能移动终端的设计等作为重要内容加以介绍，强调物联网工程实用性是本书的目的所在。

本书是作者多年授课和科学研究的结果，感谢湖北工业大学对本书出版的大力支持。由于时间仓促，书中难免存在疏漏之处，殷切希望广大读者批评指正。

刘幺和

2014 年 10 月

目 录

前言

第1章 物联网的最优设计和数据适配 ··· 1
1.1 物联网的结构组成 ·· 1
1.2 物联网的设计方法 ·· 3
1.2.1 前端为非移动装置的设计方法 ·· 3
1.2.2 前端为移动装置的设计方法 ·· 7
1.3 物联网的设计难点 ·· 9
1.4 物联网的优化设计 ·· 11
1.5 物联网的数据适配技术 ··· 13
1.5.1 数据大小适配 ·· 14
1.5.2 数据搜索适配 ·· 15
1.5.3 终端界面适配 ·· 16
1.6 物联网的最优化设计和数据适配 ·· 17
1.6.1 用户数量不大且投资小的设计方法 ···································· 18
1.6.2 利用现有手机和移动通信网络的设计方法 ························· 20
1.6.3 面向移动终端配置的物联网设计方法 ································ 22

第2章 物联网的前端(传感层)设计 ··· 27
2.1 移动终端 ·· 28
2.1.1 移动 IP ·· 28
2.1.2 移动微技 ··· 30
2.2 传感器在 EIP 上的整合 ··· 32
2.3 物联网前端的各种接口实验平台 ·· 33
2.4 物联网传感层的智能交换机 ··· 36
2.5 无线传感器网络 ··· 38
2.5.1 无线传感器网络结构和特点 ·· 38
2.5.2 无线传感器网络与互联网融合 ·· 40
2.5.3 无线传感器网络软、硬件的开发与设计 ···························· 42
2.6 Android 平台的硬件传感器 ··· 47
2.7 应用实例(物联网前端硬件设计) ·· 48

第 3 章 物联网的中间层(数据层)处理技术······55
3.1 网络层端口数据传输特点······56
3.1.1 TCP/IP······56
3.1.2 网络层······57
3.1.3 6LoWPAN······57
3.2 数据层中的数据处理······59
3.2.1 物联网的数据特性······59
3.2.2 数据传输的难题······60
3.2.3 数据融合······60
3.3 数据清洗与过滤技术······60
3.4 中间件技术······62
3.5 Savant 中间件······63
3.6 移动中间件技术······65
3.7 应用实例(基于物联网的传感器数据接口设计)······66

第 4 章 物联网的后端设计······73
4.1 后端 Web Service 组件设计······74
4.1.1 Web Service 组件技术的特点······74
4.1.2 如何调用 Web Service······75
4.1.3 创建一个 Web Service 组件······76
4.2 后端服务器托管与虚拟化······85
4.2.1 服务器托管······85
4.2.2 服务器虚拟化······88
4.3 分布式系统基础架构······90
4.4 云计算与虚拟化······92
4.5 FC/iSCSI 存储技术······93
4.6 Web 网关······95
4.7 应用实例(面向 Web Service 组件的 GIS 疫情监测系统)······95

第 5 章 移动装置的物联网设计······99
5.1 移动互联网的发展和特点······101
5.1.1 移动支付······102
5.1.2 移动定位······103
5.1.3 移动电子商务······104
5.1.4 移动办公······104
5.1.5 移动 MOOC······105

  5.1.6 移动终端多元化 ································ 106
  5.1.7 移动互联网的特点 ······························ 106
 5.2 移动终端的硬件开发平台 ····························· 107
  5.2.1 基于 Intel Atom 处理器 ························· 108
  5.2.2 基于 ARM 嵌入式系统 ·························· 109
 5.3 移动终端的软件开发环境 ····························· 110
  5.3.1 Android 软件开发 ······························ 111
  5.3.2 App Store 软件开发 ····························· 117
 5.4 移动终端的数据库开发和数据适配 ····················· 118
 5.5 应用实例（手机识别在汽车服务管理系统的应用）········· 119

第 6 章　物联网轻量级常用软件设计 ·························· 128
 6.1 轻量级的数据交换模式 ······························· 128
  6.1.1 轻量级的数据交换模式 JSON ···················· 128
  6.1.2 轻量级的数据交换模式 BSON ···················· 132
  6.1.3 JSONP 和延迟加载 ····························· 133
  6.1.4 轻量级的数据交换模式 jQuery ··················· 133
  6.1.5 轻量级的数据交换模式 Avro ···················· 134
  6.1.6 安全漏洞描述语言 ······························ 136
 6.2 NoSQL ··· 137
 6.3 轻量型的数据库 SQLite ······························ 138
 6.4 非关系数据库 MongoDB ····························· 141
  6.4.1 MongoDB 的特点 ······························ 142
  6.4.2 MongoDB 的功能 ······························ 142
  6.4.3 MongoDB 的适用场合 ·························· 143
  6.4.4 MongoDB 的安装与配置 ························ 143
  6.4.5 MongoDB 的数据操作 ·························· 144
 6.5 面向对象语言 Python ······························· 146
 6.6 应用实例（面向轻量级的移动终端数据采集系统）········· 148

第 7 章　Restful Web Service ································ 153
 7.1 Web Service 和 Restful Web Service ··················· 154
  7.1.1 通信协议和统一接口 ···························· 155
  7.1.2 REST 无状态性和命名方式 ······················ 156
  7.1.3 冗余信息和数据格式 ···························· 156
  7.1.4 索引方式和安全模型 ···························· 156

7.1.5 耦合特性 ·· 157
7.2 Restful Web Service 设计特点及风格 ····························· 158
　　7.2.1 设计特点 ·· 158
　　7.2.2 设计风格 ·· 158
7.3 Restful Web Service 设计方法 ································· 159
7.4 Restful Web Service 开发实例 ································· 162

第 8 章　云计算平台

8.1 云计算的概念 ··· 170
8.2 移动终端与云计算 ··· 171
8.3 云计算技术的特点 ··· 173
　　8.3.1 云计算的数据特点 ···································· 173
　　8.3.2 云计算提供的服务 ···································· 174
8.4 云计算与大数据 ·· 175
8.5 云计算的服务形式和优势 ··· 176
　　8.5.1 软件即服务 ··· 176
　　8.5.2 平台即服务 ··· 177
　　8.5.3 基础设施服务 ·· 177
　　8.5.4 云计算服务的优势 ···································· 178
8.6 移动云计算 ··· 179
　　8.6.1 移动云计算的特点 ···································· 179
　　8.6.2 移动云计算的开发 ···································· 180
8.7 云计算的硬件实现 ··· 180
8.8 应用实例(如何选择一个云计算平台) ····················· 181

第 9 章　数据挖掘与智能搜索

9.1 数据挖掘的常用算法 ··· 192
　　9.1.1 PageRank 算法 ·· 193
　　9.1.2 关联规则 Apriori 算法 ······························ 195
　　9.1.3 分布式数据挖掘 ······································· 196
　　9.1.4 集成学习算法 ·· 197
9.2 语义搜索与语义网 ·· 198
　　9.2.1 本体论 ··· 199
　　9.2.2 RDF ·· 199
　　9.2.3 语义网的实现 ·· 202
　　9.2.4 本体与语义 Web 体系 ······························ 203

9.2.5　本体构建的基本方式 204
　　　9.2.6　语义 Web 的体系结构 208
　　　9.2.7　语义标注与服务匹配组合 210
　9.3　移动搜索 214
　　　9.3.1　语言搜索 214
　　　9.3.2　谷歌搜索 215
　　　9.3.3　百度搜索 215
　　　9.3.4　移动搜索与桌面搜索的区别 215
　9.4　应用实例(基于语义搜索的语音交互系统设计) 216

第 10 章　智能化移动终端的物联网设计 223
　10.1　生物识别原理与应用领域 225
　10.2　语音识别原理 226
　　　10.2.1　动态时间规整 227
　　　10.2.2　隐马尔可夫法 227
　　　10.2.3　矢量量化 228
　　　10.2.4　神经网络的方法 228
　10.3　语音识别 SALT Web 应用开发 228
　10.4　语音识别、触控和自动一体化(谷歌眼镜) 236
　10.5　脑电波和脑图像识别 238
　10.6　生物识别相关芯片介绍 240
　10.7　应用实例(专用芯片的嵌入式视频服务器) 246

参考文献 252

第 1 章 物联网的最优设计和数据适配

当前,物联网与大数据、云计算、移动互联网等技术相互交织、融合发展,使得信息产业的新技术、新业务、新市场不断涌现,产业格局重构与重组,所有这些变化促使物联网孕育着新的机遇和挑战。

众所周知,物联网的发展与各种传感器和网络技术密不可分。互联网影响着每个人的工作与生活,已成为人们生活不可或缺的组成部分[1];而移动互联网的发展给人们带来了一些新的变化。随着宽带无线移动通信技术的进一步发展和 Web 应用技术的不断创新,移动互联网业务的发展成为继宽带技术后互联网发展的又一个推动力,为物联网的发展提供一个新的平台。

物联网设计过程中最大的挑战是设计复杂,软、硬件设计不易平衡。其次,移动搜索需要优化,移动搜索和传统互联网搜索有很大的不同,这是因为云计算、移动互联网和"可穿戴技术"的结合,让每个人、每辆车甚至每个建筑都成为信息感知和接收的终端,涌现出许多可感知、反馈、分析和预判的"大数据时代"的应用和服务。在这个以 PB(1PB=1024TB)为单位的非结构化数据为主的大数据时代,在云计算的环境中,对这种非结构化数据进行适时分析、挖掘,可以让决策更加精准。此外,传统互联网的数据很难直接在智能移动终端上很好地展现,存在一个转化过程,因此改善用户体验,快速刷新过程仍有一定难度。更麻烦的是传统互联网数据一般放在关系型数据库中,并且关系型数据库中数据量庞大,从而造成搜索耗时,因此,Restful Web Services、非关系型数据库 Mongodb、NoSQL、轻量级数据交换模式 Avro、数据挖掘和语义搜索等技术有时需要引入物联网的设计中,这样就给软件设计人员带来极大的挑战。最后,由于移动互联网数据的位置不固定,智能移动终端(如智能手机)技术要求越来越高,传统网络基础架构向云的方向迁移,云计算基础架构要实现的是自动按需分配,这种目标的实现依赖于数据中心、服务器、存储、虚拟化和操作系统等对终端设备进行快速配置,有配置就有选择,有选择就有优化,本书的目的就是解决物联网设计中的最优设计和数据适配问题。

1.1 物联网的结构组成

物联网技术可以分为三类:①感知技术,通过多种传感器、RFID、二维码、定位、地理识别系统、多媒体信息等数据采集技术,实现外部世界信息的感知和识别;②网络技术,通过广泛的互联功能,实现感知信息高可靠性、高安全性进行传送,包括各种有线和无线传输技术、交换技术、组网技术、网关技术等；③应用技术，通过应用中间件提供跨行业、跨应用、跨系统之间的信息协同与共享和互通的功能，包括数据存储、并行计算、数据挖掘、平台服务、信息呈现、服务体系架构、软件和算法技术等。

  物联网构成也可以分为三个层次(图1.1)：第一层是传感系统，通过定义中所提到的各种技术手段，来实现和"物"相关的信息采集，它是物联网的基础，负责采集物理世界中发生的物理事件和数据。这个传感系统有时称为感知层，包括传感器等数据采集设备，以及数据接入网关之前的传感器网络。感知层是物联网发展和应用的基础，RFID技术、传感和控制技术、短距离无线通信技术是感知层涉及的主要技术，其中包括芯片研发、通信协议研究、RFID材料、智能节点供电等细分技术。第二层是通信网络，包括互联网、通信网、广电网及其各种接入网和专用网，目的是对采集的信息进行传输和处理。物联网的网络层建立在现有的移动通信网和互联网基础上。物联网通过各种接入设备与移动通信网和互联网相连，例如，手机付费系统中由刷卡设备将内置手机的RFID信息采集上传到互联网，网络层完成后台认证并从银行网络划账。网络层也包括信息存储查询、网络管理等功能。网络层中的感知数据管理与处理技术是实现以数据为中心的物联网的核心技术。第三层是应用和业务，即通过手机、PC等终端设备实现感知信息的应用服务。物联网应用层利用分析处理后的感知数据，为用户提供丰富的特定服务。物联网的应用可分为监控型(如物流监控、污染监控)、查询型(如智能检索、远程抄表)、控制型(如智能交通、智能家居、路灯控制)、扫描型(如手机钱包、高速公路不停车收费)等。应用层是物联网发展的目的，软件开发、智能控制技术将会为用户提供丰富多彩的物联网应用。另外，物联网中间部分有时称为云计算层，云计算是指网络计算、分布式计算、并行计算、效用计算、网络存储、虚拟化、负载均衡等传统计算技术和网络技术发展融合的产物。云计算通过网络以按需、易扩展的方式获得所需服务。使用云计算的主要原因是：通过云计算使得数据更可靠、更容易扩展和虚拟化，并可以实现数据共享；云计算的系统具有超大规模，并且云计算以其资源动态分配、按需服务的设计理念，具有低成本解决海量信息处理的独特魅力，可以为我们节省大量的人力、物力、财力，大大降低了成本。云计算受到广泛的推崇，是因为它具有可利用最小化的客户端实现复杂高效的处理和存储的特点，这给我们带来巨大的发挥空间。云计算技术的一个突出特点就是使终端设备的配置要求最小化。值得注意的是，在物联网发展中，现有技术可以顺利过渡感知和应用这两个环节，而在传输和计算层，将来IPV6转换问题与逐渐向云计算过渡可能需要一些更新的技术支撑，物联网发展的一个关键是如何突破物品生命周期的标准统一和RFID的整合，最后能够推进更多、更广泛的应用，真正实现在大众生活的方方面面都能够与物联网应用有效结合。

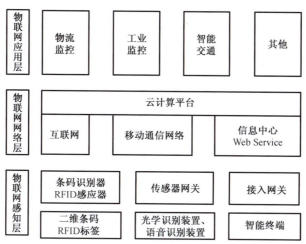

图 1.1 物联网的三层模型体系架构

物联网本身是一个开放的结构,它应使用开放协议支持各种基于互联网的应用,包括物理世界和虚拟世界的融合、标记、传感器和执行器的事件处理。重要的是,物联网应发展可扩展、安全和语义丰富的中间件来推动现实世界的数据进入各种互联网应用。处理平台中很重要的一点是未来的语义业务,未来的连接不仅是传感器相连,所有与传感器相关的信息和知识都要连接起来,还要进行理解。物联网包含处理平台、中间件,以及具备语义理解能力的环境,在整个体系中,最下层是各种各样的传感器网络,中间是接入层,然后进入核心网络。实际上,接入网络是各式各样的,可以是固网,也可以是移动互联网。

1.2 物联网的设计方法

物联网是新一代信息技术的重要组成部分。物联网的核心和基础是互联网,是在互联网基础上延伸和扩展的网络,其用户端延伸和扩展到任何物品与物品之间,进行信息交换和通信。物联网通过智能感知、识别技术广泛应用在网络的融合中,因此,物联网的设计除了与硬件相关,还与软件和网络结构层相关。下面介绍常用物联网的一般设计方法。

1.2.1 前端为非移动装置的设计方法

非移动装置一般是指物联网前端依赖互联网传输数据(而非移动互联网),并非指前端不能移动。在这种情况下,相对于移动互联网传输数据,此装置设计相对简单容易。虽然物联网具有各自不同的属性,例如,智能交通的物联网与物流供应链方面的物联网的所有结构和软、硬件不同,但物联网的设计方法都具有三阶段共性[2],即根据三层结构来思考,如图 1.2 所示,包括感知层、网络层和应用层。

图 1.2　物联网的结构

1. 物联网的感知层设计

感知层包括二维码标签和识读器、RFID 标签和读写器、摄像头、GPS、传感器、终端、传感器网络等，主要是识别物体、采集信息，与人体结构中皮肤和五官的作用相似。如果传感器的单元简单唯一，直接能接上传输控制协议/网间协议(TCP/IP)接口(如摄像头 Web 传感器)，那么就可以直接向接口传输数据。实际工程中显然没那么简单，即使购买到某一款装置，硬件接口往往是 RS232、USB 接口或某电源电压、电流不同等。传感器往往是多种装置的集合，这就需要感知层设计在 EIP(embedded intelligent platform)上整合。如图 1.3 所示，带有 ARM 芯片可与各种接口相连，并在上面直接测试，按功能实现各种裁剪。

图 1.3　带有 ARM 芯片的开发板

什么是 EIP？EIP 的意思就是以 ARM 芯片(或其他芯片，功能相同)控制单元为基础，实行软件、硬件可裁剪，适当地对不同种类的接口、控制功能进行搭建。

当前，在硬件设计和软件硬化中，EIP 的应用非常普及，特别是在通信、网络、金融、交通、视频、仪器仪表等各个方面，可以说 EIP 产品针对每一个具体行业提供"量体裁衣"的硬件解决方案，并且起到软、硬件设计交错互动的桥梁作用。

总之，物联网感知层设计裁剪方法就是在不同传感器、不同接口、不同电源电压下,在 EIP 上剪裁、整合和测试,重点是整合 GPRS DUT、CDMA DUT、GSM Modem、3G DUT 等模块(注意以后有更好的开发模块),将传感器的信号和数据经过移动运营商发送到建立的 TCP/IP 接口上(在 Web 服务机器上)。

2. 物联网的网络层设计

网络层是物联网的神经中枢,负责信息的传递与处理。网络层包括通信与互联网的融合网络、网络管理中心、信息中心和智能处理中心等。网络层将感知层获取的信息进行传递与处理,这部分设计是物联网最重要也是最困难的一部分。

如图 1.4 所示,GPRS DTU(3G DTU 功能相似)与通用 GSM 调制解调器、GPRS 调制解调器相比,用户无须使用 AT 指令,直接使用 RS232 或 RS485 接口即可实现无线上网;GPRS(3G)通信终端增加了路由功能,用户可以快速部署 GPRS(3G)无线应用。RS232/RS485 设备无须更改任何程序即可连接到互联网,即插即用。

图 1.4　GPRS DTU 信号传送

GPRS DTU(3G DTU)支持固定 IP、动态域名解析、虚拟 IP 服务三种连接模式,提供丰富的测试工具包和二次开发工具包,用户可以最大限度地减少重复劳动。

这里需要清楚的是,传感器数据是如何导入 GPRS RS232 接口的,这就是上面讲的 EIP 整合。假如以上所有问题都解决了,传感器信号从嵌入式开发板到 GPRS(3G),然后经过移动运营商将数据发送到 Web Service 的 TCP/IP 端口上,现在的问题是如何从端口上得到数据并显示在浏览器上,或将数据插入数据库中?这里,WinSock API 函数起到重要作用。

WinSock API 函数就是写 TCP/IP 端口程序的函数,选取基于 TCP/IP 的客户机/服务器模型和面向连接的流式套接字。下面简述其工作原理。

服务器端和客户端都必须建立通信套接字,而且服务器端应先进入监听状态,然后客户端套接字发出连接请求,服务器端收到请求后,建立另一个套接字进行通信,原来负责监听的套接字仍进行监听,如果有其他客户发来连接请求,则再建立一个套接字。默认状态下最多可同时接收 5 个客户的连接请求,并与之建立通信关系。因此程序的设计流程应当由服务器首先启动,然后在某一时刻启动客户机并使其与服务器建立连接。服务器与客户机在开始时都必须调用 WinSock API 函数 socket()建立一个套接字 socket,然后服务器调用 bind()将套接字与一个本地网络地址捆扎在一起,再调用 listen()使套接字处于一种被动的准备接收状态,同时规定它的请求队列长度。在此之后服务器就可以通过调用 accept()来接收客户机的连接。但是,要写好一个端口程序,还要考虑信号流量方式和数据定义的结构,程序员还必须理解传感器端的数据传送方式，以及多线程(multi-threaded)相关的API函数，如CCriticalSection、CEvent、Cmutex和Csemaphore等，还需注意这些函数在多线程的环境下的信号量和同步方式。另外，也要考虑多进程之间通信和数据交换，如有时传感器端内存太小，需要大量调用函数并以DLL形式置于Web Service上。总之，物联网的网络层设计需要软件设计人员理解传感网设计结构，保持数据不丢失和平衡两端设计工作量。显然，中间层(网络层)设计任务并不轻松。

综上所述，物联网网络层设计的关键是端口信号获取，保证信号从传感器端流畅地导入Web Service中。

3. 物联网的应用层设计

应用层是物联网与行业专业技术的深度融合，与行业需求结合，实现行业智能化，这一部分必须建立一个适合行业的前端(ASP或JSP界面)和Web Service，但要指出的是，设计方法可采用模式设计法(design pattern)，Web服务拥有软件重用的物联网代码和数据。程序语言可使用C#、ASP(或Java，JSP)。前端(ASP，JSP)要考虑局部刷新和异步通信功能(Ajax)。后端(Web Service)要考虑SOA架构和数据库数据存放。考虑到手机浏览器时，设计WAP要全面理解SOAP和WML数据传送原理。在这里软件设计和软件工程就显得特别重要。

软件设计是软件工程的重要阶段，是一个把软件需求转换为软件表示的过程。软件设计的基本目标是用比较抽象概括的方式确定目标系统如何完成预定任务，即软件设计是确定系统的物理模型。

从技术观点来看，软件设计包括软件结构设计、数据设计、接口设计、过程设计。其中，结构设计是定义软件系统各主要部件之间的关系，有时也称为总体设计或概要设计；数据设计是将分析时创建的模型转化为数据结构的定义；接口设计是描述软件内部、软件和协作系统之间及软件与人之间的通信；过程设计则是把系统结构部件转化成软件的过程性描述，这部分也称为详细设计。

在设计过程中，根据信息模块所表示的软件需求，以及功能和性能需求，采用某种设计方法进行数据设计、系统结构设计和过程设计。数据设计侧重于数据结构的定义。系统结构设计定义软件系统各主要成分之间的关系。过程设计则是把结构成分转换成软件的过程性描述。在编码步骤中，根据这种过程性描述，生成源程序代码，然后通过测试最终得到完整有效的软件。

总之，物联网应用的三阶段式设计方法如下。

传感网：灵活设计嵌入式硬件，在EIP上整合测试，在ARM开发板上内置发送装置(从GSM到互联网)或接收信号装置(从互联网到GSM)。

数据网：熟练书写端口程序，灵活使用多线程与多进程、反复测试，程序要避免挂起(hang up)或内存泄漏。

互联网：设计智能 Web Service 和显示数据 Ajax 界面，Web Service 在允许重用代码的同时，可以重用代码背后的数据，创建 Web Service 能较容易地移植到云计算平台。

1.2.2 前端为移动装置的设计方法

前端为移动装置是指各种数据交换与移动互联网相关。云、大数据和移动化，给物联网设计带来很大困难。由于网络基础架构向云的方向迁移，云计算基础架构要实现的是自动化按需分配，这种目标的实现依赖于数据中心、服务器、存储、虚拟化和操作系统等对终端设备进行快速配置，可以说前端为移动装置比非移动装置的设计更为困难。为使问题简化，有时将前端移动装置物联网看成两段式的设计形式，如图 1.5 所示。

1. 要考虑轻量级敏捷软件开发

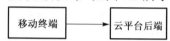

图 1.5 移动装置两段式的设计模式

在物联网的设计过程中，由于移动终端在云平台上交换数据，这就需要具备应对快速变化需求的一种软件适应能力，这种新型软件设计方法称为敏捷软件设计。它更强调程序员团队与业务专家之间的紧密协作，面对面的沟通，频繁交付新的软件版本，能够很好地适应需求变化的代码编写和团队组织方法，也更注重作为软件开发人的作用。敏捷软件设计方法主要有极限编程思想和测试驱动开发，所谓极限编程就是如果代码评审是好的，那么就朝这个方向走；如果测试是好的，那么就应该继续进行测试，这种软件强调需求不是事先设计好的，而是通过用户反馈不断总结出来。通过客户的多次反馈，不断地总结和提炼需求，即使到软件测试验收阶段，也随时可能更改需求，进行软件开发迭代。显然，这种柔性管理与设计无疑对物联网系统设计是非常重要的。另外，极限软件设计方法还包括测试驱动开发，所谓测试驱动开发就是指重构代码，消除重复设计，优化设计结构，它是一种不同于传统软件开发过程的新型开发方法。它要求在编写某个功能的代码之前先编写测试代码，然后只编写使测试通过的功能代码，并通过测试来推动整个开发的进行，这有助于编写简洁可用和高质量的代码，并加速开发过程，对于物联网设计不仅具有理论指导作用，而且具有广泛的实际应用价值。

2. 要考虑保存轻量级内存数据

轻量级设计模式是通过共享对象来减少内存负载，它通过把对象属性分离成内部和外部两种来实现对资源的共享。也就是说，运用共享技术高效地支持大量细粒度对象。轻量级模式的核心就是共享。

传统的数据库系统是关系型数据库，开发这种数据库的目的是处理永久、稳定的数据。关系型数据库强调维护数据的完整性、一致性，但很难顾及有关数据及其处理的定时限制，不能满足工业生产管理实时应用的需要，因为实时事务要求系统能较准确地预报事务的运行时间。

对磁盘数据库而言，由于磁盘存取、内外存的数据传递、缓冲区管理、排队等待和锁的延迟等，事务实际平均执行时间与估算的最坏情况执行时间相差很大。如果将整个数据库或其主要的"工作"部分放入内存，使每个事务在执行过程中没有 I/O，则系统可较准确地估算和安排事务的运行时间，使之具有较好的动态可预报性，这不但提供了有力的支持，同时也为实现事务的定时限制打下了基础。这就是内存数据库出现的主要原因。

内存数据库所处理的数据通常是"短暂"的，即有一定的有效时间，过时则有新的数据产生，当前的决策推导变成无效。所以，实际应用中采用内存数据库来处理实时性强的业务逻辑处理数据。而传统数据库旨在处理永久、稳定的数据，其性能目标是高的系统吞吐量和低的代价，处理数据的实时性要求低一些。实际应用中，利用传统数据库这一特性存放实时性要求相对不高的数据。

3. 要考虑轻量级 Restful Web Services

REST 约束条件作为一个整体应用时，将生成一个简单、可扩展、有效、安全、可靠的架构。由于它简便、轻量级，以及通过 HTTP 直接传输数据的特性，Restful Web Services 成为基于 SOAP 服务的一个最有前途的替代方案。用于 Web 服务和动态 Web 应用程序的多层架构可以实现可重用性、简单性、可扩展性和组件可响应性的清晰分离。开发人员可以轻松使用 Ajax 和 Restful Web 服务一起创建丰富的界面。REST 的全称是 Representation State Transfer，它描述了一种设计 Web 应用的架构风格，它是一组架构约束条件和原则，满足这些约束条件和原则的应用程序或设计就是 Restful 风格。作为 SOAP 模式的替代者，REST 是一种轻量级的 Web 服务架构风格，REST 的应用可以充分地挖掘超文本传输协议（HTTP）对缓存支持的能力。当客户端第一次发送 HTTP GET 请求给服务器获得内容后，该内容可能被缓存服务器（cache server）缓存。下一次客户端请求同样的资源时，缓存可以直接给出响应，而不需要请求远程的服务器获得。而这一切对客户端来说都是透明的。其实现和操作明显比 SOAP 和 XML-RPC 更为简洁，可以完全通过 HTTP 实现，还可以利用缓存来提高响应速度，性能、效率和易用性都优于 SOAP。

4. 要考虑大数据的存放和数据挖掘

在云计算出现之前，传统的计算机无法处理大量并且不规则的非结构数据。十多年来，由互联网公司建立的分布式计算与存储技术可以有效地将这些大量、高速、多变化终端数据存储下来，并随时可以进行分析与计算。未来大数据和物联网将有很好的结合点，这种大数据对于国民经济发展来说也是一个难得的机遇，解决过去想解决而解决不了的问题，让"大数据"产生它的"大价值"。数据挖掘是一门与大数据相关的学科，它把人们对数据的应用从低层次的简单查询，提升到从数据中挖掘知识，提供决策支持。在这种需求牵引下，汇聚了不同领域的研究者，尤其是数据库、人工智能、数理统计、可视化、并行计算等方面的学者和工程技术人员，投身到数据挖掘这一新兴的研究领域，形成新的技术热点。在数据挖掘出来后，需要进行数据分析与综合。数据分析就是把隐藏在一大批看来杂乱无章的数据中的信息集中、萃取和提炼出来，以找出研究对象的内在规律。数据分析的应用极其广泛，如可帮助广告业主做出判断，精准投放广告，以便采取适当行动进行广告优化等。数据分析是组织有目的的数据收集和分析，使之成为信息的过程。这一过程是质量管理体系的支持过程。在产品的整个生命周期，包括从市场调研到售后服务和最终处置的各个过程都需要适当运用数据分析以提升有效性。

1.3 物联网的设计难点

了解物联网的设计特点是成功设计一个物联网项目的良好开端。在物联网软、硬件开发项目中有一个普遍的现象，就是人们感觉这个系统既大又复杂，它不仅涉及硬件的搭建而且涉及软件的规划。因为物联网技术的发展几乎涉及信息技术的方方面面，它是一种聚合性、实用性和系统性的创新应用技术。物联网的本质主要体现在三个方面：一是互联网特征，即对需要联网的"物"一定要有能够实现互联互通的互联网络；二是识别与通信特征，即纳入物联网的"物"一定要具备自动识别与物物通信的功能；三是智能化特征，即网络系统应具有自动化、自我反馈与智能控制的特点。因此，对于物联网开发项目，在进度、任务范围、质量、成本等项目目标中，大多数的物联网开发人员在开始阶段都存在项目范围不够清晰的问题，需要经过反复需求调研之后才可以变得清晰。软、硬件结合部分的目标是最不容易清晰和明确的，这主要是因为硬件开发人员和软件开发人员沟通困难。由于质量目标的不确定性，它在进度、成本、范围等目标的压力下就很容易被忽视。物联网的设计难点如下。

1. 不易保持软、硬件的相对平衡

在一定的范围内保持软、硬件平衡是必要的选择，一般来说，要达到设计指标要求似乎不难，但是要平衡前后端设计内容就比较困难了，当数据量小时这个矛盾不突出。如果考虑传感器前端具有普适网特点，如智能手机，任何时间、任何地点和任何人都能与 Web Service（云计算平台）保持数据交互，为了平衡前后端设计内容，必须找到前端与后端存在大量数据交互的方法。以条码识别为例，识别算法可以在后端 Web Service 中进行，也可以在前端嵌入式开发板中进行，如何平衡前后端设计内容呢？如果将识别算法放在 Web Service 中进行，硬件这一部分设计轻松一些，但识别速度慢；如果将识别算法放在前端进行，硬件工作量就增加，但是缓解了网络流量，硬件识别速度快,这就是一个矛盾。这说明平衡前后端设计内容直接影响设计工作量和经济效益。从某种意义上来说,框架方案设计论证实质上就是平衡局部与全局的关系。这也是物联网设计中保持软、硬件相对平衡的特点。

2. 不易清晰划分设计人员的职责

在一个大的物联网项目中,设计负责人有时对目标、任务的分解不够清晰,不易确定项目组成员职责的差别,其主要原因是一些新任的项目经理不太熟悉硬件设计各阶段工作职责中某些具体工作的分配,无法按任务分清每个人(需求人员、设计人员、编码人员)的责任。导致软、硬件人员边界协调设计不清楚,设计人员协作和沟通比较困难,严重的还造成项目组内部纠纷。界面设计、数据规格等应该由需求分析人员来做,还是设计人员来做;做到什么程度为概要设计,做到什么程度为详细设计。另外,在物联网设计中,Agile 软件设计、测试驱动开发和轻量级软件开发特点没有学习到位,这些都是不易清晰划分设计人员职责的原因。

3. 需要考虑嵌入式系统的软件环境

在物联网设计中,嵌入式系统设计是必须考虑的,软件和硬件的接口问题经常困扰软件开发工程师。正确理解接口在处理器与高级语言开发环境方面的约束条件,可以加速整个系统设计,并为改进系统的质量、性能和可靠性,以及缩短开发周期和减少成本提供保证。例如,嵌入式系统设计通常分为两个部分:硬件设计和软件开发。这两部分任务通常由不同的设计小组负责,相互间很少有交互。由于软件小组很少涉及前面的硬件设计,采用这种方式进行开发经常会遇到问题,特别是硬件与软件开发环境之间的接口性能较差时,导致系统开发时间延长,开发成本提高,最终推迟产品的上市。最理想的解决方案是软件小组参与硬件设计,但是在时间安排、资金和人员方面往往又是不实际的。一种变通的方法是创建一套硬件接口规范来加速软件开发流程。从软件开发者的角度来理解最优化的硬件接口设计,能有效防止软件开发中出现不必要的硬件适应性问题,这种方法对硬件设计流程造成的影响也很小。硬件总线与资源的连接通常有某些限制,如大小、位置、寻址、地址空间或重定位等,只接受字写入的 I/O 端口,或者使用前必须先进行映射的 PCI 总线上的外围芯片是硬件总线接口等,总之,在物联网设计中,嵌入式系统设计要考虑软件环境。

4. 用户体验(界面设计)设计要考虑移动特点

在物联网设计中,一个很重要的技术就是用户界面,特别是自然用户界面技术。移动平台的设计与传统的网页有许多不同之处,如独特的交互体验、不同光线下的视觉效果和资源有限的移动终端,这些都考验着开发者的技术。然而手机与 PC 不同,当前手机种类繁多,手机屏幕的大小、比例各异,并且手机屏幕本身较小,因此既要考虑应用在不同大小屏幕上的适配，又要保持其一致性，同时还要提高每个手机屏幕的使用效率，这就存在着很多的矛盾点。设计需要符合移动平台用户的使用习惯，以最佳的状态呈现屏幕信息。保持界面架构简单、明了，导航设计清晰易理解，操作简单可见，通过界面元素的表意和界面提供的线索就能让用户清楚地知道其操作方式。清晰的布局结构是对一个应用是否可用的基本要求，功能布局层次鲜明，使得新用户通过低成本的学习快速记忆并掌握应用的功能布局，能够在短时间内完成既定的任务。保持图标的简约和文字的可读尺寸，切忌因为过于追求特效与视觉美感，忽略最基本的可读性。而在这种情况下，用户体验设计中最重要的因素是提供给使用者最能依靠直觉的使用经验与界面。这些因素都会让用户体验的复杂度增大，在这样的前提下，如何提供更符合使用者认知的体验设计，成为决定一个设计好坏的关键因素，这就是物联网终端用户体验（界面设计）设计要考虑移动特点的原因。

5. 数据搜索要考虑大数据特点

在物联网设计中，有时要考虑大数据查询。大数据是指在合理时间内完成数据撷取、管理、处理并有助于用户决策的资讯。对这些有意义的专业化数据进行处理，可以为企业决策提供强有力的依据，并增强其对市场需求的洞察力。大数据促使信息化建设模式发生转变，结构化数据向非结构化数据演进，使得未来 IT 投资重点不再以建系统为核心，而是围绕大数据为核心。目前大数据管理多从架构和并行等方面考虑，解决高并发数据存取的性能要求和数据存储的横向扩展，对非结构化数据的内容搜索尤其重要。

1.4 物联网的优化设计

优化设计（optimal design）是把最优化数学原理应用于工程设计问题，在所有可行方案中寻求最佳设计方案的一种现代设计方法。在进行工程优化设计时，首先把工程问题按优化设计所规定的格式建立数学模型，然后选用合适的优化计算方法在计算机上对数学模型进行寻优求解，得到工程设计问题的最优设计方案。在建立优化设计数学模型的过程中，把影响设计方案选取的那些参数称为设计变量；设计变量应当满足的条件称为约束条件；而设计者选定衡量设计方案优劣并期望得到改进的指标表示为设计变量的函数，称为目标函数。设计变量、约束函数、目标函数组成了优化设计问题的数学模型。优化设计需要把数学模型和优化算法放到计算机程序中，自动寻优求解。常用的数学优化算法有 0.618 法、鲍威尔法、变尺度法、复合型法和惩罚函数法等。

优化设计在机械设计中已得到应用和发展。随着数学理论和计算机技术的进一步发展，优化设计已逐步成为一门新兴的独立的工程学科，并在生产实践中得到了广泛应用。通常设计方案可以用一组参数来表示，这些参数有些已经给定，有些没有给定，需要在设计中优选，称为设计变量。如何找到一组最合适的设计变量，使其在允许的范围内，设计的产品结构最合理、性能最好、质量最高、成本最低，有市场竞争能力，同时设计的时间又不要太长，这就是优化设计所要解决的问题。

在物联网设计中，优化设计所要解决的重要问题是成本和时间、各种方案的妥协和选择。例如，在一个云平台上，当一个特定的虚拟化作业需要在某一个特定的分区上做虚拟化的时候，如何临时调整内存的分配，如何给虚拟机上提供特别的内存服务，使其能够及时地调整软、硬件的配合，从而达到最佳的效果和最小的成本。众所周知，云是虚拟化的，是通过互联网享受计算的交互方式。这种交互方式需要软件产品更容易获得和使用。所以在应对不同的交互模式时，在软、硬件的融合上会继续进行整体优化，对各种各样的服务协议，通过特别的优化让云计算整体的使用能力大大提高。

在物联网系统设计中，虽然一般不容易用数字模型表达最优化结果，但在各类软、硬件设计中，各种方案的选择比较和数据适配是存在一个优化结果的。因此，物联网的最优设计和数据适配是设计中的一个目标。

另外，嵌入式系统的设计分为两部分：软件开发和硬件开发。由于软、硬件开发人员之间的沟通协作少，特别是当硬件和软件之间接口指标模糊不清时，会导致系统的开发时间延长、开发成本提高。考虑到上述问题，在对嵌入式软、硬件进行设计的时候，会进行软、硬件边界协调条件约束，然后根据协调准则进行开发，在设计的初期就可以对系统的功能进行验证，可以提高系统的开发效率，缩短系统的开发周期。

物联网设计的软、硬件协调条件约束可以这样来理解，举一个简单的例子，盖房子的时候，工人师傅砌墙，会先用桩子拉上线，以使砖能够垒得笔直，因为垒砖的时候都是以这根线为基准作为校准。物联网设计中的测试也是如此，先写测试代码，就像工人师傅先用桩子拉上线，然后编码的时候以此为基准，只编写符合这个测试的功能代码。如果初学者直接把砖往上垒，则垒了一些之后再看是否笔直，这时候可能会用一根线，量一下砌好的墙是否笔直，如果不再进行校正，则敲敲打打。像这种传统的软件开发，先编码，完成之后再写测试程序，检验一些代码是否正确，有错误再慢慢修改，就浪费了很多时间。所以提出的协调约束也就是软、硬件设计方法往这条直线上靠。例如，一个硬件接口数据struct 如图 1.6 所示，接口数据 struct 可以在浏览器上显示 xml 或 database 的 table。

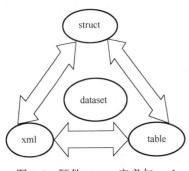

图 1.6　硬件 struct 定义与 xml 和 table 转换关系

这里的 struct 就是一个约束条件：

```
struct def_memset{
    char def_name[20];
    ...
    int def_boundary;
    int def_show;
}starry[8],*p;
    starry[0]. def_name="xxxx";
    ...
```

显然，这些数据可以往 web service table 上转换。

另外，数据库的 table 与 xml 的映射如下：

```
<database>
<table>
<row>
<column1>...</column1>
<column2>...</column2>
...
</row>
<row>
...
</row>
...
</table>
<table>
...
</table>
...
</database>
```

物联网设计中软、硬件之间的接口一直是嵌入式系统设计的瓶颈，也是软、硬件划分优先考虑的约束条件。物联网的设计过程是按照三段式的方法进行设计的，分别是感知层、数据层和网络层。数据层的设计就是从硬件接口获取数据，在嵌入式系统中，通常在硬件和软件之间建立 TCP/IP（移动 IP）的 socket 连接来实现通信。应用程序只要连接到 socket，便可以和网络上任何一个通信端点连接并且传送数据。也就是说，struct 的结构是一个连接软、硬件的约束变量，人们完全可以将它看成一个最优化的指标。

1.5 物联网的数据适配技术

适配器是英语 adapter/adaptor 的汉语翻译。适配器就是一个接口转换器，它可以是一个独立的硬件接口设备，允许硬件或电子接口与其他硬件或电子接口相连，如电源适配器、三角架基座转接部件、USB与串口的转接设备等。在实际开发过程中，经常遇到这样的事情，根据初步的需求制定了一个基类，在开发过程中才了解详细的需求或者需求发生了变动。而开发工作中的接口早已经定义完毕，并已经大规模投入编码。此时若改动接口的定义，则会造成很多编码上重复性的修改工作，而且有可能造成修改不完全，导致语义错误或逻辑错误。语义错误尚可以在编译阶段发现，而一旦发生逻辑性的错误，后果将会非常严重，甚至足以导致系统崩溃。此时就需要用到适配器模式的设计。

众所周知，在移动终端(手机是其中之一)操作系统方面，微软、安卓、苹果三大操作系统将均分智能终端市场。究其原因，就是它们借助 Libcloud 与 Dasein Cloud API 相关技术，能很好地解决云平台访问接口适配层的问题。而在这个市场利润博弈中，一般小公司在这方面的竞争几乎无能为力。直接原因除了移动终端的芯片差距，主要是对物联网的后端数据适配缺乏研究，尤其是在交互模型数据适配方面，更不用说智能搜索交互数据适配。所谓交互模型就是指设备在实际网络环境中运行的模型，与一般理论数学模型是有差别的。这是因为物联网移动终端的数据交互过程中不可避免地存在信道干扰、网络阻塞和路由选择延迟等问题，将导致数据错误和分组丢失等现象。在某些情况下，这些问题对于压缩数据是致命的，因为压缩后的数据一般是由不等长码构成的码流，如果出现错误或数据包丢失，则会引起错误扩散等一系列问题，这样，不但严重影响语音服务质量和识别错误，甚至会导致整个数据交互延迟或系统完全失效，成为限制物联网智能终端技术发展的瓶颈。

1.5.1 数据大小适配

数据大小适配是指物联网前后端数据适配。为了让读者能更好地理解数据大小适配，举一个简单的例子，民用管道供水的适配如图1.7所示。从图中可以看到，消防人员的水枪应接到消防龙头上，同样，一般家用水龙头不应该接到消防龙头上，否则就不适配。在物联网设计中，移动终端与后端也存在一个数据大小适配问题。也就是说，如果云端缓存容量过大(数据流畅或带宽充裕)，则可能存在资源浪费问题；反之，如果云端缓存容量太小，则会导致数据流通不畅或数据阻塞。

物联网的移动终端设计过程中的最大挑战是硬件不能完全独立设计完成，它必须依赖后端软件交互模型适配。移动终端设计系统大而复杂，软、硬件设计不易平衡。此外，移动搜索需要优化，移动搜索和传统互联网搜索有很大的不同，传统互联网的数据很难直接在智能移动终端上很好地展现，存在一个转化过程，因此改善用户体验，快速刷新过程仍有一定难度。当前，由于移动互联网的发展和4G技术的应用推广，智能手机端的应用越来越普及。现有的手机应用普遍存在两方面的问题：一是应用的开发比较复杂，需要面对不同的应用逻辑；二是手机应用需要支持各种不同的手机终端，适配工作量巨大。因此，在传统中间件、移动中间件思想的基础上，提出一种面向多终端适配的移动中间件的架构设计,并给出其核心的可视化开发环境、模拟运行引擎、应用生成引擎和跨设备支持引擎的具体实现,使得移动应用的开发能够更加傻瓜化和可视化,另外,jQuery 移动 UI 框架也能够根据手机终端的不同型号进行界面应用的自动适配。

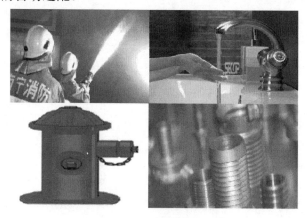

图 1.7　民用管道供水的适配

1.5.2　数据搜索适配

在物联网设计中,经常需要在大数据中进行查询和检索,如图 1.8 所示。数据查询和检索是将经过选择、整理和评价的数据存入某种载体中,并根据用户需要从某种数据集合中检索出能回答问题的准确数据处理过程或技术。在这一过程中就存在搜索的数据适配问题。

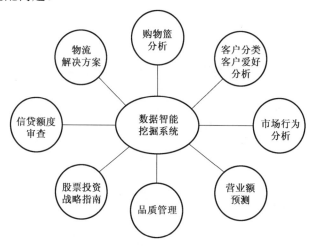

图 1.8　部门需要的数据与数据挖掘的关系

可以这么说,人们要想查询和检索到有价值的数据,就要选择合适的数据挖掘算法和语义搜索。一般按查询问题的要求，可分为简单检索和综合检索。数据文件组织方式不同，数据检索的技术方法也不同。对于顺序结构文件，常见方法有顺序检索、分块查找法、两分检索等。对于随机结构文件，常采用直接地址法等。如果算法选择不对或数据搜索不适配，也许花费三个月也得不到一个结果。另外，在物联网的设计中，算法选择有时也与投资相关，这里存在一个成本核算问题，投资大，也许能搜索到有价值的数据。在这里算法、成本和数据量大小就存在一个适配和最优化过程。

1.5.3 终端界面适配

随着移动通信系统的网络速度和移动终端智能化程度的不断提高，移动互联网用户数量正在急剧增加，互联网上的许多应用开始在手机上广泛普及，手机已经不再是简单的通信工具，它成为人与互联网信息之间最重要的媒介之一。由于互联网上的绝大部分内容都是针对 PC 用户设计的，手机用户使用手机终端访问互联网资源时，必然存在 Web 页面的手机适配问题。在移动终端的设计过程中，针对不同的屏幕大小，应该如何来设计？是否不同大小的屏幕尺寸都需要一个新的界面布局，还是所有的屏幕尺寸都使用相同的界面布局？这是需要探讨的内容。图 1.9 所示为人们常用的手机形状。当前使用的手机屏幕差异很大，各种屏幕大小和分辨率都有。如果为了适配更多的用户群体，则需要更多地考虑手机屏幕大小和分辨率。物理尺寸决定了屏幕的实际尺寸，而分辨率可以表示屏幕上可以呈现的像素点数，屏幕密度决定了屏幕的精细程度。相同的屏幕大小，如果分辨率高，则屏幕元素更精细。一个界面元素在屏幕里的实际尺寸是与屏幕密度相关的，屏幕密度较小的屏上，界面元素的实际尺寸就会大些，反之亦然。在进行手机界面布局中，除了元素的像素值，考虑元素的实际尺寸也非常重要。

图 1.9　手机的界面适配

1.6 物联网的最优化设计和数据适配

物联网是一门实用性很强的学科。为了说明物联网最优化设计和数据适配技术，下面通过一个物联网综合实际应用项目来说明这个开发过程和设计过程。

图1.10所示的二维条码具有超大编码的能力和极强的抗干扰性，它识别速度快、信息容量大、密度高、纠错能力强并支持加密、性价比高、数据采集与识别方便，更为重要的是这种条码可将声音、指纹、文字进行编码，目前广泛使用在印刷、制造工业、物流、信息安全、海关等各个领域，这种条码识别在手机移动终端中使用也越来越广泛。

如果设计一个如图1.11所示的条码采集器，它能识别条码内容、产生语音提示，具有移动终端功能，满足客户要求的界面操作环境并能与远程服务器进行数据交换，这就存在物联网的最优化设计和数据适配问题。项目的设计方案分析如下。

图1.10 Data Matrix 和 QR 二维条码　　　　图1.11 条码采集器

要想达到基本要求似乎不难，前端利用传感器，在嵌入式硬件上整合测试，在带有 ARM 开发板上设有发送装置（从 GSM 到互联网）。后端建立一个 Web Service，保持数据以便在互联网平台上托管，然后从 Web Service 中提取数据，显示在网页上。如果要平衡前后端设计内容的话，因为数据量小，这个矛盾不突出。但要考虑传感器前端具有普适网特点的话，这个装置就有点像智能手机那样，任何时间、任何地点和任何人都能与 Web Service（云计算平台）保持数据交互。为了平衡前后端设计内容，人们必须找到前端与后端存在大量数据交互的设计方案，即物联网后端要根据前端数据变化进行适配。另外，条码识别和从文本到语言（Text To Speech，TTS）可以在 Web Service 中进行，也能下载到前端嵌入式开发板中用硬件芯片实现。显然，如果将识别算法放在 Web Service 中进行，硬件这一部分设计轻松一些；如果将识别算法放在前端进行，硬件工作量就增加，但是缓解了网络流量，硬件识别速度快，这就是一个矛盾。这说明，平衡前后端设计内容直接影响到设计工作量和投资效益，这也就是物联网设计中规划和集成的特点。根据以上分析，物联网设计实现有如下三种方案。

1.6.1 用户数量不大且投资小的设计方法

这个物联网方案设计如下：买一个嵌入式开发板和相关芯片，在开发板上测试整合；设计一个 Web Service，从该机 TCP/IP 端口上接收数据；设计一个网页，使不同地区的人们看到传感器部分动态数据。物联网设计过程按三段式设计方法进行。

在感知层方面，灵活设计嵌入式硬件，在 EIP 上整合测试，在带有 ARM 的开发板上设有发送装置（从 GSM 到互联网），这里注意，假设 Web Service（网站）的 IP 地址是 http://202.114.176，则 ARM 开发板必须将这个 IP 地址告诉移动运营商，这样数据就自动发送到 http://202.114.176 这个端口。前后端 IP 地址的设置如图 1.12 所示。

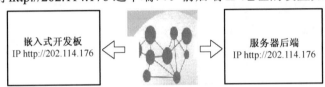

图 1.12　前后端 IP 地址的设置

在网络层，从硬件接口获取数据，用 WinSock API 函数写 TCP/IP（http://202.114.176）端口程序，TCP/IP 端口上接收数据的结构要与感知层发送数据的结构相一致，正确灵活使用多线程与多进程，反复测试，程序要避免挂起（hang up）或内存泄漏（memory leak）。

在应用层设计智能 Web Service 和一个网页，使不同地区用户看到传感器部分的动态数据，Web Service 在允许重用代码的同时，可以重用代码背后的数据，创建 Web Service 能容易地移植到云计算平台。

为了说明 Web Service 设计和网页设计，这里选取了 Web Service 的一个模块，这个模块是关于条码识别后，将一组字符串变成声音，即所谓的 TTS。在这里，Web Service 设计和网页设计都在同一系统上进行测试。本系统的语音合成模块要实现的是基于 Web Service 的语音播报功能，即要先创建关于语音合成的 Web Service 函数，然后在客户端编写代码来调用 Web Service 函数，从而实现语音播报功能，具体步骤如下：

在 Visual Studio 2005 里面新建一个 ASP.NET 的 Web 服务 voiceService，并创建 Web Service 函数。使用[WebMethod]来标识对外输出的函数名。只有用[WebMethod]说明的方法才是可以被远程调用的 Web 服务。

Web Service 端语音播报功能代码如下：

```
[WebMethod]语音播报功能
    public void voiceSpeak(String information)
    {
    SpeechVoiceSpeakFlags SpFlags = SpeechVoiceSpeakFlags.SVSFlagsAsync;
        SpVoice Voice = new SpVoice();
        Voice.Speak(information,SpFlags);
```

将文本文件转换为音频文件：

```
[WebMethod] //将文本文件转换为音频文件
public void createToFile(string wavepath)
{SpeechVoiceSpeakFlags SpFlags
        =SpeechVoiceSpeakFlags.SVSFlagsAsync;
SpVoice Voice=new SpVoice();
SpeechStreamFileMode SpFileMode
        =SpeechStreamFileMode.SSFMCreateForWrite;
SpFileStream SpFileStream=new SpFileStream();
SpFileStream.Open(wavepath,SpFileMode,false);
Voice.AudioOutputStream=SpFileStream ;
Voice.WaitOutilDone(Timeout.Infinite);
SpFileStream.Close();
}
```

此 Web 服务包含两个接口：voiceSpeak 和 createToFile 接口。其中，voiceSpeak 接口的功能是进行语音播报，createToFile 接口将文本文件转换成音频文件。通过在客户端编写相关代码调用这两个接口，就可以实现语音播报功能，以及将文本文件转换为语音文件。编写相应的客户端调用 WebService 代码并编译连接。voiceService 的调试如图 1.13 所示，条码识别和语音测试界面如图 1.14 所示。

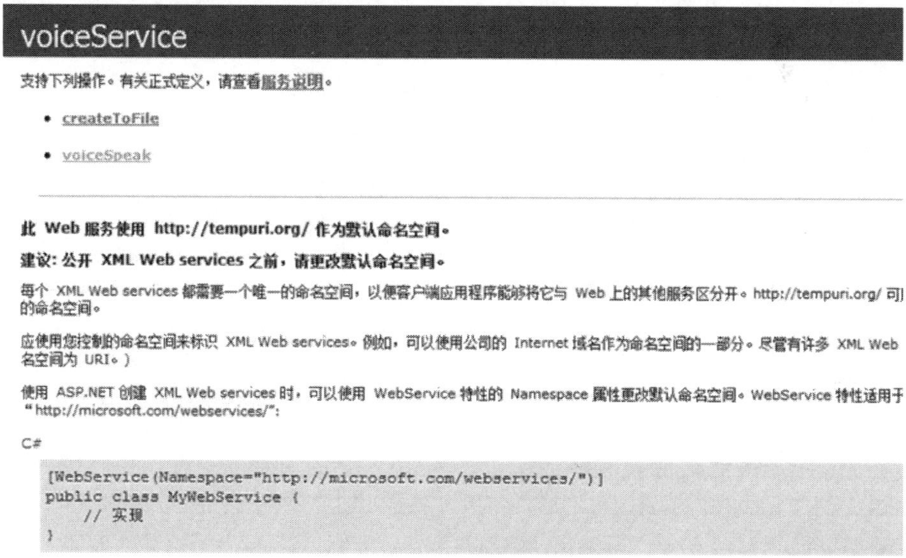

voiceService

支持下列操作。有关正式定义，请查看服务说明。

- createToFile
- voiceSpeak

此 Web 服务使用 http://tempuri.org/ 作为默认命名空间。

建议：公开 XML Web services 之前，请更改默认命名空间。

每个 XML Web services 都需要一个唯一的命名空间，以便客户端应用程序能够将它与 Web 上的其他服务区分开。http://tempuri.org/ 可用的命名空间。

应使用您控制的命名空间来标识 XML Web services。例如，可以使用公司的 Internet 域名作为命名空间的一部分。尽管有许多 XML Web 命名空间为 URI。

使用 ASP.NET 创建 XML Web services 时，可以使用 WebService 特性的 Namespace 属性更改默认命名空间。WebService 特性适用于 "http://microsoft.com/webservices/"：

C#

```
[WebService(Namespace="http://microsoft.com/webservices/")]
public class MyWebService {
    // 实现
}
```

图 1.13 voiceService 的调试

图 1.14 条码识别和语音测试界面

1.6.2 利用现有手机和移动通信网络的设计方法

移动通信网由无线接入网、核心网和骨干网三部分组成。无线接入网主要为移动终端提供接入网络服务,核心网和骨干网主要为各种业务提供交换和传输服务。从通信技术层面看,移动通信网的基本技术可分为传输技术和交换技术两大类。现在,为满足物联网发展的业务个性化需求,中国移动物联网有限公司搭建了物联网专网。物联网用户可以使用专门的号码,获取所需的丰富号码资源。条码识别是利用手机的拍照功能获取包含特定信息的二维码图像,并通过软件进行解码,以触发手机上网、名片识读等多种关联操作。条码识别软件是指具备识读二维码功能和相关应用功能的手机条码识别软件。软件功能主要包括条码获取、文件管理、上网书签等内容,用户可以使用此软件识读 DM(Data Matrix)码、QR 码内容信息,并进行WAP上网码跳转、各类应用码识读、条码信息收藏、网页书签收集等相关的业务应用操作。但是,一般的手机识别并不能满足客户要求的界面操作和远程服务器数据交换,要想做到这些就要进行 Android 平台二次开发,并详细了解条码识别模块的数据接口。基于 Android 系统开发时,手机是一种移动的互联网数据查询终端设备,Android 平台由操作系统、中间件、用户界面和应用软件组成,是首个为移动终端打造的真正开放和完整的移动软件平台。Android 平台融入了面向手持设备的通用计算理念。它是一个综合平台,包含一个基于 Linux 的操作系统,用于管理设备、内存和进程。Android 的库涵盖了电话、视频、图形、UI 编程和设备的其他方面,采用 WebKit 浏览器引擎,具备触摸屏幕、高级图形显示和上网功能。用户能够在手机上查看电子邮件、搜索网页和观看视频节目等,同时 Android 还具备比 iPhone 等其他手机更强大的搜索功能,可以说是一种融入全部 Web 应用的平台。基于 Android 开发的手机条码识别在物联网的应用中将发挥更显著的作用。如图 1.15 所示，软件测试在 Android 模拟器上进行，而设计流程和 Android 函数调用如图 1.16 所示，在手机上利用 Android 开发的条码识别如图 1.17 所示。显然，这与 App Store 软件开发原理相同。

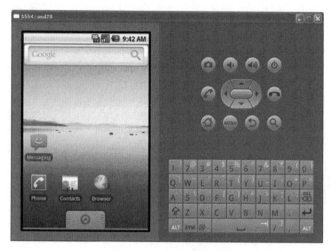

图 1.15　Android 模拟器

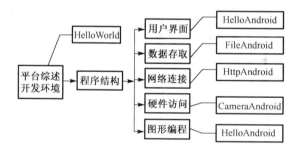

图 1.16　Android 软件设计流程图

图 1.17　在手机上利用 Android 开发的条码识别

1.6.3 面向移动终端配置的物联网设计方法

从以上两项设计方案中可以看到，手机虽然是物联网应用的一个普通终端，也具备二维条码识别功能，但它并不能解决客户与后端数据交换的要求，也不能解决移动终端某些特殊的功能，也就是说，在这个项目中，真正要解决物联网的最优设计和数据适配，应该根据客户的要求重新设计移动终端和云计算相应配置，即在云端中数据交换尽可能使用轻量级方法。因此，较为完善的设计方法是在硬件 ARM 嵌入式开发中配置条码识别芯片和 TTS 识别芯片，既满足了识别速度快的需求，也减少了网络流量阻塞。物联网的二维条码识别系统构成如图 1.18 所示。

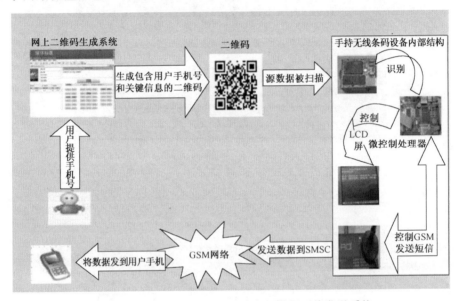

图 1.18　ARM 和 GSM 的二维条码数据无线发送系统

为了实现面向移动终端配置的物联网设计，移动终端的设计应该考虑条码识别后的文本如何往后端传送。在这里，系统硬件以微控制处理器 ARM9 和 GSM 网络为基础，设计了基于 μC/OS-II 操作系统下的实时多任务运行系统。实验表明，本系统运行效率高，能够及时地将条码数据以中文短信的形式发送到手机上，并能发送到 TCP/IP 端口。这里所设计的手持智能识别条码枪包括五大功能模块：扫描识别模块、微控制处理器模块、液晶显示模块、数据无线发送模块和语音合成模块。设备处于工作状态时，微控制模块将控制扫描识别模块采集条码数据，在对数据进行一系列运算后将通过显示模块和数据无线发送模块输出条码信息。微控制处理器模块主要由 SAMSUNG S3C2440、64MB SDRAM 和 Flash 组成。基于该 ARM9 处理器，成功地移植了 μC/OS-II 操作系统实现对系统所有资源统一管理。当系统复位或者上电后,首先初始化相关的硬件和μC/OS-Ⅱ操作系统,接着操作系统开始进行实时多任务调度。扫描识别模块主要是将二维码以图像形式摄取后,将条码信息进行解码,还原为原始的二进制数据流。在这个过程中需要微控制模块及时地控制二维码图像采集,并调用二维码相应的解码算法,将经过分析后的二维码图像信息解码为原始数据。这个数据源将是系统以后进行相关数据处理的重要基础,为此需要及时地将其保存起来。液晶显示模块主要由 LCD 控制器和液晶屏组成。该模块主要是接收系统发给它的数据,并及时地以数字、字母或者汉字的形式显示出来。微控制处理器模块首先控制该模块显示一个友好的窗口界面给用户并等待显示条码信息,一旦微控制处理器模块将解码后的二维码数据送到液晶显示模块,条码信息就立刻显示出来,并且每显示十条信息,液晶屏会清屏一次。数据无线发送模块主要由西门子公司生产的 TC35I 和相关电路部分组成。微控制器通过串口将发送短信相关的 AT 指令传输给 TC35I,数据无线发送模块在收到相关指令后会向某个特定的手机发送信息。微控制器将解码后的二维码数据编码成 PDU 串,再配合 AT 指令就可以将条码数据以中文短信的方式发送给任意一个手机。

1. 嵌入式开发板上硬件系统模块设计

整个系统硬件结构如图 1.19 所示。微控制处理器模块选用 ARM 核微控制器统一控制各部分有序工作,微控制处理器模块与扫描识别模块间通过串口 0 通信,其通信频率为 9600bit/s。微控制处理器模块与 GSM 模块间通过串口 1 通信,通信频率是 115200bit/s;而与液晶显示模块之间的通信通过 LCD 接口。

微处理器选用主频 400MHz 的 SAMSUNG S3C2440A,这是一款高性价比、低功耗的 ARM9 处理器。该处理器在执行指令时,采用 5 级流水线作业,支持 16 位 Thumb 指令集和 32 位 ARM 指令集,因而运行效率非常高,满足系统对实时性的要求。系统程序都写在 SST390F1601 上,这种掉电非易失的 Flash 存储器有 2MB 存储空间。SDRAM 提供程序运行所需的空间,这种动态随机读写存储器具有自刷新功能。为了便于调试程序和后期软件系统的更新,本系统还设计了一个 H-JTAG 调试接口电路。数据无线发送模块即 GSM 模块选用厦门桑荣公司生产的 Saro350 GSM DTU。该模块内部集成有高性能处理器,SIMENS 生产工业级无线模块 TC35I、SIM 卡接口、天线接口等,支持中英文短信发送。GSM 是基于时分多址技术的移动通信体制中应用最为广泛、成熟的无线传输系统。作为 GSM 网络的一项基本应用,SMS(short message service)具有实现简单、通信成本低、系统容量大、抗干扰能力强、自动漫游等特点。液晶显示模块选用 3.5 寸真彩色 TFT 液晶显示屏,支持 4 级灰度、16 级灰度、256 色、16000 色的调色板显示模式。LCD 控制器用于传输显示数据和产生控制信号,数据的传递采用直接内存访问(DMA)方式。

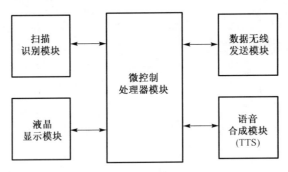

图 1.19　硬件系统结构图

2. 嵌入式开发板上软件系统设计

μC/OS-Ⅱ操作系统下,硬件功能模块对应着应用程序的任务。为满足系统功能要求,本系统设计了四个任务。每个任务都可独占 CPU,完成各自特定功能,同时任务间又通过消息队列传递数据。嵌入式开发板上软件系统架构如图 1.20 所示。

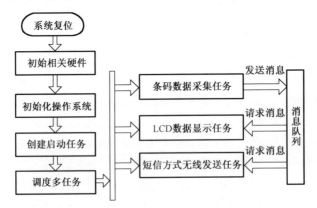

图 1.20　嵌入式开发板上软件系统架构

μC/OS-Ⅱ是一个可剥夺型内核,能够使就绪态中最高优先级的任务总能得到 CPU,使得任务级响应时间得以最优化。μC/OS-Ⅱ按任务的优先级调度任务运行,任务的优先级由用户依实际应用而定。μC/OS-Ⅱ为用户提供了 64 个优先级,一般最高的 0、1、2 级和最低的 OS_LOWEST_PRIO 级被系统占用[7]。μC/OS-Ⅱ系统下,每个任务都是一个无限的循环,都可能处在以下 5 种状态之一——休眠态、就绪态、运行态、挂起态和被中断态。将 μC/OS-Ⅱ移植到本硬件系统上,需要修改 OS_CPU.H、OS_CPU_A.ASM 和 OS_CPU_C.C 等三个与处理器相关的文件。在开始多任务调度前,必须创建至少一个任务,本系统在 OSStart() 之前创建了一个 MainTask() 任务。在 MainTask 任务中,创建了条码识别任务 Task0(),数据无线发送任务 Task1() 和 LCD 显示任务 Task2(),并且初始化定时器 0 用于系统时钟源。MainTask、Task0、

Task1 和 Task2 的优先级分别被赋予为 5 级、6 级、7 级和 8 级，系统内核启动多任务调度后，MainTask 任务立刻获得 CPU 控制权。条码识别任务 Task0，首先调用 OSMemGet()向已经创建好的内存分区申请一个内存块，用来保存采集的条码数据。接着初始相关硬件并选择串口 0，最后将解码后的数据保存到消息队列中。如果 OSQPost()的返回值是 OS_Q_FULL，则调用 OSQFlush()清空消息队列。GSM 模块收发短信有三种模式，其中 Text 模式和 PDU（protocol description unit）模式最为常用。Text 模式收发短信实现简单，容易编码，但一般仅用于收发字母、数字。PDU 模式不仅能收发字母、数字，还能收发汉字。PDU 模式被所有的手机支持，也是手机收发短信的默认模式。PDU 模式下发送短信和接收短信格式要求略有不同，对于发送格式，包含了 13 个部分。PDU 模式下用户数据有三种编码方式，其中发送中文短信只能用 Unicode 编码方式。条码识别后的汉字编码方式是 GB2312，需要将其转换成 Unicode 编码方式才能被手机识别。从 GB2312 编码到 Unicode 编码，是通过查表算法实现的。

3. 系统的软、硬件接口 struct 约束条件

从理论上来讲，移动终端应设计地尽可能集中，也就是说，芯片包括所有的系统功能（在这个项目中，条码识别、语音合成和显示模块都用芯片集成），这样不仅识别速度快，而且网络要传输的数据量也小，云计算也容易实现终端配置。但是，事物总是有两面性的，从客户应用数据分析和后端数据库来讲，传输数据量越大越好，另外，硬件的芯片集成和硬件开发成本也需要考虑，显然这也是一个最优化问题。软、硬件之间的接口一直是嵌入式系统设计的瓶颈。在这个项目中，可以尝试改变 struct（数据 table），测试网络流量阻塞和 XML 在 Web 上的显示速度。

4. 轻量级软件设计和轻量级数据库

在物联网项目设计问题中，数据流量和数据阻塞总是存在的。一味加大服务器和机器的内存容量并不是一个最好的方法。现在，大量用于解决异构系统间的通信问题的 API，都是基于 Restful 风格的 Web 服务，这种现代 Web 架构风格模型，可用来指导 Web 的设计、定义和部署。REST 描述了一个架构样式的互联系统（如 Web 应用程序）。物联网移动终端数据传输是在云平台上交换的，对于基于网络的分布式应用，网络传输是一个影响应用性能的重要因素。如何使用缓存来节省网络传输带来的开销，这是每一个构建分布式网络应用的物联网开发人员必须考虑的问题。由于轻量级和通过 HTTP 直接传输数据的特性以及无状态请求可以由任何可用服务器回答，这十分适合云计算之类的环境，客户端可以缓存数据以改进性能。Restful Web 服务方法已经成为最常见的替代方法。可以使用各种语言实现客户端，Restful Web 服务通常可以通过自动客户端或代表用户的应用程序访

问，这种服务的简便性让用户能够与之直接交互，使用它们的 Web 浏览器构建一个 GET URL 并读取返回的数据内容。另外，为了缓解网络拥塞，对数据库高并发读写的需求也是要考虑的，特别是应付上万次 SQL 读写数据请求，硬盘 IO 就已经无法承受了，对海量数据的高效率存储和访问的需求，一般关系数据库也很难应付。对数据库的高可扩展性和高可用性的需求，在基于 Web 的架构中，Mongodb 和 NoSQL 也常被使用。

5. 在分布式系统数据库中的大数据查询

在这个项目中，将数据写到分布式数据库中并不困难，随着时间推移和数据积累，数据在分布式系统中查询越来越困难，这是因为人们分析和理解大规模数据（称为大数据）的能力远落后于数据采集和存储的能力，也就是说，收集存储数据较容易，但分析、查询、搜索与理解这些分布式系统中的数据是相当困难的。数据一般可分为结构化数据、半结构化数据和非结构化数据。结构化数据称为传统化数据，许多商务数据库都是结构化数据，它们由定义明确的字段组成。半结构化数据和非结构化数据统称为非传统数据。对于分布式系统，通过挖掘 Web 潜在的链接结构模式，可获得不同网页间相似度和关联度的信息，进而帮助用户找到相关主题的权威站点。通过对网站文本内容的挖掘，可以有效地组织网站信息，同时可以结合对用户访问行为挖掘，把握用户的兴趣，开展网站信息推送服务和个人信息的定制服务。重要的是，为了数据挖掘方便，在物联网设计时，对于各类变量和名称，有时需要指定语义内容和相应的本体（ontology）范围，以便以后大数据查询和搜索（详细内容见第 9 章）。

6. 结束语

从以上物联网项目设计问题中可以看到，面向移动终端配置的物联网设计方案是最复杂的。其最重要的原因是物联网涉及多学科融合，特别是云、大数据、移动化这三位一体的融合趋势，设计最大的困难既有系统复杂性，也有接口编程和软、硬件的设计平衡。特别需要解决的是数据通过网络的流量和数据阻塞问题，这也就是面向移动终端的最优化和数据配置。

第 2 章 物联网的前端(传感层)设计

传感器在物联网前端设计中具有重要的地位。物联网是以感知为目的，实现人与人、人与物、物与物的全面感知网络，其突出特征是通过传感器等方式获取物理世界的各种信息，将辨别分析后的信息传输给后端中心以备决策，然后借助互联网、移动通信网等进行信息传递与交互，采用智能计算技术对信息进行分析与处理，从而提升对物理世界的感知能力，实现智能化决策与控制。物联网技术的兴起和发展也打破了传统通信技术固守的狭窄领域，一方面引入了更深层次、更高程度的信息化管理，建立起能够共享的管理平台，解决了各部门间的互联互通问题；另一方面物联网将使原有传感设备上升到更为智能化移动的层面，无论从视频的采集、数据分析、管理还是应用，都将通过智能技术更有效地进行处理。物联网前端概念的发展将使终端设备朝着移动化、智能化、数字化和信息化的方向迈进。

目前，全球的传感器市场在不断变化的创新中呈现出快速增长的趋势。传感器发展的一个必然方向是传感器与微控制器相结合，传感器领域的主要技术将在现有基础上予以延伸和提高，各国将加速新一代传感器的开发和产业化，竞争也日益激烈。新技术的发展将重新定义未来的传感器市场，例如，无线传感器、光纤传感器、智能传感器和金属氧化传感器等新型传感器将不断出现。社会需求是传感器技术发展的强大动力。随着现代技术，特别是微电子技术的飞速发展以及计算机的普及，传感器技术在技术革命中的地位和作用将更为突出。传感器正在进入一个前所未有的发展阶段，发展趋势是向集成化、微型化、数字化和智能化方向发展，向广阔领域发展、向光纤传感器、生物传感器和仿生传感器方向发展。

实际上，人们一直期望自己的传感设备、仪器和各类终端，不受固定位置的限制，随时随地都能快速便捷地获取网络信息。传感器属于物联网的神经末梢，成为人类全面感知自然的最核心元件，各类传感器的大规模部署和应用是构成物联网不可或缺的基本条件。不同的传感器对应不同的应用，覆盖范围包括智能工业、智能安保、智能家居、智能运输、智能医疗等；智能手机和各种类型的无线通信技术推动了物联网，每个智能手机都能成为物联网的传感器。从物联网设计和搭建过程来看，熟悉传感器参数，会使用各种传感器，知道传感器和嵌入式系统如何整合，如何从传感器得到信号与数据，传感器信号如何传递等可能是物联网设计人员关注的重点。

2.1 移动终端

移动终端常被认为是物联网的前端。从有线到无线，从电缆到光纤，从普通到智能，网络技术的发展使产品的接受程度提高。随着集成电路技术的飞速发展和网络越来越宽带化，移动智能终端正在从一个简单的工具变为一个综合信息处理平台，物联网终端属于传感网络层和传输网络层的中间设备，也是物联网的关键设备，通过它的转换和采集，才能将各种外部感知数据汇集和处理，并将数据通过各种网络接口方式传输到互联网中。如果没有它的存在，传感数据将无法送到指定位置，"物"的联网将不复存在。有一种说法为"传感器+移动 IP=移动终端"，虽然这种说法并不严格，但它包含这两种核心元素。物联网移动终端的主要功能是数据收集、数据处理、数据加密和数据传输。

数据收集：典型的应用如一维/二维条码扫描、RFID（电子标签）扫描、IC 卡扫描、身份证扫描、指纹扫描、拍照、GPS 定位和检测等。

数据处理：一般拥有极为强大的数据处理能力、内存、固化存储介质，以及像电脑一样的操作系统，是一个完整的超小型计算机系统，可以完成复杂的处理任务。

数据加密：支持 PSAM 卡数据加密，可配备专用的硬件加密传输模块，使数据更加安全可靠。

数据传输：拥有非常丰富的通信方式，可通过 GPRS、CDMA、EDGE、3G 等无线运营网通信，也可以通过无线局域网、蓝牙和红外进行通信，有的还将对讲功能集成到终端上。

2.1.1 移动 IP

物联网终端是物联网中连接传感网络层和传输网络层，实现采集数据和向网络层发送数据的设备。它担负着数据采集、初步处理、加密、传输等多种功能。随着技术的进步，越来越多的终端设备都有了移动需求，如笔记本电脑、PDA、各类平板电脑和手机等。为了在原有的互联网上支持终端设备的 IP 地址不随接入网络的不同而改变，设计就必须考虑移动 IP（Mobile-IP）。显而易见，移动终端是物联网前端设计的基本要求，而移动 IP 就是移动终端的核心技术。

如图 2.1 所示，移动 IP 技术顺应网络需求而产生，主要解决 TCP/IP 不支持网络设备以固定 IP 地址跨网段漫游的问题。采用移动 IP 技术后，可以使用户以一个固定的 IP 地址在任何网络链路上接入自己的 LAN，并且在保持原 IP 的所有权限不变的同时不具有当前接入网段的权限。移动 IP 技术对网络环境、设备没有任何特殊要求，只是在网络中安装上移动 IP 服务器、移动 IP 客户端软件，即可实现移动节点跨网段漫游的功能。

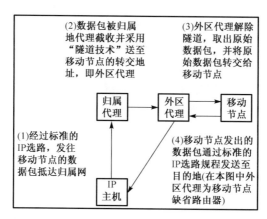

图 2.1 移动 IP 简单工作原理图

移动 IP 技术从广义上讲，就是移动通信技术和 IP 技术的有机结合，即移动通信网和 Internet 的融合，它不只是简单的叠加，而是一种深层的融合。移动 IP 技术的基本原理就是对 IP 协议进行扩展，支持终端的移动性，使终端拥有固定的 IP 地址，而且不论移动到什么地区或者通过什么方式连接到 Internet 上都是如此。简单说来，移动 IP 是一种计算机网络通信协议，它能够保证计算机在移动过程中，在不改变现有网络 IP 地址、不中断正在进行的网络通信和正在执行的网络应用的情况下，实现对网络的不间断访问。移动 IP 的首要目标就是解决节点的移动性问题。在互联网中，数据包要发送到哪个计算机或者其他终端设备，依靠 IP 地址。在每个数据包的头部，都标有这个数据包的目的 IP 地址。传统的 IP 选路机理只适用于固定主机的路由管理，而移动节点的路由是一种动态路由，因此移动数据网中的移动性管理必须具备对移动节点动态链路上的管理机制。

为了支持移动 IP，需要在所有的接入网络中部署代理路由器。终端设备需要在一个接入网络的代理路由器上注册，这个代理路由器称为家乡代理（Home Agent，HA），终端设备获得一个归属于此网络的 IP 地址。所有数据包都可以以这个 IP 地址作为目的地址到达这个终端设备。当终端设备移动到外地网络时，终端设备需要通知家乡代理和所在网络的代理路由器，这个代理路由器称为外地代理。家乡代理和外地代理之间将建立一个隧道。这时，其他的数据包仍然将目的地址填为终端设备的原地址，首先到达家乡代理。家乡代理根据终端设备的记录，通过隧道，将这个数据包转发给外地代理。外地代理再转发给处于外地网络中的终端设备。

移动通信技术发展的目标是实现宽带化、智能化、个人化。使语音、数据、图像等多媒体信息能够在一个统一的无线网络平台上高速接入。在移动环境下提供因特网服务正是第三代移动通信系统的主要业务特征。IP 协议对底层承载技术有广泛的适应性，IP 核心网络由数年前的软件路由器加窄带中继发展到吉比特甚至太比特 IP 路由交换机加宽带传输网络。当所有的业务都是基于 IP 时，基于 IP 的同一种业务可以任意地接入网络、终端,为人们提供高速便利、廉价、实时、实用的网络服务,移动用户的高速接入、网络用户的灵活移动将成为通信最主要、最普遍的业务途径,毫无疑问,移动 IP 将发展成为通信产业应用最为普及的主流技术,同时,所有物联网移动终端设计时,硬件必须嵌入移动 IP 以便网络数据保持畅通。

由于 IPv4 本身的限制,移动 IPv4 存在一些无法克服的障碍,使得移动 IPv4 无法进行大规模的应用。移动 IPv4 主要存在以下问题:①路由优化问题。"三边路由"问题造成所有发送到移动节点的数据包都通过其家乡代理来转发,结果导致家乡代理负载和转发时延的增加。②运营部署问题。移动 IPv4 要求每个可能的外地网络都设置外地代理,如果没有外地代理,则每个移动节点需要从外地网络上获得一个全球可路由的 IPv4 地址,由于 IPv4 地址的匮乏,这一点几乎不可能实现。③入口过滤问题。在移动 IPv4 中,移动节点离开家乡网络到达外地 ISP 时,使用自己的家乡地址作为源 IP 地址发送数据包,部署了入口过滤功能的边界路由器会将这些数据包丢弃。④安全性问题。IPSec 在 IPv4 中是可选部分,但却是 IPv6 的一个有机组成部分。移动 IPv4 并没有规定在什么条件下使用 IPSec,因此各个厂商的解决方案可能存在互通性的问题。移动 IPv6 的路由优化能解决以上问题。但从市场应用角度来看,移动 IPv6 直接应用到物联网移动终端可能还有一段相当长的路程要走。尽管如此,目前只要移动终端中嵌入移动 IP 模块,就能满足物联网前端漫游特性。

2.1.2 移动微技

移动微技(mobile widget)指运行于移动终端上的微技。微技的应用框架非常适合手机终端,手机终端屏幕相对较小,浏览器却占用了有限的屏幕资源,导致手机上网用户体验较差。移动微技不仅可以独立于浏览器运行,有效地利用手机屏幕,而且可以更加快速方便地访问移动互联网。移动微技给手机用户带来良好的呈现方式和互联网体验。移动微技具有小巧轻便、开发成本低、基于标准 Web 技术、开发门槛低、潜在开发者众多、与操作系统耦合度低和功能完整的特点。此外,由于运行在移动终端上,移动微技还有一些其他特性。首先,可以通过移动微技实现个性化的用户界面,轻而易举地让每部手机都变得独一无二;其次,移动微技可以实现很多适合移动场景的应用,如与环境相关和位置相关的 Web 应用;再次,移动微技特定的服务和内容使得用户更加容易获得有用信息,减少流量,避免冗余的数据传输带来额外流量;最后,移动微技也是发布手机广告的很好途径。总而言之,移动微技的易开发、易部署、个性化、交互式、消耗流量少等特性使它非常适合移动互联网。微技作为一种特殊的网页,正在改变着互联网的访问方式,用户访问网络不再需要依赖于浏览器,而是靠这些小工具就可以实现 Web 功能。微技还向用户提供了全新的用户体验。用户通过微技可以定制实现自己所需要的各种服务,个性化自己的桌面,体验它又小又酷的风格。目前主流的微技包括 Yahoo Widget、Google

Gadget、Apple Dashboard Widget 和 Facebook Widget 等。值得一提的是，随着互联网用户的需求改变和微技技术的发展，微技已经不再局限于 PC 桌面，开始渗透到其他领域，如网页微技、移动微技、人机交互微技，甚至微技专用终端等。微技的优势和特色，或许会使它成为未来 Web 应用的重要发展趋势之一。

移动终端是指可以在移动中使用的计算设备，广义地讲包括手机、笔记本电脑、PDA、POS 机甚至包括车载计算机。但是大部分情况下是指手机或者具有多种应用功能的智能手机和 PDA。随着网络越来越宽带化，移动通信产业将走向真正的移动信息时代。此外，随着集成电路技术的飞速发展，移动终端的处理能力已经非常强大，移动终端正在从简单的通话工具变为一个综合信息处理平台。这也给移动终端增加了更加宽广的发展空间。

手机也是一种移动终端，特别是智能手机，往往被作为物联网前端，移动终端设计架构如图 2.2 所示，移动终端 Android 软件设计流程图如图 2.3 所示，Android 软件开发网站如图 2.4 所示。

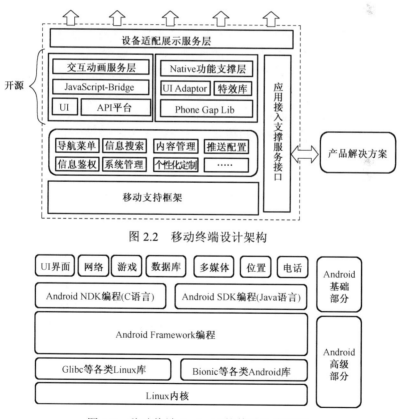

图 2.2　移动终端设计架构

图 2.3　移动终端 Android 软件设计流程图

图 2.4　Android 软件开发网站

如果要查找软件设计相关内容,请查看网址 http://developer.android.com/index.html。

2.2　传感器在 EIP 上的整合

计算机如同大脑,通信如同神经,而传感器就相当于人的五官,它对光、热、声、压力和外界的各种动态进行及时的观测。感知层是物联网的皮肤和五官,识别物体和采集信息。实际上从物联网设计和搭建过程来看,重要的是熟悉传感器参数,会使用各种传感器,了解传感器和嵌入式系统如何整合,如何从传感器得到信号与数据,传感器信号如何传递等,这些可能是物联网设计人员关注的重点。

显然,由传感器、通信网络和信息处理系统为主构成的感知层,具有实时数据采集、监控信息、存储管理等功能。为了更好地理解物联网,有必要介绍 TCP/IP 工作原理、Web 传感器和微传感器。

在物联网设计中,一般传感器的信号大多通过计算机,然后由计算机程序设计将传感器数据通过计算机的 TCP/IP 端口发送到远程,并且在 Internet 上传递。现在有一种设计方法将敏感元件、智能处理单元和 TCP/IP 接口组合在一起,称为嵌入式 Web 传感器。它的实质是在传统传感器的基础上实现 TCP/IP 网络通信协议接口,将传感器作为网络节点直接与计算机网络通信。其工作原理如图 2.5 所示。

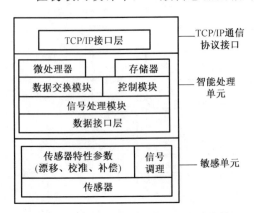

图 2.5　嵌入式 Web 传感器的体系结构

图 2.5 顶端有 TCP/IP 接口层,TCP/IP 实现传感器的直接网络连接。与传统的传感器相比,基于 Internet 的嵌入式 Web 传感器更加可靠、便宜,扩展性更好,而且可以在内部直接对原始数据加工、处理,

并通过 Internet 与外界进行数据交换。该传感器具有微型化、网络化和智能化的特点。传感器的网络化接口实现了对 Internet 或以太网的互联以进行信息的发布和资源共享。其实现方式是嵌入式 Web 传感器研究的重点。网络化接口实现的关键在于 TCP/IP 通信协议的实现。嵌入式 Web 传感器的内部存储器存储传感器的物理特征，如偏移、灵敏度、校准参数等；微处理器实现数据的处理和补偿与输出校正。该 Web 传感器采用协议芯片，如 W3100A 芯片，该方法直接采用硬件方式实现 TCP/IP，直接对芯片的寄存器进行设置，实现数据对网络的传送。Web 传感器是在传统智能传感器的基础上实现智能化、信息化、网络化和微型化的一种新型传感器，它的关键技术是在传感器内部实现 TCP/IP 网络通信协议，把传感器作为网络节点直接与 Internet/Intranet 通信。目前，网络化控制已经成为远程控制的主要研究方向，利用网络实现对局域乃至全球范围内设备的监控是工业控制系统的发展趋势。嵌入式 Internet 远程监控技术作为网络化控制的代表，解决了工业控制领域中异构网络互联问题，提高了网络的智能化水平，对调整传统产业的结构起到很大作用。

2.3 物联网前端的各种接口实验平台

物联网前端设计除了在嵌入式开发板上测试，还有很多物联网实验平台，这些实验平台不仅对工程设计有好处，而且对高等教育中物联网教学和测试各种传感器装置是非常有用的。SeaIOT-IS 型物联网实验平台就是其中一种[3]。SeaIOT-IS 型物联网实验平台，分为前端部分和主系统部分。前端部分由各种传感器模块组成。该系统支持目前绝大多数传感器，该平台安装了 RFID 前端、玻璃破碎探测前端、红外射频前端、气体传感前端、温湿度传感前端、烟雾感应前端、震动传感前端、红外遥控前端、指纹识别前端、ZigBee 前端等十种典型的应用广泛的前端模块。各前端模块设计基于 MSP430F1232 单片机和 CC1100 无线收发模块，能够实现精确采集环境信息的无线传感器网络硬件设计和软件设计方案。各前端模块只需提供一个电源即可单独工作，方便用户进行替换和升级。主系统部分采用三星 S3C2440（ARM920T 内核）的高性能开发平台，既是物联网系统的嵌入式网关和管理平台，也是一款 ARM9 嵌入式开发和教学平台。该系统引出了丰富的外设、各种通用的外围接口和总线，方便用户扩展和挂载各种外设，可用于嵌入式教学、科研开发和高性能移动终端设计。实验平台系统功能接口如图 2.6 所示。

1. 特点

物联网教学内容丰富，实验全面。

感知层：提供多种射频识别和传感器节点与路由器等硬件和网络协议。网络层：提供基于 ARM 处理器的开发板（见图 2.7），完成多种无线网络管理，传感器和 RFID

信息处理，且通过无线和有线网络路径，将数据传输到物联网中心服务器、数据库和物联网。应用层：提供各种物联网应用实训，如智能家居、智能环境检测、智能交通；具有独立的各种无线传感器模块，烟感、玻璃探测、人体感应、红外遥控、温度、湿度、气体检测等环境监测装置，学习和操作简便；涵盖各种物联网技术，3G/GPRS/GSM/RFID/WI-FI/ZigBee/指纹识别/无线视频传输等；具有 I^2C 总线、CAN 总线、A/D、D/A、SPI、USB、VGA、SD 卡、串口等丰富的外围接口。

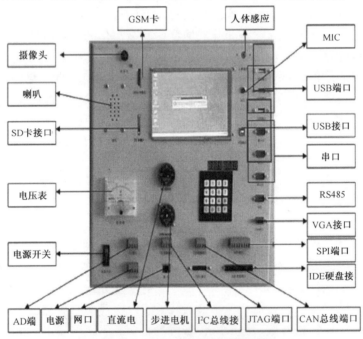

图 2.6 实验平台系统功能接口

图 2.7 带有 ARM 芯片的开发板

2. 系统实现功能

以智能安防系统为例，SeaIOT-IS 型物联网实验平台实现功能如下。

各路探测器感应到异常侵入时实现现场报警、拨打电话、录像、拍照、短信和彩信发送功能；每个防区可独立设置布撤防模式内容；主机可实现基本电话功能，可通过触摸屏实现电话按键选择；探测器报警发出时，主机自动循环拨打预设的电话，直至接通，接通后播放报警留言；当主人听完留言后，即可对现场实施监听，并能现场喊话，阻退盗贼；当摄像头感应到物体后，主机屏幕启动可视门镜功能，录像文件直接存储在 SD 卡内；通过手机发短信，可对前端的摄像头发出指令，随时调取现场图片；可通过手机遥控家电，实现对多种家电的遥控功能。发送的指令为预设的文字短语，如开启空调、关闭空调。

3. 核心配置

SeaIOT-IS 型物联网实验平台的核心配置如表 2.1 所示。

表 2.1 SeaIOT-IS 型物联网实验平台核心配置

模块	功能	配置参数
PCB 板	性能稳定，经过强电磁环境考验	6 层 PCB 设计
处理器	S3C2440A 处理器	主频 400MHz，可倍频至 533MHz
SDRAM	RAM	64MB 2 片 HY57V561620（32MB）
NAND Flash	NAND Flash	128MB K9F1G08U0B
时钟	RTC 时钟	12MHz 系统外部时钟源；32.768kHz 的 RTC 时钟源

4. 接口配置

SeaIOT-IS 型物联网实验平台的接口配置如表 2.2 所示。

表 2.2 SeaIOT-IS 型物联网接口配置

模块	功能	配置参数
PCB 板	性能稳定	2 层 PCB 设计
电源	供电	9V、12V
UART	串口数据传输	一个五线异步串口，一个三线串口，两个三线 TTL 电平扩展引出
485	485 数据传输	一路 485 接口
ADC	10 位 AD 通道	ADC 接口
SPI	2 路 SPI	2 路 SPI
PWM	外接直流电机	外接直流电机
网卡	DM9000 网卡	100MB 网口，采用 DM9000AE，带连接和传输指示灯
USB	USB Device，程序下载 USB HOST，挂载 USB 设备	一个 USB Device 接口 三个 USB HOST 接口

续表

模块	功能	配置参数
音频	音频输出，输入	一路立体声音频输出扬声器；另一路音频输入麦克风
SD 卡	外接存储设备	一个 SD 卡接口
触摸 LCD	终端显示	LCD 和触摸屏接口，支持 7in TFT 液晶屏
VGA	终端显示	终端显示
CAN	CAN 总线数据传输	CAN-bus 规范 V2.0
JTAG	调试	配有下载调试板，可进行下载、程序仿真调试
IIC	IIC 接口	外接 256B 的 EEPROM 存储单元；ZLG7290 控制的键盘和显示 LED
GPIO	GPIO 接口	蜂鸣器、LED 灯、步进电机
USB 摄像头	拍照、录像 中星微摄像头 适用手持设备，摄像监控方面	USB 接口，中星微摄像头（30 万像素） 采用最经典稳定的中星微 301P 方案，色彩逼真 速率 30fps/s，硬件 30 万像素，插值 500 万像素影像 感光器件：高品质 CMOS1/3in，超 CCD 感光效果，VGA/CIF 格式 Video 数据格式：8/16bit 工作温度：0 ～ 40℃
手机模块	收发短信、语言通话、发送彩信	PTM100 GPRS 彩信模块 功能指标 三频段：GSM900/DCS1800/PCS1900MHz GPRS 多时隙 Class 12 标准 AT 指令集：GSM 07.07 电源电压：3.4 ～ 4.3 V

2.4 物联网传感层的智能交换机

物联网前端在智能家电中已广泛应用[4]，现在家居中的家用设备形式越来越多，有些设备本身就具备遥控能力，如空调、电视机等，有些则不具备这方面能力，如热水器、微波炉、电饭煲、冰箱等。而这些设备即使可以遥控，对其控制能力、控制范围也非常有限，因为这些设备之间都是相互孤立存在的，不能实现资源与信息的有效共享，因此，目前需要一种统一控制装置，也就是传感器的智能交换机。随着物联网技术的发展，特别是物联网网关技术的日益成熟，智能家居中各家用设备间互联互通的问题得以顺利解决。物联网的发展为智能家居引入了新的概念和发展空间，智能家居被看成是物联网的一种重要应用。基于物联网的智能家居，用信息传感设备将与家居生活有关的各种子系统有机地结合在一起，并与互联网连接起来，进行监控、管理、信息交换和通信，实现家居智能化。智能家居系统是利用计算机、嵌入式系统和通信网络技术，以家为平台，集自动化、信息化、智能化于一体的高效、舒适、安全、便利、环保的家居居住环境。目前，智能家居生活的智能化程度取决于信息传输的高效性和可靠性，主要有有线传输和无线传输两种。有线传输存在布线复杂、可扩展性差、标准不统一、施工困难等缺点，很难取得较大的市场空间。

无线射频技术是一种近距离、低复杂度、低数据速率、低成本的无线通信技术,因其无需重新布线,利用点对点的射频技术,实现对家电灯光和其他设备的控制,并且安装比较方便,控制方式简单,近年来在智能家居中被广泛应用。因此,基于无线射频技术进行信息传输,实现智能化生活是当前智能家居研究的重点,它将为人们提供高效、舒适、安全、便利的居住环境。家用智能交换机控制图如图 2.8 所示。

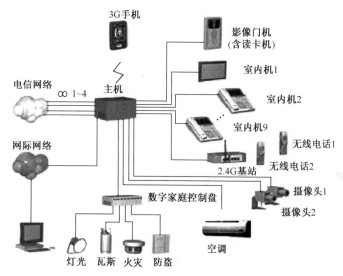

图 2.8 家用智能交换机控制图

另外,新一代光纤无线网络交换机,采用模拟光纤通信和射频交换技术实现了 WI-FI 无线信号源的远距离传输/分布/交换与控制,电源都在本地产生,提高了物联网信息平台的安全性,将交互式宽带无线物联网应用到各个领域,极大地拓宽了物联网信息平台的服务内容。它主要以企业级 WI-FI 接入点作为无线互联节点,以模拟光纤链路作为网络传输设备,以射频开关作为网络交换设备,提高了物联网平台的安全性、可靠性、灵活性和可扩展性,将交互式宽带无线物联网应用到无线校园、智能大厦、工业自动化、物流管理、环境监测和灾难预防等各个领域,极大地拓宽了无线物联网的服务内容。以它为依托组建的物联网无线信息网络平台安全可靠、简便耐用、性价比高,易于与已有的网络产品进行集成,它功能强大,能够满足未来高性能物联网的要求。智能光纤无线网络交换机产品优势如下。

(1)光载无线交换机完成主要信号处理,其集中管理简单易行,功能强大。
(2)系统主要部件集中于光载无线交换机,安全性和可靠性得到极大增强。
(3)远端天线极为简单,其安装、维修和保养非常方便。
(4)不同网络协议可共存于同一系统,加强网络间的互通性,降低建设成本。
(5)网络的升级与扩容简单方便,可任意附加各类增值业务。

2.5 无线传感器网络

在物联网前端设计中，经常会用到无线传感器网络知识。随着微电子机械系统、计算机技术、通信技术、自动控制和人工智能等学科的不断发展，无线传感器网络（Wireless Sensor Network，WSN）应运而生。无线传感器网络是由大量具有通信和计算能力、低成本、小体积的传感器节点随机部署在无人值守的监控领域而构成的能够自主完成指定任务的智能网络系统，是一种大规模、无人干预、资源严格受限的分布式系统，其网络拓扑结构动态变化，具有自组织、自适应的智能属性。无线传感网络的急剧成长和物联网解决方案，将驱动网络上大量数据的流通，因此需要更大的带宽，并扩展云端运算。无线传感网络是生活中不可或缺的一部分。各式各样IP功能的传感器，正开始通过无线技术，以一种有意义的方式彼此连接。迅速崛起的无线、传感和信号处理技术的汇聚，终将使物联网广泛应用成为现实。物联网的重大突破就是将真实物理世界与虚拟信息世界实现融合，而物理环境信息的采集和传输将是物联网多个技术环节中极其重要的一环。主要用于物理环境感知的无线传感网将承担此任务，可以说无线传感网是物联网的"最后一公里"。物联网要求无所不在的接入，但是传统无线传感网由汇聚节点（Sink节点）通过有线IP线路，将感知信息传到处理后台的模式很难实现无所不在的接入，而纵观现有的各种接入技术，只有蜂窝网络能实现无所不在的接入，事实上将蜂窝网络作为无线传感网汇聚信息的传输通道，已是业界对物联网发展的众多共识之一。因此，蜂窝网络与无线传感网络的融合也是物联网技术的重点研究问题之一。物联网是一项应用驱动型技术，所以蜂窝网络与无线传感器网络的融合解决方案也大都和具体应用密切相关。

2.5.1 无线传感器网络结构和特点

无线传感器网络是由多个节点组成的面向任务的无线自组织网络，它由无线传感器节点、Sink节点、传输网络和远程监控中心几个部分组成，如图2.9所示。它综合了传感器技术、嵌入式技术、网络技术、无线通信技术和信息处理技术等，通过各类微型传感对外部环境进行感知和监测。传感器节点对所感知的信息进行初步处理，以多跳中继的方式传送给Sink节点，由嵌入式计算模块对信息进行处理，并通过网络或其他形式的传输将信息传送到远端监控中心。

与传统的无线网络相比，无线传感器网络具有以下特点。

1. 大规模网络

为了在监测区域内能够准确快速地获取信息，通常在该区域内部署了大量的传感器节点。节点数量可达到成千上万，甚至更多。这样的做法各有利弊。优点是能够通过分布式的采集方式提高监测的精确度，降低对单个节点的精度要求；低成本高冗余的设计原则，使得系统具有较强的容错能力。此外，大量节点的存在能够增大监测区域的覆盖面积，减少盲区。但是这也会带来一系列的问题，如信号冲突、最优传送路径的选择，以及节点之间如何协同工作等。

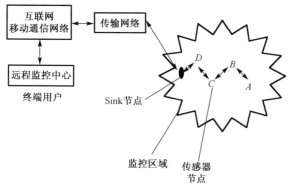

图 2.9　无线传感器网络的体系结构

2. 节点硬件资源有限

节点硬件资源有限主要体现在三方面：电池能量、计算存储能力和通信能力。无线传感器网络的节点通常部署在无人值守、环境比较恶劣的危险区域，人员甚至无法到达。而传感器节点通常携带的是能量有限的电池，一旦能量消耗殆尽，无法通过人工更换电池来维持节点继续工作。虽然也有采用太阳能、风能等方式进行供能的系统，但是目前在传感器网络应用中主要使用的还是以化学电池作为能量载体。因此，如何高效使用能量，延长节点的寿命，增加网络的生命周期，是传感器网络面临的首要问题。由于受价格、体积和功耗的限制，传感器节点一般采用低功耗的微型嵌入式设备。这些因素导致其计算处理能力和存储空间都比较小。因此在实际应用中，如何利用有限的计算和存储资源来完成诸多任务成为设计传感器网络的一大挑战。

传感器节点由于无线信道本身的物理特性，它所提供的通信带宽比较有限，通常仅有几百 Kbit/s 的速率。此外，受自然环境和自身能量的影响，节点还要面临无线信号冲突、信号衰减、噪声干扰等多种因素，这些都决定了传感器节点的通信能力较为有限。

3. 动态性网络

在无线传感器网络运行过程中，由于能量耗尽和环境因素的影响，传感器节点失效退出网络、冗余节点休眠醒来、新节点加入网络都会引起网络的拓扑结构动态变化。这对网络中各种算法的有效性提出了挑战。此外，节点的功率控制和节点移动，也会带来网络结构的变化。

4. 自组织网络

在传感器网络应用中，节点的物理位置往往不能预先设定，节点之间的邻居关系也不能预先获知。因此当节点上电启动后，要求这些节点具有自组织能力，能够自动进行配置管理，通过网络协议快速地组建一个独立的网络。此外，由于无线传感器网络拓扑结构动态变化，网络内的节点数量发生改变，也对网络自组织性提出了要求。

5. 可靠的网络

传感器网络节点受能量限制、环境干扰等因素的影响，容易出现失效的状况。因此单个或部分节点的可靠性并不高。但是整个网络的可靠性可以通过冗余设计、网络管理来实现，以保证全局任务得到顺利完成。例如，当节点失效后，可以唤醒休眠中的冗余节点或者召唤远端的移动节点来替代失效节点，实现网络的重组。因此，整个无线传感器网络的可靠性是比较高的。

6. 应用相关的网络

无线传感器网络应用范围十分广泛，不同的应用场合对传感器网络的要求也不同，其硬件平台、软件系统和网络协议栈有着很大的差别。所以传感器网络没有一套统一的硬件平台和通信协议标准。为了能让系统更好地应用于实际中，需要针对每一个具体应用来研究设计无线传感器网络应用平台。

7. 以数据为中心的网络

传感器网络的应用目的是在监测区域中采集观测值，用户只关心该信息而不关心具体是由哪个节点观测得到的。在用户看来，它是和整个网络(而非某几个节点)进行交互。这是与传统网络以主机地址为中心的交互方式的重要区别。

2.5.2 无线传感器网络与互联网融合

无线传感器网络与互联网融合是一种数据融合。所谓数据融合，也称为移动信息融合，是一种多源信息处理技术。数据融合的分析方法普遍应用在日常生活中，例如，分析一个问题的时候通常会综合各种感官信息(包括视觉和听觉等)。单独依赖一种感官获得的信息往往不足以对事物做出正确判断，而综合多种数据对事物描述会更准确。传感器数据融合技术在军事领域的应用很广泛，包括雷达系统、地面防空、军事C3I系统、作战指挥系统和军事自动化系统。在有些情况下无线传感器网络能降低获取信息的成本，可以用多个较廉价的传感器获得与昂贵的 Internet 所获得的信息量相当的系统成本。

无线传感器网络与传统因特网作为不同的网络体系结构，它们所面临的系统约束条件也存在着巨大的差异。传统因特网一般通过有线连接，特别是作为支撑因特网的重要节点——路由器一般都固定放置，有专门的电源提供能量，不需要考虑能量问题。同时，在因特网这样的应用背景下，没有对节点分布、距离等因素进行进一步的限制，节点之间通过有线连接，网络拓扑没有地理空间的概念。因特网采用相对成熟的互联协议——传输控制协议/网际协议(TCP/IP)，硬件的约束也相对较低。相对于无线网络，有线网的带宽比较充足，一般不需要考虑通信协议开销。因此，无线传感器网络与互联网进行数据融合，可以在一定程度上提高网络收集数据的整体速率，在某些情况下，数据融合减少了需要传输的数据量，减轻了网络传输阻塞，降低了数据传输延迟。另外，互联网的数据库数据容量为无线传感器网络的数据备份和存储提供了空间和数据可靠性。

随着人们生活水平不断提高，环境保护越来越引起人们的重视，但是在传统方式下采集环境数据是很困难的，无线传感器网络的发展为环境研究和监测提供了便利的条件。可以说，无线传感器网络与互联网的融合在环境监测领域有着广泛的应用，如建筑环境中的火灾预警、矿井瓦斯预警探测、洪灾的预警、农业管理、水文水利环境的标志性物理参数的监控、农业和林业环境的检测等，都属于环境监测的范畴。

如果环境监测应用在非常偏远的山区，基站需要以无线的方式连入 Internet，使用卫星链路是一种比较可靠的方法，这时可以将监控区域的卫星通信站作为传感器网络的基站。传感器节点搜索的数据最后通过 Internet 传送到一个数据库存储。中心数据库提供远程数据服务，用户通过接入 Internet 的终端使用数据服务。

每个传感器区域都有一个网关负责搜集传感器节点发送来的数据，所有的网关节点都连接到上层传输网络上。传输网络具有较强的计算机能力和存储能力，并且由不间断的电源供应多个无线通信节点，用于提供网关节点到基站之间的通信带宽和通信可靠性。传感器网络通过基站与 Internet 相连。基站负责搜集传输网络送来的所有数据，发送到 Internet，并且将传感器数据的日志保存到本地数据库中。

图 2.10 所示为一种典型的适用于环境监测的传感器网络体系结构。它是一个层次型网络结构，最底层为部署在实际检测环境中的传感器节点，向上依次为网关、传输网络、基站，最终连接到 Internet。

为获得准确的数据，传感器的节点分布密度往往很大，并且可能部署在若干个不相邻的监控区域内，形成多个传感器网络。体系结构中各个要素的功能是：传感器节点将测量的数据传送到一个网关节点，网关节点负责将传感器节点传来的数据经由一个传输网络发送到基站上。基站是一台和 Internet 相连的计算机，它将传感器传来的数据通过 Internet 发送到数据处理中心，用户可以通过任意一台计算机接入 Internet 的终端访问数据中心，或者向基站发出命令。需要说明的是，处于传感器网络边缘的节点必须通过其他节点向网关发送数据。由于传感器节点具有计算能力和通信能力，可以在传感器网络对采集的数据进行处理，如数据融合。这样可以大大减少数据通信量，减少靠近网关的传感器节点的转发负担，这对节省节点的能量是很有好处的。由于节点的处理能力有限，它所采集的数据在传感器网络内进行了粗粒度的处理，用户需要进一步地分析处理信息的局部网络。

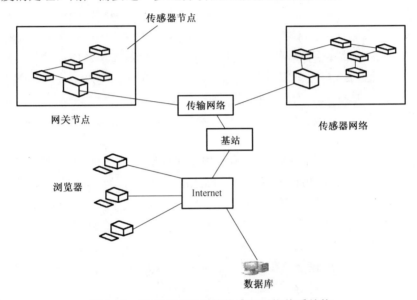

图 2.10　用于环境监测的传感器网络体系结构

无线传感器协议覆盖因特网的策略具有相当的灵活性，特别适合于将异构传感网通过因特网互联。缺点是传感器协议种类众多，很难找到一个通用的覆盖模式。但是随着网络应用模式或无线感传感网络协议的发展，传感协议覆盖因特网的模式也许会得到较大规模的应用。另外，随着 MEMS 传感器的发展，各类传感器和传感器网络协议的改进必将对物联网发展与设计起到推动作用。

2.5.3　无线传感器网络软、硬件的开发与设计

面对实际工程问题，科研人员必须掌握无线传感器网络的设计与开发。但现在的问题是每当设计人员要问到传感器网络如何设计时，从现有资料中往往发现成功案例并不多，而且从设计节点定位、传感器协议、通信模块和电源模块等方面，各种选择方法多而杂，设计方法缺乏通用性，设计手段不够完备，这往往使设计人员在无线传感器软、硬件设计方面缺乏自信。由于许多硬件厂商都推出自己的产品，各软件厂商又有自己的操作系统，各种应用方案千差万别，所以无法用一种设计理

论全面描述无线传感器网络的设计与开发。需要说明的是,无线传感器网络的概念刚刚为人们所接受,从一个概念形成一门学科,然后再转变成实际应用需要有一个时间过程。另外,无线传感器网络的设计缺乏通用性的原因主要是各大厂商都期望在这个市场上占有一席之地。从发展的眼光来看,符合无线传感器网络特点的传感器,以及相适应的软件操作系统和 MEMS 传感器的创新,也许会降低今后的设计难度和提高设计开发通用性。

1. 无线传感器网络的硬件设计

无线传感器网络的硬件设计主要涉及传感器节点设计、硬件平台、微处理器、射频芯片、电源等。大多数传感器网络节点具有终端探测和路由的双重功能,一方面实现数据的采集和处理;另一方面实现数据的融合和路由。当采集到的数据和收到其他节点的数据进行综合后,转发路由到网关节点。网关通常使用多种方式与外界进行通信。一般而言,传感器硬件设计内容主要涉及无线传感器网络节点的设计,而传感器节点主要由数据处理模块、传感器模块、无线通信模块和电源模块组成。数据处理模块是节点的重要部分,主要功能是数据处理、数据存储,执行通信协议和节点调度管理;传感器模块用于探测和感知环境现场物理量数据;无线通信模块用于完成无线通信任务;电源模块为传感器内的各个模块提供驱动能源。

1) 数据处理模块

数据处理模块的开发首先面临的问题是选择一个微处理器,由于微处理器制造厂商较多,芯片型号不同,所以选择微处理器应首先考虑系统对数据的处理能力,以处理器模块负责通信、运行进程、调度管理和数据融合能力为主,在这个前提下适当考虑处理器能耗问题。也就是说,权衡多方面因素,抓住主要矛盾,进行合理的系统设计。

当前,传感器节点处理器模块可以采用 Atmel 公司的 AVR 系列单片机。AVR 系列单片机采用 RISC 结构,内部资源丰富并有较多外部通信接口。AVR 系列单片机还能够提供多种电源管理方式,采用多种方式实现传感器节点的运行节能。但是,从处理器角度来看,传感器网络节点也可以采用 ARM 高端处理器,它的能耗较大,但数据处理能力较强,比较适合较大规模数据处理的场合。由于 ARM 微处理器价格下降,而且 ARM 微处理器已遍及工业控制、各种消费类电子产品、通信系统、网络系统和物联网传感器部分系统搭建,因此,在选择传感器节点处理器时,如果能耗不是主要矛盾,可采取 ARM 芯片作为传感器节点数据处理模块,尤其是在课程设计和实验仿真领域中。

2) 传感器模块

多数传感器的输出是模拟信号,而无线传感器网络是数字网络,在某些情况下,需要 A/D 数据转换。另外,带有传感器的接口有时是不同的,有时需要在 ARM 开发板上重新整合。传感器网络除了感受各种参数变化，还要在某些情况下对一些物理量要进行适当控制，这时也可选择传感器模块中带有各种执行开关、报警和微型电动机的控制功能。随着技术的发展和 MEMS 微传感器的不断出现，具有低功耗模式和自动休眠模式的传感器将会不断涌现，这也将为传感器模块的开发带来更多的选择。

3) 无线通信模块

无线通信模块是传感器节点中最主要的耗能模块，是传感器节点的设计重点。无线通信模块由无线射频电路和电线组成，采用的传输介质主要包括无线电、红外线、激光等。选择无线通信模块时，应根据具体要求选择不同通信协议标准的模块，如 ZigBee、超宽带(UWB)、无线局域网和蓝牙，当然也可以使用自定义协议。无线通信模块设计的好坏关系到无线通信的质量，尤其关系到无线通信距离和接收信号之间的关系。另外，电磁兼容也需要考虑。由于传感器节点空间小，微处理器、存储器、传感器和无线元件聚集在狭小的空间，相互干扰的影响并不能排除。信号的强弱在接收电路通带范围内有可能引起误码和信号阻塞问题。

4) 电源模块

电源模块是传感器网络必备的基础模块，休眠状态和省电对电源设计是一大挑战。电源体积要求尽可能小，但是太小会导致使用的时间不能保持太长，而要求技术人员频繁地更换电池也不是一个最佳方案。因此，尽可能使用省电芯片、节点的电路才是电源模块开发的首选内容。当然，在一些应用场合，传感器节点可直接使用市电，将市电作为传感器节点电源是最经济的选项，但是，由于电缆的限制或无线设备的移动性和使用范围，使用市电作为电源模型设计的可能性也很小。此外，通过微型太阳能光伏发电系统为传感器节点提供能源也是不错的选择。但不可否认，太阳能的使用对能耗的稳定性有一定影响，这种能源只能作为一种补充。

2. 无线传感器网络的软件设计

传感器网络节点作为一种典型的嵌入式系统，需要有操作系统支撑它的运行，当选择不同的硬件平台，相应的操作系统软件也有所不同，有时软件设计语言也会相应变化。因此，传感器网络的软件设计与一般操作系统的软件设计有相同的地方，也不同之处。它的特殊之处表现在操作系统代码量不宜过大，不能太复杂，否则，系统能耗过大。由于传感器网络拓扑动态变化，所以操作系统也应该适应这种变化。另外，还需要对监测环境中发生的事件尽可能快地响应，能够迅速开发应用程序而无需过多关注底层硬件操作。目前，无线传感器网络的操作系统使用比较多的有 TinyOS、Mantis 和 SOS，下面对这几种操作系统进行简要介绍。

1) TinyOS 操作系统

TinyOS 操作系统是一个开源的嵌入式系统，由美国加州大学伯利克分校首先推出，它在支撑无线传感器节点软件设计方面具有简单方便的特点。TinyOS 的程序采用模块化设计，程序核心往往很小，能够快速实现无线传感器节点的软件设计，这也是目前传感器网络软件设计最流行的一种操作系统。

TinyOS 操作系统的结构框架如图 2.11 所示。操作系统基于构件方式组成，主要由主控构件、应用构件、系统服务构件和硬件抽象构件组成。硬件抽象构件实现对无线传感器硬件平台的抽象，包括底层的传感子系统、无线通信子系统、输入输出设备和电源控制系统，为上层屏蔽底层硬件细节，简化系统平台移植。

TinyOS 操作系统应用具有可裁剪性。TinyOS 由 NesC 语言编写程序。NesC 是一种与 C 语言类似的语言，产生的目标代码相对较小。TinyOS 操作系统采用轻量级线程技术、两层调度方式、事件驱动模式、主动消息通

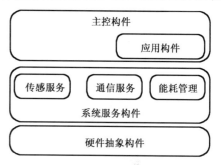

图 2.11　TinyOS 操作系统的结构框架

信技术和组件化编程，这使得无线传感器网络节点提高了 CPU 运行效率。有关 TinyOS 软件下载安装、创建源程序、编译和连接，可查看 http://www.tinyos.net。TinyOS 网页界面如图 2.12 所示。

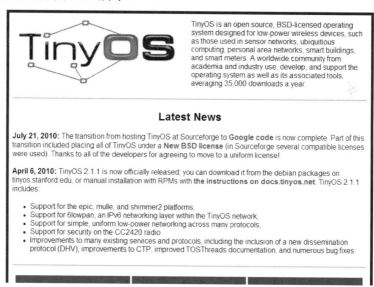

图 2.12　TinyOS 网页界面

2）Mantis 操作系统

美国科罗拉多大学开发的 Mantis 操作系统是一个以易用性和灵活性为主要目标的无线传感器操作系统，支持快速、灵活地搭建无线传感器网络原型系统。

在易用性方面，Mantis 操作系统以很小的内存需求实现了典型的分层操作系统结构，支持多线程、抢占式调度和同步信号量、设备驱动等典型服务，并使用 C 语言作为整个内核和 API 的编程语言，从而获得良好的跨平台开发和代码重用支持，降低了原型开发的难度。Mantis 操作系统的网络协议栈采用用户线程的形式，充分考虑了性能和灵活性的平衡。Mantis 操作系统的结构如图 2.13 所示。

Mantis 使用 C 语言作为编程语言，通信层为通信设备的驱动程序定义了统一接口，如串口、无线通信设备等。Mantis 操作系统使用了一个类似于 UNIX 风格的调度器，它提供了基于优先级的多线程调度和在同一优先级中进行轮转调度的服务。

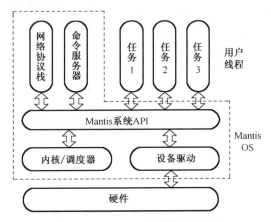

图 2.13 Mantis 操作系统的结构

3) SOS 操作系统

SOS 操作系统与 TinyOS 操作系统一样，也是一个事件驱动的操作系统。SOS 操作系统的最大特点就是提供了很好的动态增加和删除模块功能，编程使用 C 语言。SOS 操作系统由动态加载的模块和静态内核组成。静态内核实现了最基本的服务，包括底层硬件抽象、灵活的优先级消息调度器、动态内存分配等，模块之间通过消息交互，模块与内核之间也能交互，模块调用内核的过程如图 2.14 所示。通过系统调用获得内核服务，跳转表的系统调用重定向到服务提供者，内核的升级独立于模块。

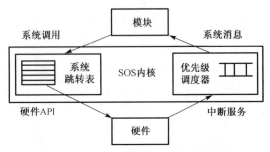

图 2.14 SOS 内核与模块的调用过程

总之，虽然 SOS 操作系统是动态设计并且使用了更高的内核接口，但是与 TinyOS 操作系统相比，总的使用开销却是基本相同的。SOS 操作系统是基于模块化的，容易编程。TinyOS 操作系统是基于组件化的，效率高。而 Mantis 操作系统可以支持多线程，但是代码占用空间大。由此可以看到，SOS 操作系统是一个具有特点和优势的无线传感器网络操作系统。

为了无线传感器网络软件操作系统设计方便，表 2.3 提供了从内存管理、线程驱动、事件驱动和优先级调度等方面对不同操作系统的比较，以便读者选择不同的操作系统。

表 2.3 三种操作系统比较表

操作系统	内存管理	线程驱动	事件驱动	优先级调度
TinyOS	静态	否	是	否
Mantis	静态	是	否	是
SOS	动态	否	是	是

2.6 Android 平台的硬件传感器[5]

人们在设计物联网前端传感器时往往忽略智能手机里面也具有传感器的功能。如果读者使用过 iPhone、HTC 或其他的 Android 手机，会发现通过将手机横向或纵向放置，屏幕会随着手机位置的不同而改变方向。这种功能就需要通过重力传感器来实现。除了重力传感器，还有很多其他类型的传感器应用到手机中，如磁阻传感器就是其中最重要的一种。Android 是一个面向应用程序开发的平台，它拥有许多具有吸引力的用户界面元素和数据管理功能。Android 还提供了一组丰富的接口选项。图 2.15 展示了如何配合使用 Android 的各种传感器监控环境。

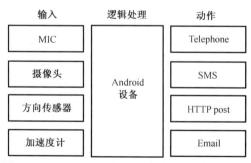

图 2.15 Android 为中心的传感器系统的方框图

利用配备 Android 设备的硬件可以构建一些应用，如电子监视和监听的应用。如果尚未安装 Android，则可以下载 Android SDK，也可以浏览 android.hardware 的内容，它包含了一些有用和新颖功能的类。Android SDK 中包含的一些面向硬件的功能描述如表 2.4 所示。

表 2.4 Android SDK 中提供的面向硬件的特性

特 性	描 述
android.hardware.Camera	允许应用程序与相机交互的类,可以截取照片、获取预览屏幕的图像,修改相机操作的参数
android.hardware.SensorManager	允许访问 Android 平台传感器的类。并非所有配备 Android 的设备都支持 SensorManager 中的所有传感器
android.hardware.SensorListener	在传感器值实时更改时,接收更新的类要实现的接口。应用程序实现该接口来监视硬件中一个或多个可用传感器。例如,本书中的代码包含实现该接口的类,实现后可以监视设备的方向和内置的加速表
android.media.MediaRecorder	用于录制媒体样例的类,对于录制特定位置(如婴儿保育)的音频活动非常有用。还可以分析音频片段以便在访问控件或安全应用程序时进行身份鉴定。例如,它可以帮助您通过声音打开门,以节省时间
android.FaceDetector	允许对人脸(以位图形式包含)进行基本识别的类。不可能有两张完全一样的脸。可以使用该类作为设备锁定方法,无需记密码——这是手机的生物特征识别功能
android.os.*	包含几个有用类的包,可以与操作环境交互,包括电源管理、文件查看器、处理器和消息类。与许多可移动设备一样,支持 Android 的手机可能会消耗大量电能。设备在正确的时间"醒来"以监视感兴趣的事件是在设计时需要首先关注的方面
java.util.Date java.util.Timer java.util.TimerTask	当测量实际的事件时,数据和时间往往很重要。例如,java.util.Date 类允许您在遇到特定的事件或状况时获取时间戳。您可以使用 java.util.Timer 和 java.util.TimerTask 分别执行周期性任务或时间点任务

2.7 应用实例(物联网前端硬件设计)

下面给出一个实际的工程实例。在工厂生产流水线上,常需要将二维条码打印在产品外包装上[6-8],为了检验所印条码是正确的,最好的方法是用扫描枪读出所写内容,让检验人员听到,并将相关信息写到后端数据库中。显然,这是一个物联网传感层的设计内容。目前,在市场上比较容易得到扫描枪,也能找到语音芯片,但要找到一个能满足生产线上需求的物联网前端则不容易。因此,只能在 EIP 上整合和裁剪,适当对不同种类的接口、控制功能进行搭建。在这里,采用了基于 ARM 核 RISC 结构的三星 S3C44BOX 微处理器,条码识别引擎使用的是新大陆公司的 CMOS 图像传感器 EVK3000,语音播报模块是以北京宇音天下科技有限公司的 SYN6288语音合成芯片为核心组成的播报系统,扩展了 Flash 程序存储器和 SDRAM,Flash 存储器可存放已调试完毕的用户应用程序、系统在掉电后急需保存的用户数据等;串口通信模块的作用是调试和完成与终端设备之间的通信;JTAG 接口的作用是对系统进行调试和编程,能通过该接口对芯片内部所有部件实施访问,还有电源单元、看门狗单元等。

按照功能的不同,整个设备的终端硬件框图如图 2.16 所示。

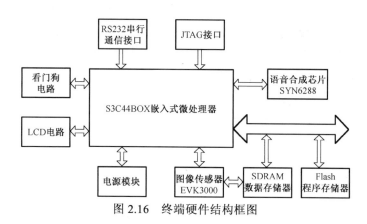

图 2.16　终端硬件结构框图

下面分别介绍各单元的具体实现。

1) 微处理器芯片

系统硬件中最重要的是处理器，它是整个终端的核心，它的作用是控制与计算，其他的硬件体系结构都要围绕着它展开。S3C44BOX 处理器是由三星公司生产的，芯片高度集成了以下部件：8KB 缓存、外部存储器控制器、LCD 控制器、4 个 DMA 通道、2 通道 UART、1 个 I^2C 总线控制器、1 个 PS 总线控制器、5 通道 PWM 定时器和一个内部定时器、71 个通用 I/O 口、8 个外部中断源、实时时钟、8 通道 10 位 ADC 等。它的内部结构如图 2.17 所示。

S3C44BOX 最显著特点是其 CPU 核，16/32 位 ARM7TDMI RISC 处理器(66MHz)是由 ARM 公司设计的，其显著特征是集成了 Thumb 代码压缩器，支持片上 ICE 断点调试，具有 32 位的硬件乘法器。通过在内核上扩展一些完整的外围器件，大大减少系统电路中元件的配置，因此也就降低了系统的成本。它的特征是综合了手持设备与常用嵌入式系统应用处理方案，具有 16/32 位 RISC 结构和 ARM 精简指令集，Thumb 代码压缩机，将代码密度最大化并保持了 32 位指令的性能。

2) 条码图像采集模块

图像采集系统最关键的部件是条码图像采集器，它的主要用途就是把二维条码图像读入系统，读入图像质量好坏直接影响到整个系统功能的优劣。常用的图像传感器有两种(CCD 与 CMOS)，CCD 又分为线阵 CCD 和面阵 CCD。其中线阵 CCD 成本低，扫描的时候需要扫描电机，在扫描电机的带动下逐行进行扫描；面阵 CCD 成本高，控制电路复杂，但扫描速度快，成像质量好。CMOS 是近些年推出的众多图像传感器中的一种，它对光照的强度要求要高一些，CMOS 显著的优点是便于集成、接口简单、内部集成了 A/D 转换器，可以直接将灰度级的数字信号进行输出，成本不高，现在它的应用较为广泛。本应用选用的图像采集模块是福建新大陆的 EVK3000，使用电源是 3.3V 直流电压，分辨率是 752×480 像素，像速度 30 帧/s，信噪比不小于 48dB,扫描的方式有逐行和隔行两种,且内置伽马校正功能,输出为 8 位灰度信号。这款芯片功耗低,价格便宜,能识别 0.3mm 宽度以上的条码,CMOS 芯片在信噪比、灵敏度、成像质量等方面比 CCD 要差一些,但本系统考虑到既能识别二维条码又能降低成本,最终采用了 CMOS 芯片。

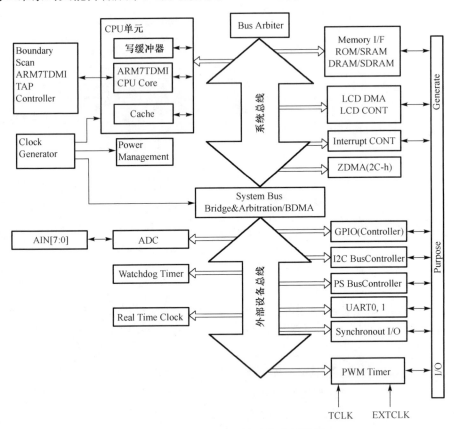

图 2.17　S3C44BOX 处理器内部结构

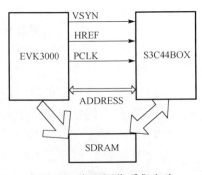

图 2.18　条码图像采集电路

条码图像采集电路如图 2.18 所示,HREF 和 VSYN 分别是水平参考信号和垂直参考信号,PCLK 表示像素时钟的输出。采集电路的电源是由电源控制电路提供的,采用 5.6V 直流电压供电。它是不需要电平转换的,虽然芯片使用 5.6V 工作电压,但它提供 3.3V 的 I/O 端口,所以它可以与 I/O 电压为 3.3V 的 ARM 直接相连接。当 ARM 接收 VSYN 信号时,代表芯片开始了第一帧条码图像数据的采集,当收到 HREF 信号时表示芯片开始了第一行数据的采集。当到来一个 PCLK 信号时就表示芯片采集了一个像素点，以此类推，直至将 752 行的数据采集完毕。当接收到下一个 VSYN 信号时表明芯片将采集下一帧数据。

3) 存储器单元

在硬件平台上扩展了存储器单元，利用 2MB 的 Flash 和 512KB 的 SDRAM 分别存储程序映像和系统的配置参数，来调试和测试程序的运行。Flash 是一类能在系统中(in-system)实行电擦写、掉电后信息也不会丢失的存储器。它的特点是功耗不高、容量很大、擦写迅速，能整片或分扇区在线编程(烧写)、可擦除，而且能用内部嵌入的算法对芯片进行操作，所以在各种嵌入式系统中得到了比较多的应用。该系统使用 2M×16 位的 SST39LF1601 的 Flash 存储器芯片来存放程序代码、常量表和系统掉电以后需要保存的用户数据等。它的显著特征如下：最大存储空间为 2MB、工作时的电压为 2.7～3.6V、能够用 8 位或 16 位数据宽度的方式工作。SST39LF1601 完成系统里的编程和擦写操作需要的电压是 3V。对 Flash 进行编程、按扇区擦写、整片擦写还有其他操作，都是利用对其内部命令寄存器写入标准的命令序列来实现的。因为程序代码一般都存放在 Flash 存储器里，系统只要上电或者复位就可以获取指令开始执行。SDRAM 和 Flash 存储器的区别是 SDRAM 在断电时数据仍将保持，SDRAM 存取数据的速度要比 Flash 存储器高出很多，还具有读/写的属性，所以在系统里面大多数 SDRAM 作为程序的运行空间、数据和堆栈区。系统启动的时候，CPU 启动的代码最开始是从复位地址 0X0 处读取的，系统初始化后，程序代码正常情况下都会被调入 SDRAM 中运行，从而使系统的运行速度加快，同时系统、用户堆栈、运行数据都存储在 SDRAM 里。

S3C44BOX 的存储系统中共有 8 个存储体，一个存储体的存储空间达 32MB，一共是 256MB。在这 8 个存储体中，Bank0～Bank5 支持 ROM、SRAM；Bank6、Bank7 支持 ROM、SRAM 和 FP/ED0/SDRAM 等。只要把 CPU 上的相应物理存储体(Bank)连接到外设芯片片选引脚，就能够按照相应的地址进行存储器或外设操作。

存放系统 BIOS 是通过 Bank0 上的 Flash 来实现的，系统上电 PC 指针自动指向 Bank0 的第一个单元，系统开始自动检测。自检完毕之后，将从硬盘中把系统文件复制到 SDRAM 内存里进行执行。当系统内存是 SDRAM 的时候，因为 Bank6/Bank7 能支持 SDRAM，所以就把 SDRAM 接到 Bank6 上。当同时使用 Bank6/Bank7 的时候，就要求连接到相同容量的存储空间且物理地址是连续的。

4) 串口电路单元

美国电子工业协会对 RS232 的标准定义为：在数据终端设备与数据通信设备之间使用串行二进制数据进行交换的一种接口。现在该接口在通信工业和 PC 领域应用最为广泛。通过电平转换芯片 MAX3221 能够将微处理器的 TTL 电平转化为 RS232 电平。

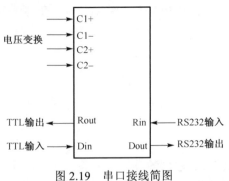

图 2.19 串口接线简图

关于 TIA/EIA-232-F 和 ITU v.28 标准，MAX3221 是能够达到的，它的工作电压为 3～5.5V，它有一个驱动器和一个接收数据的接收器，它的数据传输速率最多可以达到 250Kbit/s。串口接线图如图 2.19 所示。

5) 电源

硬件平台上用到的电压有两种，分别为 3.3V 和 2.5V。微处理器采用 2.5V 和 3.3V 两种电平工作，条码采集模块和语音播报模块工作电平为 3.3V，MAX3221 工作电平为 3.3V。这个系统的电平输入是宽电平输入，电平输出是利用电源转换电路来实现的。

6) 看门狗单元

嵌入式系统出现的"跑飞"、整个系统瘫痪，主要原因是系统在运行的过程中受到外部干扰或者系统错误。针对这一情况，可以加入看门狗电路，它的作用就是当系统"跑飞"或者进入死循环时恢复系统正常运行。看门狗电路基本原理为：设系统程序运行周期是 T_p，看门狗定时周期是 T_i，且 $T_i>T_p$，程序运行一个周期就会修改定时器计数值，当程序运行正常时就不会溢出；当系统受到外界干扰时，不能在运行一个周周后修改定时器的计数值，定时器将在 T_i 时刻溢出，此时系统复位，系统就重新运行。

完整的嵌入式系统都会有一个集成在处理器中的看门狗定时器，S3C44B0X 中的看门狗是 16 位的。它的主要功能为：作为定时器使用时产生中断和作为看门狗定时器产生时钟周期复位信号。看门狗电路如图 2.20 所示。

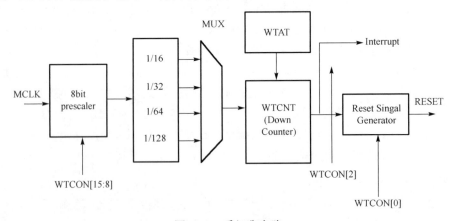

图 2.20 看门狗电路

7) JTAG 接口单元

JTAG 是 Joint Test Action Group 的英文缩写，是 IEEE 的一种标准协议，通过该协议能够对有 JTAG 接口的芯片硬件电路进行边界扫描与故障检测，当 JTAG 接口与 ARM 内核通信的时候是不占用片上资源的。S3C44BOX 中集成了 JTAG 接口，通过该接口能对程序进行仿真和对 Flash 进行擦写，JTAG 接口一般比较简单，找出相应引脚引出即可。

8) 语音播报模块

为保证语音芯片正常的工作电压，SYN6288 芯片采用了 5V 线性电源供电，在模拟电源和数字电源输入端都外加滤波电容进行滤波处理。芯片复位引脚 RST 低电平有效，外接 16MHz 晶振可正常工作。电源可以使用一个 47μF 和 0.1μF 的电容，为了节约成本，用户可以在电源上均用 0.1μF 的电容，并对 VDDPP 和 VDDA 两组电源，各加上一个 47μF 的电容。在这里选用的是一个更小的电容 C90(0.1μF)。当系统电压 VDD 为 3.6～5.1V 时，需要串联两个二极管或者用其他方法把系统电压降到 3.6V 才能给核心电压 CVDD 提供电压。其输出采用 PWM 方式驱动，音频电路接 4Ω 的喇叭不能正常驱动，需要加辅助电路变成 8Ω 才能够正常驱动。SYN6288 待机电流是 2μA，唤醒后的工作电流是 5mA，有语音输出时的工作电流是 50～100mA。向 SYN6288 芯片发出控制命令和发送待转换语音输出的文本，只需要通过一个异步串行接口就可以完成。SYN6288 与 S3C44BOX 的接口电路非常容易实现，S3C44BOX 只需要异步串口的两根引脚与 SYN6288 的串口输入输出引脚相连。SYN6288 芯片 Ready/Busy 的 STATUS 引脚信号为低电平时说明芯片正在等待接收数据，在系统设计时可以将此引脚接在 S3C44BOX 的中断输入源上，产生一个下降沿中断请求发送数据，以示上位机 S3C44BOX 可以向语音合成芯片 SYN6288 发送数据。

9) PCB 制板

PCB 使用 PROTEL 99SE 软件完成，该 PCB 为两层板，电路板上主要的芯片平行放置。PCB 板的底面进行了敷铜处理，以抑制干扰。在 PCB 制板的过程中，元件的放置和导线的走向，充分考虑了元件与元件之间可能的干扰、线路之间的干扰、元件和线路之间的干扰，设计中严格遵守 PCB 布线和元件放置规则，并使元件和导线疏密有序，这样能有效地减少 PCB 电磁干扰。其中电源总线和地线线宽为 50mil(1mil=0.0254mm)，保证有足够大的电流顺利通过，内部的支路电源线承受的电流次之，线宽为 30mil，板上数据线和控制线承受的电流最小，线宽为 10mil，在制图的过程中，线宽主要采用的就是这三种宽度。

综上所述，本应用中采用三星公司的 S3C44BOX 微处理器，作为整个终端的核心，功能是计算和控制；为了减少系统除处理器的其余原件配置数量，减少系统成本，可以在 ARMTTDMI 核基础上扩展一套完整通用外围器件。系统硬件终端中关键器件就是条码图像传感器，功能就是把需要扫描的二维条码图像传入系统。CMOS图像传感器是采用福建新大陆的 EVK3000。存储器单元方面，扩展了 Flash 和 SDRAM 存储器的存储空间，使用 2MB 的 Flash 和 512KB 的 SDRAM，Flash 是用来保存程序映像和系统配置的参数，SDRAM 用于调试和运行程序。语音播报模块的核心是 SYN6288 芯片。另外，还有 RS232 串行接口、JTAG 接口、看门狗电路等，总体来说，该设计可以满足二维条码识别和播报系统的实时性要求。

第 3 章 物联网的中间层(数据层)处理技术

中间层(middle tier)也称为应用程序服务器层或应用服务层,是用户接口或 Web 客户端与数据库之间的逻辑层。在典型情况下,Web 服务器位于该层,业务对象在此实例化。中间层是网络层端口数据传输的网络通道,对于物联网移动终端,有时中间层似乎并不明显,好像只有前后端,其实这说明数据存储和传输在云端。图 3.1 所示为一个具有中间层的物联网车辆运输系统,物联网的中间层对数据进行过滤、清洗和提取,在物流应用中,综合考虑 RFID 标签漏读、多读和脏读问题的清洗策略,实现物联网中间层数据的智能化处理。

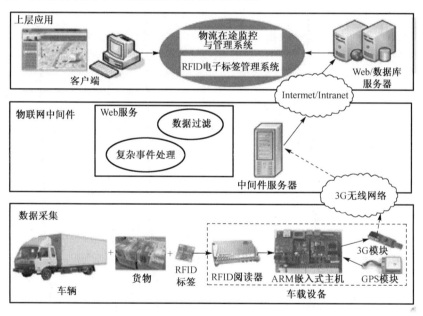

图 3.1　具有中间层的物联网车辆运输系统

物联网的中间层也包括各种端口的接入和传输,这就是中间层中的网络层部分,网络层通过数据链路层提供的两个相邻端点之间的数据帧的传送功能,进一步管理网络中的数据通信,将数据设法从源端经过若干中间节点传送到目的端,从而向传输层提供最基本的端到端的数据传送服务。网络层的目的是实现两个端系统之间的数据透明传送,具体功能包括路由选择、拥塞控制和网际互连等。物联网的接入方式是多种多样的,将它们整合起来,统一接入到通信网络中,实现与公共网络的连接，同时完成转发、控制、编码、解码和信令交换等功能，从而保证物联网服务的质量和安全。

3.1 网络层端口数据传输特点

目前，在物联网前端通信中，TCP/IP 和移动 IP 是常用的物联网前端与外部系统之间的数据传输协议。由于 TCP/IP 通信标准方便易行，所以应用广泛。

3.1.1 TCP/IP

TCP/IP 是 Transmission Control Protocol/Internet Protocol 的简写，中译名为传输控制协议/网际协议，又名网络通信协议，是 Internet 最基本的协议，Internet 国际互联网络的基础，由网络层的 IP 和传输层的 TCP 组成。TCP/IP 定义了电子设备如何连入因特网，以及数据如何在网络之间传输的标准。协议采用了四层的层级结构，每一层都利用它的下一层所提供的协议来完成自己的需求。通俗而言，TCP 负责发现传输的问题，一有问题就发出信号，要求重新传输，直到所有数据安全正确地传输到目的地；而 IP 是给因特网的每一台电脑规定一个地址，如图 3.2 所示。

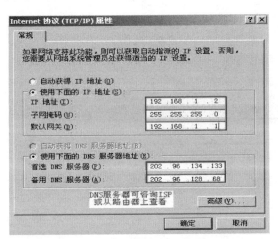

图 3.2 计算机的 IP 地址设定

传输控制协议（Transmission Control Protocol，TCP）是一种面向连接（连接导向）的、可靠的、基于字节流的运输层（transport layer）通信协议，在简化的计算机网络 OSI 模型中，它完成第四层传输层所指定的功能，UDP 是同一层内另一个重要的传输协议。在因特网协议族（Internet protocol suite）中，TCP 层位于 IP 层上、应用层下的中间层。不同主机的应用层之间经常需要可靠的、像管道一样的连接，但是 IP 层不提供这样的流机制，而是提供不可靠的包交换。

应用层向 TCP 层发送用于网间传输的、用 8 位字节表示的数据流，然后 TCP 把数据流分割成适当长度的报文段(通常受该计算机连接的网络的数据链路层的最大传送单元(MTU)的限制)。之后 TCP 把结果包传给 IP 层，由它来通过网络将包传送给接收端实体的 TCP 层。TCP 为了保证不发生丢包，就给每个字节一个序号，同时序号也保证了传送到接收端实体的包的按序接收。然后接收端实体对已成功收到的字节发回一个相应的确认(ACK)；如果发送端实体在合理的往返时延(RTT)内未收到确认，那么对应的数据(假设丢失了)将会被重传。TCP 用一个校验和函数来检验数据是否有错误；在发送和接收时都要计算校验和。IP 层接收由更低层(网络接口层，如以太网设备驱动程序)发来的数据包，并把该数据包发送到更高层——TCP 或 UDP 层；相反，IP 层也把从 TCP 或 UDP 层接收来的数据包传送到更低层。IP 数据包是不可靠的，因为 IP 并没有做任何事情来确认数据包是按顺序发送的或者没有被破坏。IP 数据包中含有发送它的主机的地址(源地址)和接收它的主机的地址(目的地址)。

3.1.2 网络层

这里要说明网络层在 TCP/IP 通信中的作用，即负责相邻计算机之间的通信。其功能包括三方面：①处理来自传输层的分组发送请求，收到请求后，将分组装入 IP 数据报，填充报头，选择去往信宿机的路径，然后将数据报发往适当的网络接口。②处理输入数据报，首先检查其合法性，然后进行寻径——假如该数据报已到达信宿机，则去掉报头，将剩下部分交给适当的传输协议；假如该数据报尚未到达信宿，则转发该数据报。③处理路径、流控、拥塞等问题。

网络层包括：IP协议、ICMP控制报文协议、地址转换协议(Address Resolution Protocol，ARP)、反向地址转换协议(Reverse ARP，RARP)。IP是网络层的核心，通过路由选择将下一条 IP 封装后交给接口层。IP 数据报是无连接服务。ICMP是网络层的补充，可以回送报文，用来检测网络是否通畅。Ping命令就是发送 ICMP 的 echo包，通过回送的 echo relay 进行网络测试。ARP是正向地址解析协议，通过已知的 IP，寻找对应主机的MAC 地址。RARP是反向地址解析协议，通过 MAC 地址确定 IP 地址，如无盘工作站，还有 DHCP 服务。

3.1.3 6LoWPAN

随着 IPv4 地址的耗尽，IPv6 是大势所趋。物联网技术的发展，将进一步推动 IPv6 的部署与应用。IETF 6LoWPAN 技术具有无线低功耗、自组织网络的特点，是物联网感知层、无线传感器网络的重要技术，ZigBee 新一代智能电网标准中 SEP 2.0 已经采用 6LoWPAN 技术。随着物联网进一步的发展，6LoWPAN[9]将成为事实标准，全面替代 ZigBee 标准。

随着通信任务变得更加复杂，6LoWPAN 也相应调整。为了与嵌入式网络之外的设备通信，6LoWPAN 增加了更多的 IP 地址。当交换的数据量小到可以放到基本包中时，可以在没有开销的情况下打包传送。对于大型传输，6LoWPAN 增加分段包头来跟踪信息如何被拆分到不同段中。如果单一跳 IEEE 802.15.4 就可以将包传送到目的地，数据包可以在不增加开销的情况下传送。多跳则需要加入网状路由（mesh-routing）包头。IETF 6LoWPAN 工作组的任务是定义在利用 IEEE 802.15.4 链路支持基于 IP 的通信同时，遵守开放标准和保证与其他 IP 设备的互操作性。

IPv6 协议作为流行的网络层协议大多部署在路由器、PC 等计算资源较为丰富的设备上；而无线传感器节点采用 IEEE 802.15.4 标准，大多运行在计算资源稀缺的无线设备上。两者在设计出发点上的不同，导致了 IPv6 协议不能像构架到以太网那样，直接地构架到 IEEE 802.15.4 MAC 层上，需要一定的机制来协调这两层协议之间的差异。在无线传感器网络超轻量化 IPv6 协议栈研究项目的实现中，在 IPv6 层和 MAC 层之间引入了适配层来屏蔽 MAC 层的差异，解决 6LoWPAN 遇到的若干问题。图 3.3 所示为 6LoWPAN 适配层的功能模块示意图，适配层主要功能有：①6LoWPAN 支持树状和网状等点对点的多跳拓扑。适配层为 6LoWPAN 提供网络拓扑构建、地址分配和 MAC 层路由等服务。在多跳拓扑中，中间的节点作为适配层报文的转发者，为其他节点转发数据报文。②IEEE 802.15.4 标准定义的 MAC 层的最大 MTU 为 102B，而 IPv6 协议要求的最小 MTU 为 1280B。适配层对 IPv6 报文头部进行压缩和解压缩，并且对超过 102B 的报文进行分片和重组。③与以太网不同，IEEE 802.15.4 不支持组播，由适配层为 IPv6 提供组播的支持。

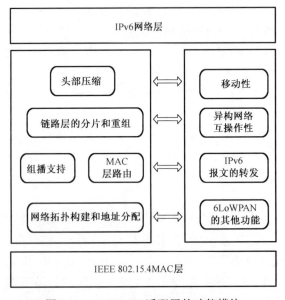

图 3.3　6LoWPAN 适配层的功能模块

3.2 数据层中的数据处理

物联网数据处理的要求就是解决数据质量控制、数据存储、数据压缩、数据集成、数据融合、数据查询等问题,迫使人们不断探索行之有效的技术手段满足以上需求。

数据处理首先要解决数据的异构性问题,不同的微型计算设备可能要采用不同的操作系统,不同的感知信息需要不同的数据结构和数据库,不同的系统需要不同的中间件。其中,操作系统解决运行平台问题,数据库解决数据的存储、挖掘、检索问题,中间件解决数据的传递、过滤、融合问题。操作系统、数据库、中间件这些基础软件的正确选择和使用可以屏蔽数据的异构性,实现数据的顺利传递、过滤、融合,对及时、正确感知事物的存在及其现状具有重要意义。其中,数据库和中间件是解决数据异构性问题的关键。

3.2.1 物联网的数据特性

1. 数据的多态性与异构性

无线传感网中有各种各样的传感器,而每一类传感器在不同应用系统中又有不同用途。显然,这些传感器结构不同、性能各异,其采集的数据的结构也各不相同。在 RFID 系统中有多个 RFID 标签、多种读写器;M2M 系统中的微型计算设备更是形形色色。它们的数据结构也不可能遵循统一模式。物联网中的数据有文本数据,也有图像、音频、视频等多媒体数据;有静态数据,也有动态数据(如波形)。数据的多态性、感知模型的异构性导致了数据的异构性。物联网的应用模式和架构互不相同,缺乏可批量应用的系统方法,这是数据多态性和异构性的根本原因。显然,系统的功能越复杂,传感器节点、RFID 标签种类越多,其异构性问题也将越突出。这种异构性加剧了数据处理和软件开发的难度。

2. 数据的海量性

物联网是由大量物体被无线识别后,彼此连接结合形成的动态网络。例如,一个中型超市的商品数量动辄数百万乃至数千万件。在一个超市 RFID 系统中,假定有 1000 万件商品都需要跟踪,每天读取 10 次,每次 100B,每天的数据量就达 10GB,每年将达 3650GB。在生态监测等实时监控领域,无线传感网需记录多个节点的多媒体信息,数据量更大,每天可达 1TB 以上。此外,在一些应急处理的实时监控系统中,数据是以流(stream)的形式实时、高速、源源不断地产生的,这更加剧了数据的海量性。

3. 数据的时效性

被感知的事物的状态可能是瞬息万变的。不管 WSN 还是 RFID 系统，物联网的数据采集工作是随时进行的，每隔一定周期向服务器发送一次数据，数据更新很快，历史数据只用于记录事务的发展进程，虽可以备份，但因其海量性不可能长期保存。只有新数据才能反映系统所感知的物的现有状态，所以系统的反应速度或者响应时间是系统可靠性和实用性的关键。这要求物联网的软件数据处理系统必须具有足够的运行速度，否则可能得出错误的结论甚至造成巨大损失。

3.2.2 数据传输的难题

对于 WSN 而言，国内一些物联网应用研究表明：文本型数据易传难感，多媒体数据易感难传；在出现数据传输故障时，很难判定是网络中断还是软件故障；理想化的系统模型因其忽略了 WSN 运行过程中伴随的各种不确定的、动态的环境因素，往往难以实地应用；甚至电源(电池)的寿命可以决定整个 WSN 的寿命。因此 WSN 式物联网在实际应用中，节点的数量目前还难以突破 1000 大关，这并不完全是由上述异构性、海量性等原因所致的。数据采集，传输元器件的性能、功耗、实用性、可靠性和稳定性，成为目前 WSN 数据管理的瓶颈。

3.2.3 数据融合

传感器数据融合的定义可以概括为把分布在不同位置的多个同类或不同类传感器所提供的局部数据资源加以综合，采用计算机技术对其进行分析，消除多传感器信息之间可能存在的冗余和矛盾，加以互补，降低其不确定性，获得被测对象的一致性解释与描述，从而提高系统决策、规划、反应的快速性和正确性，使系统获得更充分的信息。其信息同云计算与大数据融合后，可以降低大数据分析的成本，提高大数据分析的可伸缩性。

3.3 数据清洗与过滤技术

在一般情况下，感知层获取什么数据就传回什么数据，并不判定数据是否可靠，显然这是不合理的。数据清洗顾名思义，就是把"脏"的数据"洗掉"，它包括检查数据一致性、处理无效值和缺失值等。因为数据仓库中的数据是面向某一主题的数据的集合，这些数据从多个业务系统中抽取而来，而且包含历史数据，这样就避免不了存在错误数据或数据间有冲突的问题，这些错误的或有冲突的数据显然是不想要的，称为"脏数据"。对于数据清洗与过滤的研究最早出现在美国的保险行业中，但信息化的发展，极大地促进了对数据清洗与过滤技术的研究。就研究内容而言，主要集中在以下四个方面。

(1) 检测并消除数据异常，将数据挖掘等方法引入数据清洗与过滤，发现不合规则的异常数据。

(2) 检测并消除数据重复，就是对重复数据进行清洗，消除数据集中的近似重复记录，当然重点是如何判定数据是否重复。

(3) 数据的集成，主要是将数据集中的结构和数据映射到目标结构和域上，然后再挖掘更多的信息。

(4) 特定领域的数据清洗，就算法而言，目前的数据清洗与过滤方案都是针对特定领域的，如 RFID 数据清洗与过滤算法等，通用的方案少之又少。

无线射频识别(RFID)技术是一种广泛应用于很多领域的无线通信技术，随着特高频技术的发展，RFID 技术已经应用在物流管理、供应链管理、生产实时监控等领域中，阅读器获取的 RFID 数据与普通数据相比，具有如下特点。

(1) 实时性、动态性和关联性。实时性即每个 RFID 数据都分别代表某一个时刻发生的事件，即时序上代表这个时间点所发生的事件。动态性表现于一段时间内或者是时间序列上，即在现场动态地产生关于标签发生变化的观测数据，由于每个数据仅包含观察时间、观察地点(即对应的阅读器部署地点)和观察对象状态的数据，只有多个连续的 RFID 数据才能表现出动态性，如超市商品的出、入状态等。关联性即每个 RFID 数据都不是独立存在的，而是互相关联的，独立存在的 RFID 数据所表达的意义相当有限，关联性是由动态性和实时性衍生出来的。关联又可分为时间关联、空间关联和时空关联，时间关联就是事件之间的时序关系，也就是时间先后关系；空间关联就是事件发生地点的变化，即事件发展的位置变化轨迹；时空关联就是将时间关联和空间关联进行有机整合，并能够表达与对象有关的事件变化过程。

(2) 语义丰富性。观测到的 RFID 电子标签数据一般都携带与上下文状态和背景情况有关的隐含信息，并且这些信息都与系统应用逻辑之间存在密切的关联，可产生高价值的信息。利用这些相关信息通常还可以挖掘出更多的衍生信息。例如，从产品所附带的 RFID 电子标签 ID 号可以查出产品的型号、价格、产地等；从 RFID 数据中可以得到阅读器的编号，根据编号可以查得阅读器的位置，通过阅读器的位置就可得知物品的存放位置等。RFID 电子标签数据只是一种相当低级的原始数据，只有通过与其他数据聚合才能上升成为更高一级的业务逻辑数据，然后与上层的应用系统集成，才能充分发挥出电子标签数据应有的作用。

(3) 不准确性和异构性。目前，RFID 阅读器与电子标签还存在一些不可避免的问题，主要是读取的 RFID 数据可靠性还有待进一步提高，一般一次读取的准确率在 70%～90%，这已经是多次改进之后的成果。此外，当一个阅读器同时面对多种不同性质的对象时，所产生 RFID 数据流中就会包含有对应不同性质的数据，例如，在一个门禁系统的入口，当员工携带物品通过时(员工和物品都附有 RFID 电子标签)，阅读器既可以识别出员工，也可以识别出物品。

(4) 流特性、批量性和海量性。通常情况下，阅读器阅读范围内的 RFID 电子标签众多，阅读器也在以一定的时间间隔(通常每秒百次以上)重复发射射频电波进行阅读，因此在时序上必定产生大量的 RFID 数据，形成 RFID 数据流。RFID 数据流是以流的形式源源不断产生的，经过实时处理后用以支持跟踪和监控应用。此外，RFID 数据有时具有批量的特点，即阅读器只在某一段时间开机，多个电子标签对象会在这一时间段内集中地读取。例如，当对整个仓库所有货物进行登记时，就会获取大批数据。此外，大规模的 RFID 阅读器部署将在短时间内产生海量数据。例如，目前一般的阅读器每部每秒可捕获 100～500 个电子标签数据，假如一个仓库部署有 200 部阅读器，那么每秒至少可以产生 2～10 万条 RFID 电子标签数据，由于每个数据占 20B 左右，每天将产生 3～150GB 数据量。

由于阅读器通过无线电波识别标签阅读，电波经常遭遇其他的装置阻挡，所以获取的数据往往是不可靠的。这些错误一般发生在数据采集的过程中，包括假阴性、假阳性、重复。假阴性是一个标签存在，但没有被读取，即被漏读了，造成假阴性的原因包括电子标签之间的射频信号相互干扰、金属等屏蔽物的遮挡等。假阳性是指标签不存在，但是被读取，这种情况一般是阅读器射频信号被反射或者不期望的标签处在阅读范围内等。最常见的错误是假阴性，其他两种类型的错误并不常见。限制 RFID 技术广泛应用的一个主要原因是 RFID 阅读器读取的不可靠数据流。为了有效和高效地支持业务逻辑处理，有必要预先处理数据，提供高质量的数据。

3.4 中间件技术

中间件是一种独立的系统软件或服务程序，分布式应用软件借助这种软件在不同的技术之间共享资源。中间件位于客户机/服务器的操作系统上，管理计算机资源和网络通信，是连接两个独立应用程序或独立系统的软件。相连接的系统，即使它们具有不同的接口，但通过中间件相互之间仍能交换信息。执行中间件的一个关键途径是信息传递。通过中间件，应用程序可以工作于多平台或 OS 环境。中间件是一类连接软件组件和应用的计算机软件，包括一组服务，以便于运行在一台或多台机器上的多个软件通过网络进行交互。该技术所提供的互操作性，推动了一致分布式体系架构的演进，该架构通常用于支持并简化那些复杂的分布式应用程序，它包括 Web 服务器、事务监控器和消息队列软件。

中间件(middleware)是基础软件的一大类，属于可复用软件的范畴，如图 3.4 所示。

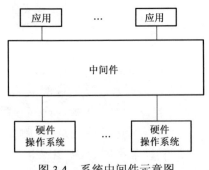

图 3.4 系统中间件示意图

中间件处于操作系统软件与用户应用软件之间。中间件在操作系统、网络和数据库上层，应用软件的下层，总的作用是为处于中间件上层的应用软件提供运行与开发的环境，帮助用户灵活、高效地开发和集成复杂的应用软件。在众多关于中间件的定义中，比较普遍被接受的是：中间件是一种独立的系统软件或服务程序，分布式应用软件借助它们在不同的技术之间共享资源，中间件位于客户机服务器的操作系统上，管理计算资源和网络通信。IDC 对中间件的定义表明，中间件是一类软件，而非一种软件；中间件不仅实现互连，还要实现应用之间的互操作；中间件是基于分布式处理的软件，最突出的特点是其网络通信功能。

3.5 Savant 中间件

　　RFID 中间件是实现 RFID 硬件设备与应用系统之间数据传输、过滤、数据格式转换的一种中间程序，将RFID 阅读器读取的各种数据信息，经过中间件提取、解密、过滤、格式转换，导入企业的管理信息系统，并通过应用系统反映在程序界面上，供操作者浏览、选择、修改、查询。中间件技术也降低了应用开发的难度，使开发者不需要直接面对底层架构，而通过中间件进行调用。EPC 标准体系中的 Savant 中间件具有一系列特定的程序模块或服务，允许用户根据特定的需求集成程序模块或服务。Savant 中间件加工和处理来自异构读写器发送过来的所有信息和事件流，其主要任务是在将数据送往企业应用程序之前进行标签数据校对、读写器协调、数据传送、数据存储和任务管理等。Savant 中间件如图 3.5 所示。

　　Savant 是一种分布式网络软件，是负责管理和传送产品电子码相关数据的分布式网络软件。Savant 是处在解读器和 Internet 之间的中间件。解读器把从传感器和电子标签上的信息读取出来，送到 Savant。Savant 具有数据平滑、数据校验和数据暂存等功能。数据经过 Savant 处理后，传送到 Internet。其中各个部分功能说明如下。

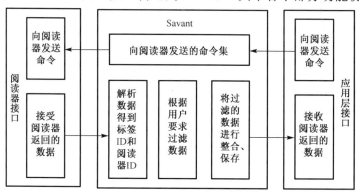

图 3.5　Savant 中间件

1. 分布式结构

Savant 与大多数企业管理软件不同，它不是一个拱形结构的应用程序。而是利用了一个分布式的结构，以层次化进行组织、管理数据流。Savant 将被利用在商店、分销中心、地区办公室、工厂，甚至有可能在卡车或货运飞机上。每一个层次上的 Savant 系统将收集、存储和处理信息，并与其他 Savant 系统进行交流。例如，一个运行在商店里的 Savant 系统可能要通知分销中心需要更多的产品，在分销中心运行的 Savant 系统可能会通知商店的 Savant 系统一批货物已于一个具体的时间出货了。Savant 是具有数据捕获、监控、传送功能的数据挖掘工具，Savant 系统需要完成的主要任务是数据校对、解读器协调、数据传送、数据存储和任务管理。

2. 数据校对

处在网络边缘的 Savant 系统，直接与解读器进行信息交流来进行数据校对。并非每个标签每次都会被读到，而且有时一个标签的信息可能被误读，Savant 系统能够利用算法校正这些错误。

3. 解读器协调

如果从两个有重叠区域的解读器读取信号,它们可能读取了同一个标签的信息,产生了相同且多余的产品电子码。Savant 的一个任务就是分析已读取的信息并且删掉这些冗余的产品编码。

4. 数据传送

在每一层次上，Savant 系统必须要决定什么样的信息需要在供应链上向上传递或向下传递。例如，在冷藏工厂的 Savant 系统可能只需要传送它所储存的商品的温度信息。

5. 数据存储

现有的数据库不具备在一秒钟内处理超过几百条事务的能力，因此 Savant 系统的另一个任务就是维护实时存储事件数据库。系统取得实时产生的产品电子码并且智能地将数据存储，以便其他企业管理的应用程序有权访问这些信息，并保证数据库不会超负荷运转。

6. 任务管理

无论 Savant 系统在层次结构中所处的等级是什么，所有的 Savant 系统都有一套独具特色的任务管理系统(TMS)，这个系统可以实现用户自定义的任务，进行数据管理和数据监控。例如，一个商店的 Savant 系统可以通过编写程序实现一些功能，当货架上的产品降低到一定水平时，会给储藏室管理员发出警报。

3.6 移动中间件技术

相对于一般中间件，移动中间件是轻量级的。移动中间件是连接不同的移动应用、程序和系统的一种软件。移动中间件技术是伴随着网络技术、通信技术、嵌入式操作系统和中间件技术的发展和融合而出现的新兴技术，是当前移动数据业务、3G 业务和广大智能终端增值业务的关键共性技术。移动中间件使包括计算机、笔记本、手机、PDA、电话、家电、汽车等在内的广大终端具有增值应用能力，带来了革命性的推动力量。它使广大终端具有了越来越强的智能处理能力，在彻底改变以传统计算机为主的计算体系的基础上，全面提升终端价值，创造更多的终端增值应用。移动中间件技术重点研究的内容包括接入管理、多协议接入网关、认证服务、连接管理、同步/异步数据传递服务、安全管理、内容服务管理等。随着多样化的平台和设备进入移动空间，移动中间件已经变得越来越重要。随之而来的结果就是，众多移动中间件厂商纷纷提供开发服务，以解决快速增长的移动硬件与移动软件市场。

在本地和 HTML5 应用开发策略中，移动中间件是连接设备和本地硬件的服务。在不需要重写后端的情况下，它也可以使企业架构师和开发者再利用统一的后端逻辑来帮助多台移动设备与每一个单独设备进行工作。由于中间件需要屏蔽分布式环境中异构的操作系统和网络协议，它必须能够提供分布式环境下的通信服务，将这种通信服务称为平台。基于目的和实现机制的不同，将平台分为以下几类：远程过程调用(remote procedure call)、面向消息的中间件(message-oriented middleware)、对象请求代理(object request brokers)。

它们可向上提供不同形式的通信服务，包括同步、排队、订阅发布、广播等，在这些基本的通信平台上，可构筑各种框架，为应用程序提供不同领域内的服务，如事务处理监控器、分布式数据访问、对象事务管理器(OTM)等。平台为上层应用屏蔽了异构平台的差异，而其上的框架又定义了相应领域内应用的系统结构、标准的服务组件等，用户只需告诉框架所关心的事件，然后提供处理这些事件的代码。当事件发生时，框架则会调用用户的代码。用户代码不需要调用框架，用户程序也不必关心框架结构、执行流程、系统级 API 的调用等，所有这些由框架负责完成。因此，基于中间件开发的应用具有良好的可扩充性、易管理性、高可用性和可移植性。

第一代和第二代移动中间件的区别主要有以下几点：①看内核和主要开发语言；②看用户是否可以自定义开发原生插件，自定义扩展引擎。两者的介绍如表 3.1 所示。第二代移动中间件随着智能机的普及，必将备受企业用户的瞩目和青睐。国外移动中间件市场比较成熟，但是本土化过程漫长，还需要克服"水土不服"的问题。而第一代移动中间件厂商虽然已经占有一定的市场份额，但是快速发展的移动互联网在淘汰落后的产品和方案，第一代移动中间件面临巨大的转型压力。所以企业在现有市场环境下辞旧迎新，如何选择合适的产品和技术成为考验企业决策者的难题。但是重前端开发、轻后端集成、服务转云端的思路已经逐渐明朗，第二代移动中间件势必快速占领市场，因为它代表着先进生产力的发展方向，是正确的出路。

表 3.1 移动中间件

特点	第二代移动中间件	第一代移动中间件
代表产品和厂商	AppMobi、AppCan、PhoneGap、Titanium	数字天堂、南京烽火、Access
支持移动操作系统	iOS、Android、Windows Phone	大量平台如 Symbian、WM、560、S40 也包括 iOS、Android 等
移动中间件内核	Webkit、IE 等智能机自带浏览器内核	非主流、私有内核
开发语言和标准	公有标准，HTML5、JS、CSS3 为主体	私有标准、XML 语言，个别支持 HTML
用户自定义原生插件	标准接口，用户自己开发	不支持用户自定义扩展
应用交互效果	大量、丰富。CSS3+JS+原生交互，多种方式组合实现	少量。局限于第一代中间件厂商自定义的效果

3.7 应用实例（基于物联网的传感器数据接口设计）

系统介绍：某城市需要对多个端点数据（压力、温湿度数据等）采集，实例证明，所有信息需传送到一个 Web Service 上，然后在浏览器上进行显示，而这就是一个典型的物联网设计过程。为了实现这个实例，本系统设计采用传感器和嵌入式系统组成主机，将采集的数据信息通过 TCP/IP 由 GPRS 模块发送到 GSM 公共网络，在远程的服务器上采用 socket 编程，从端口上获取数据放入 Web Service 机器上，然后在不同地点的浏览器上显示。

系统概述：系统由基于嵌入式系统为主机的数据采集发送终端、移动 GPRS 网络、公网固定 IP（服务器）、客户端四部分组成。系统的总体结构如图 3.6 所示。

图 3.6 系统的总体结构

1. 物联网的感知层设计

1) 数据采集发送终端

数据采集发送终端的硬件设计如下。

系统硬件结构框图如图 3.7 所示。数据采集发送终端的控制器采用 LPC2138，该芯片是一个支持实时仿真和嵌入式跟踪的 32/16 位 ARM7TD-MI-STM CPU 的微控制器，并带有 512KB 高速 Flash 存储器，具有独立的电源和时钟源的实时时钟，片上集成了丰富的功能部件，如 SPI(serial peripheral interface)串口、UART0/UART1 全串口、A/D 转换器等，很好地满足了硬件系统的要求。

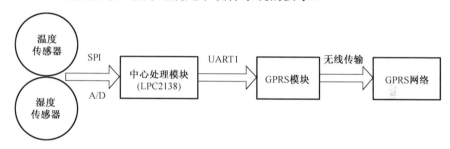

图 3.7 硬件结构框图

传感器部分使用 DHT90 温湿度数字传感器采集温湿度数据，使用 RS485 总线连接异步串行通信 UART0 端口，并将控制器配置成 RS485 主机。通过 RS485 总线与 LPC2138 进行通信，因为使用 RS485 总线，可以同时接收多路温湿度传感器的数据信息。

GPRS 无线模块采用 BenQ 公司的 M23G，M23G 支持 GPRS 功能，并且内嵌 TCP/IP，可用于实时性较高、数据传输量相对较大、传输速率相对较快的数据通信领域。通过软件控制，可实现与 Internet 固定 IP 地址双向数据传输。

2) GPRS 模块与 ARM 之间的连接

为方便模块的选择和升级，本系统在 GPRS 与 ARM 之间的连接采用串口连接。GPRS 模块 ZWG-23A 采用了 DB9 FEMALE 接口，其符合 RS232C 串行总线接口标准。DB9 接口信号的电平符合 RS232 标准(±12V)，不能直接连接 TTL 电平，否则可能损坏外部器件(如不使用 232 电平变换芯片，而直接将单片机与 DTU 连接)，所以采用 RS232 转换芯片 SP3243 将 GPRS 模块与 ARM 连接，电平接口方式如图 3.8 所示。

RS232C 标准规定接口有 25 根连线，D 型插头和插座，采用 25 芯引脚或 9 芯引脚的连接器，虽然 RS232C 标准规定接口定义了 25 根连线，但通常只有以下 9 个信号经常使用，其对应关系如表 3.2 所示。

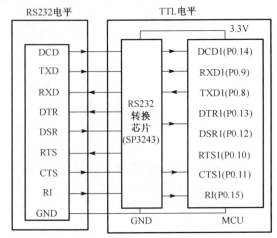

图 3.8 串口连接方式

表 3.2 引脚功能

引脚编号	信号名称	说 明
1	DCD	DTU 上线指示
2	TXD	DTU 数据发送
3	RXD	DTU 数据接收
4	DTR	外接设备准备好
5	GND	接地
6	DSR	DTU 准备好
7	RTS	流控信号
8	CTS	流控信号
9	RI	来电提示(暂未用)

TXD：发送数据，输出。

RXD：接收数据，输入。

RTS：请求发送，输出。这是数据终端设备(以下简称 DTE)向数据通信设备(以下简称 DCE)提出发送要求的请求线。

CTS：准许发送，输入。这是 DCE 对 DTE 提出的发送请求做出的响应信号。当 CTS 在接通状态时，就是通知 DTE 可以发送数据。当 RTS 在断开状态时，CTS 也随之断开，以备下一次应答过程的正常进行；当 RTS 在接通状态时，只有当 DCE 进入发送时，即 DCE 已准备接收 DTE 送来的数据进行调制并且 DCE 与外部线路接通时，CTS 才处于接通状态。

DSR：数据通信设备准备就绪，输入。它反映了本端数据通信设备当前的状态。当此线在接通状态时，表明本端 DCE 已经与信道连接上，且没有处在通话状态或测试状态，通过此线，DCE 通知 DTE 已准备就绪。DSR 也可以作为对 RTE 信号的响应，但 DSR 线优先于 CTS 线成为接通态。

GND：接地。

DCD：接收线路信号检测，输入。这是 DCE 发送给 DTE 的线路载波检测线。Modem 在连续载波方式工作时，只要一进入工作状态，将连续不断地向对方发送一个载波信号。

DTR：数据终端准备就绪，输出。如果该线处于接通状态，DTE 通知 DCE，DTE 已经做好了发送或接收数据的准备，DTE 准备发送时，本设备是主动的，可以在准备好时，将 DTR 线置为接通状态。如果 DTE 具有自动转入接收的功能，当 DTE 接到振铃指示信号 RI 后，就自动进入接收状态，同时将 DTR 线置为接通状态。

RI：振铃检测，输入。当 DCE 检测到线路上有振铃信号时，将 RI 线接通，传送给 DTE，在 DTE 中常把这个信号作为处理机的中断请求信号，使 DTE 进入接收状态，当振铃停止时，RI 也变成断开状态。

2. 物联网的网络层设计

数据采集发送终端的软件设计如下。

数据采集发送终端的应用软件程序设计主要包括以下两个部分：GPRS 接收命令和数据采集与发送。应用程序软件基于嵌入式实时操作系统μC/OS-Ⅱ。系统软件流程如图 3.9 所示。

应用程序定义了四个主要的时间标志位：GPRS 在线标志位、数据采集标志位、采集完毕标志位和接收命令标志位。这四个标志位协调系统的数据采集、数据发送、接收命令等任务。当初始化完成后，获得 GPRS 在线标志位，连接服务器成功后即可进行命令接收和命令解析。系统主要设置了三条命令，分别是采集发送数据命令、设置采样频率命令和采集数据量大小命令。每个命令的获得都会置位相应的标志位，通过对标志位是否置位的判断来决定程序下一步的执行。在系统软件中可以设置采集发送的时间间隔(默认为 15 分钟)，即每隔 15 分钟，采集发送终端通过通用 TCP 服务器软件将采集的数据包发送给客户端。同时可以改变采集数据包的大小(默认为 1024 字节)，即改变数据采集动态缓冲区的大小，数据缓冲区满即可发送数据。

数据采集完毕后置位采集完毕标志位，可进行数据发送。每次写入 GPRS 的最大数据包为 1024 字节，超过 1024 字节数据进行下一包发送，最后发送小于 1024 字节的数据包。

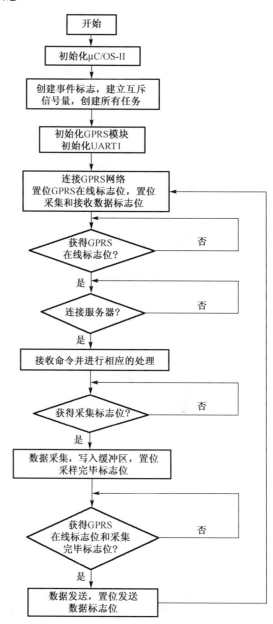

图 3.9 系统软件流程

3. 移动 GPRS 网络

GPRS 组网方式采用的是企业公网组网方式。中心站配置固定的 IP 地址,而远程终端实行动态的 IP 地址分配。远程终端开机后,主动连接服务器,进行数据采集,终端模块自动获得 IP 地址,主动上报服务器,并以 xml 格式将采集的数据进行保存,客户端通过访问 Weblogic 服务器查看接收的数据。

4. 公网服务软件的设计

服务器软件的实现采用 socket 编程技术,考虑到本系统服务器程序必须在任何时间处理多个客户连接,因此该程序是一个多线程 TCP 服务器。一个 TCP 连接的建立开始于 TCP 客户机创建一个套接字,然后调用 Connect 函数来启动三次握手操作,与远程服务器建立连接。在服务器方面,首先创建一个套接字,然后调用 Bind 函数绑定自己的公认端口号,接着调用 Listen 函数来准备接收客户端请求,最后调用 Accept 函数来完成信息传递。

在本系统的设计中,共建立了两个任务。一个任务用于完成数据的监听、接受和处理。当监控服务器监听端口时,发现有采集终端对服务器发出的连接请求时,就接受远程采集终端的连接请求,并以 xml 格式保存接收的数据。由于每个 GPRS 模块都有一个唯一的 ID 号,所以根据这个 ID 号来识别该系统检测的具体位置,并在 xml 文件中以<Terminal id=""></Terminal>进行标记,同时包含当前时间、温度、湿度三个属性值,如果接收一个新的 GPRS 的 ID 号,将启用一个新的 Terminal 标记。另一个任务用于完成对键盘的监控,并把用户输入的合法相关命令编辑成命令字符串发送给数据采集终端。对于不合法的命令抛弃并输出相关提示信息。结合 socket 编程方法和具体的应用,公共服务器设计流程如图 3.10。

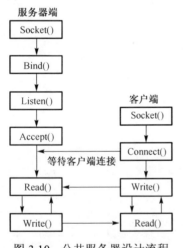

图 3.10 公共服务器设计流程

5. 物联网的应用层设计

客户端方面采用基于 RIA 模型的 Flex 技术来开发 Web 页面。客户端通过 Web 浏览器以 HTTP 调用 Web 页面。界面能够显示系统状态、配置参数、显示现场采集的数据。Web 页面与 Web 服务组件通信,把用户的参数传递给 Web 服务。富客户端的 Web 页面如图 3.11 所示。

使用 Flex 技术可以构建体验丰富的客户端程序,同时 Flex 还具有 Push 技术,可以把服务端的信息适时地显示到客户端上,这是把 Flex 技术应用到数据采集领域的重要原因,也是本系统选择使用 Flex 技术的主要原因。

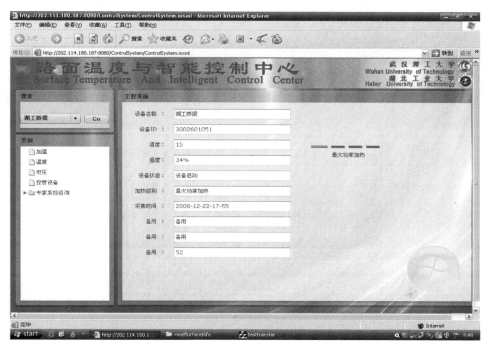

图 3.11 富客户端的 Web 页面

系统的 Web 服务设计采用面向服务的 SOA 设计，这样可以提高系统的反应速度，便于以后对系统的维护。系统设计时采用分层的思想，上层直接调用下层的接口，而不是具体的实现，这样有利于软件的扩展和维护。

上述调用过程的核心代码如下：

```
//使用Flex的定时器，实现对数据的刷新
import flash.utils.Timer
private function time():void{
var timer:Timer = new Timer(1000);
  timer.start();
timer.addEventListener(TimerEvent.TIMER, onTimer);
}
//设置时间监视器来监听事件
  [Bindable]
  public var i:int=new int(0);
  private function onTimer (event:TimerEvent) :void{
DeviceService.GetVersion.send();
  }
//使用Flex调用服务
<mx:WebService id="DeviceService"wsdl="http://localhost:1595/
```

```
            DNWeb/ DeviceService.asmx?wsdl" service="Service"
    useProxy="false">
    <mx:operation name="GetVersion">
        <mx:request>
         < Size >{size}</ Size >
        </mx:request>
    </mx:operation>
</mx:WebService>
//服务器端C#平台调用声明
public static  System.Char  Buffer;
public static System.UInt16 Version;
[DllImport("zlg_dnscan32.dll")]
Public static extern bool DNS_Version (ref System.Char Buffer,
        ref System.UInt16 Version, System.UInt32 Size);
//DLL方法的调用
Bool st=DNS_Version(ref Buffer,ref Version, Size);
```

6. 结束语

将嵌入式系统采集的适时温湿度情况数据信息，通过 TCP/IP 经由 GPRS 网络无线传输到 TCP 服务器，并上传到 Internet。利用 RIA 模型进行动态调用，本系统体现了通过嵌入式系统使物联网在基于 Internet 上实现的可行性。

第 4 章　物联网的后端设计

物联网的后端设计通常涉及 Web Service、服务器的租用和托管、存储虚拟化和分布式系统架构设置等方面的内容。物联网软件设计非常重要的一环是 Web Service，它也是物联网后端的重要组成部分。即使物联网所有服务运行在云计算平台上，软件设计人员必须提供所有原始 Web Service 代码，否则服务商也无法包揽一切，而 Web Service 是不依赖硬件环境独立运行可移植的软件模块。在 Web Service 设计方面，计算机软件和软件工程技术人员比较有优势。对于他们来讲，不难理解 SOAP、XML 和 UDDI。即便这样，由于 Web Service 的软件设计对于物联网数据的重要性，还是有必要作为一个章节来阐述。

为什么要学习 Web Service？这是因为物联网的后端和语义网编程是以 Web Service 为基础的。一旦理解了 Web Service 的架构和应用模式，就能理解它在物联网软件设计中的重要性。Web Service 主要是为了使原来相互孤立的站点之间的信息能够相互通信、共享而提出的一种接口。也就是说，用户能够实时访问在不同地方的分散性数据。Web Service 所使用的是 Internet 上统一、开放的标准，如 HTTP、XML、SOAP、WSDL 等，所以 Web Service 可以在任何支持这些标准的环境（Windows、Linux）中使用。它是一个用于分散和分布式环境下的网络信息交换和基于 XML 的通信协议。在此协议下，软件组件或应用程序能够通过标准的 HTTP 进行通信。它的设计目标就是简单性和扩展性，这有助于实现大量异构程序和平台之间的互操作性，从而使存在的应用程序能够被广大用户访问。

软件重用是物联网软件设计的一个很大的主题，重用的形式很多，重用的程度有深有浅。Web Service 允许在重用代码的同时，也重用代码背后的数据。从这个技术上讲，一个 Web Service 是这样工作的：从 Internet 上取得某种服务的客户代理对它的请求，以 SOAP XML 格式对其进行编码格式化，然后以任意双方都支持的协议（如 HTTP、SMTP 等）发送给服务器，服务器上运行着某种类型的侦听软件，以解析收到的 SOAP 呼叫，从 SOAP 包中解析出所需的信息，并将其提交到真正处理业务逻辑的应用程序中。即 Web Service 是一种通过 Internet 和 SOAP 提供企业应用的方式，这种方式有很强的可移植性和互操作性，且没有绑定在任何特定的商家技术上，这也是它得到广泛应用的原因。这对于物联网的设计同样也很重要，对于从事物联网研究的一部分人(特别是以电气工程和通信专业为背景的人)，如果只关注物联网的传感设备、RFID 系统和嵌入式，而不知道如何将数据置入 Web Service 或数据库中，将其与语义网中的本体相联系，那么说明在物联网的设计中，只解决了前端问题,而平衡前后端的物联网设计是十分重要的,因为它直接涉及设计工作量和工程造价。

4.1 后端 Web Service 组件设计

近年来,Web Service 作为一种新型的组件技术逐渐得到广泛应用。从外部使用者的角度来看,Web Service 是一种部署在 Web 上的中间件或对象,它对外暴露一组接口(即一组方法,微软称为 Web 方法),其他应用(包括 Web Service)可以通过通用的 Internet 协议远程调用这些方法,并获取返回值。

Web Service 技术是一套标准,它定义了应用程序如何在 Web 上实现互操作,从而建立可互操作的分布式应用的新平台。Web Service 是一种革命性的分布式计算技术。它使用基于 XML 的消息处理作为基本的数据通信方式,消除使用不同组件模型、操作系统和编程语言之间存在的差异,使异类系统能够作为计算网络的一部分协同运行。用户可以使用任何语言,在不同的平台下编写 Web Service,由于 Web Service 是建立在一些通用协议的基础上,如超文本传输协议(Hypertext Transfer Protocol,HTTP)、简单对象访问协议(Simple Object Access Protocol,SOAP)、XML、Web 服务描述语言(Web Services Description Language,WSDL)、通用描述发现和集成(Universal Description,Discovery,and Integration,UDDI)协议等,因此人们可以使用类似于过去创建分布式应用程序时使用组件的方式,创建由各种来源的 Web Service 组合在一起的应用程序。

Web Service 是创建可互操作的分布式应用程序的新平台。Web Service 的主要目标实现是跨平台的可互操作性。为了达到这一目标,Web Service 是完全基于 XML、XSD 等独立于平台、软件供应商的标准的。

4.1.1 Web Service 组件技术的特点

良好的封装性。Web Service 既然是一种部署在 Web 上的对象,自然具备对象的良好封装性,对于使用者,它能且仅能看到该对象提供的功能列表。

松散耦合。这一特征也是源于对象组件技术,当一个 Web Service 的实现发生变更的时候,调用者是不会感到这一点的,对于调用者来说,只要 Web Service 的调用界面不变,对于用户影响不大。

使用标准协议规范。Web Service 所有的协议完全使用开放的标准进行描述、传输和交换。首先,Web Service 所提供的功能使用 WSDL 来描述;其次,Web Service 是能够被发现的,因为这一描述语言的文档被存储在私有的或公共的注册库 UDDI 中。同时,Web Service 采用 SOAP 来调用。这三种协议的关系可参见

Web Service 的体系结构(图 4.1)。其中，Web Service 的提供者使用 WSDL 描述 Web Service；使用 UDDI 到服务注册中心发布和注册相应的 Web Service，服务的请求者可以通过 UDDI 进行查询，找到所需的 Web 服务后利用 SOAP 来绑定和调用这些服务。

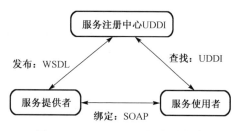

图 4.1　Web Service 的体系结构

高度集成能力。由于 Web Service 采取简单、易理解的标准 Web 协议作为组件界面描述和协同描述规范，完全屏蔽了不同软件平台的差异，所以可以用一种标准的 SOAP 进行互操作，实现在异构环境下的高度集成能力。尽管传统的分布式组件技术，如 DCOM (distributed component object model)、CORBA (common object request broker architecture)、EJB (enterprise java bean)等也能实现在 Web 上远程调用组件，而且它们都获得了很多企业和应用的支持，但是因为它们是由不同的公司或组织提出的，采用不同的接口和规范，彼此之间不能相互兼容，所以导致平台依赖性大，跨平台交互能力差，只能在对等体系结构间进行通信，如 CORBA 需要每个连接点都使用对象请求代理(Object Request Broker，ORB)，DCOM 需要每个连接点都使用 Windows 平台，EJB 需要每个连接点都使用 Java，才能互相通信。Web Service 采用互联网上广泛使用的通用协议(如 HTTP)和数据格式(如 XML)，解决了互操作问题，不论在何种平台上，用何种语言开发的客户端，只需了解 Web Service 的输入、输出和位置，就可以通过 HTTP 调用它。Web Service 本身也可以用任何语言开发，运行在任何物联网云计算平台上。

4.1.2　如何调用 Web Service

Web Service 建立在可互操作的分布式应用程序平台上。Web Service 平台是一套标准，因此在客户端，首先要创建一个 HttpConnector 对象，负责 HTTP 连接。然后用户可以通过 Web Service 标准对这些服务进行查询和访问，下面是几种调用 Web Service 方法。

(1)在客户端，在 VB 或是脚本语言里，可以在 SoapClient 对象名后面直接加上方法进行调用；或只需要生成一个 SoapClient 实例，并用 WSDL 作为参数来调用其中的 mssoapinit 方法，SoapClient 对象会自动解析 WSDL 文件，并在内部生成所有

Web Service 的方法和参数信息。可以像调用 IDispatch 接口里的方法一样，调用里面所有的方法，显然，这是一种相对容易方法。

（2）高层接口不需要知道 SOAP 和 XML 的任何信息，就可以生成和使用一个 Web Service。Soap Toolkit 2.0 通过提供两个 COM 对象——SoapClient 和 SoapServer，来完成这些功能。

（3）如果使用底层接口，用户必须对 SOAP 和 XML 有所了解。然后对 SOAP 的处理过程进行控制，这是一种相对难的调用方法。

总之，不管 Web Service 是用什么工具，用户可以用任何编程语言，在任何平台上编写 Web Service，客户端一旦取得服务端的服务描述文件 WSDL 和解析该文件的内容，了解服务端的服务信息和调用方式，就可以实现远程调用。使用 SOAP 通过 HTTP 来调用它，通过 Web Service 标准对这些服务进行查询和访问，可根据需要，生成恰当的 SOAP 请求消息，发往服务端，等待服务端返回的 SOAP 回应消息，解析得到所需要的返回值。

该程序设计是通过 Web Service 调用系统数据库数据并显示在浏览器上。该系统的 Web Service 设计和调用稍微有点复杂，为了给读者一个简单明了的 Web Service 设计过程，下面创建一个 Web Service 和 Web Service 数据调用过程。

4.1.3　创建一个 Web Service 组件

1．创建一个 Web Service

（1）使用 C#运行 Visual Studio 2005，单击【文件】→【新建网站】，如图 4.2 所示。

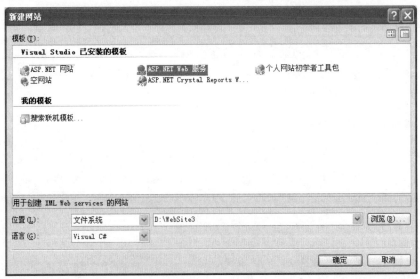

图 4.2　创建一个 Web Service 界面

(2)选择【ASP.NET Web 服务】→【确定】,如图 4.3 所示,自动生成了一个类。

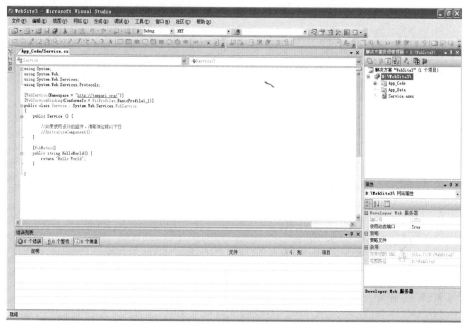

图 4.3 生成新的类

(3)调试结果如图 4.4 所示。

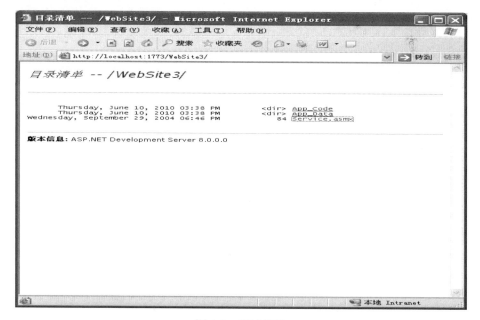

图 4.4 调试结果

(4)单击【Service.asmx 链接】，显示了 Service 的 URL 和类方法，运行 Web 服务器如图 4.5 所示。

图 4.5　运行 Web 服务器

2. 新建客户端

(1)【文件】→【新建】，选择【ASP.NET 网站】→【确定】，如图 4.6 所示。

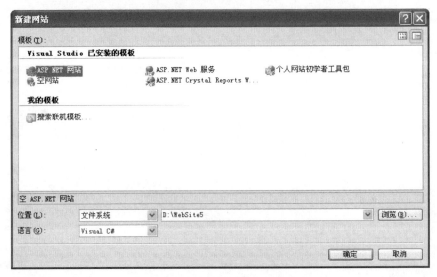

图 4.6　创建一个 ASP 界面

设计一个网页代码,如图 4.7 所示。

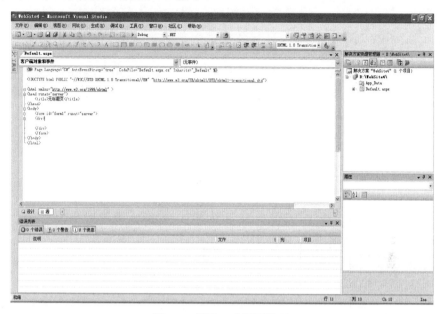

图 4.7　设计一个网页代码

(2) 单击【设计】,简单地添加一些 HTML 控件,如图 4.8 所示。

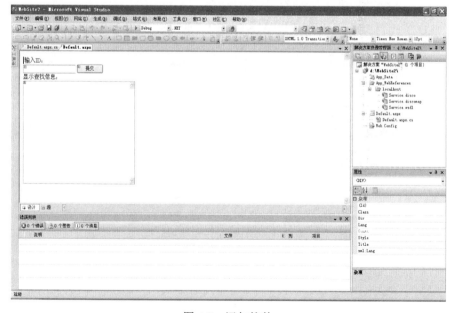

图 4.8　添加控件

(3)在该工程目录下的子目录【Default.aspx】下找到【Default.aspx.cs】。如图 4.9 所示，在 Page_Load()函数中添加部分代码。

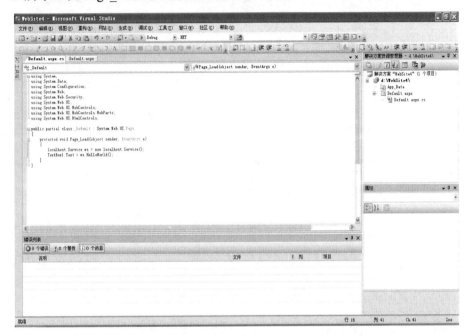

图 4.9　添加显示代码

(4)在工程目录下右击【添加 Web 引用】，如图 4.10 所示。

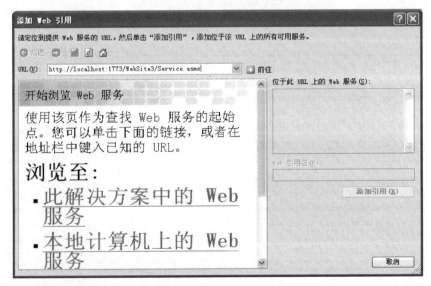

图 4.10　添加 Web 应用

(5) 在 URL 栏中写入服务器的 URL，单击【前往】，如图 4.11 所示。

图 4.11　添加引用

(6) 单击【添加引用】。

(7) 测试：开始执行显示图 4.12 所示的结果。

图 4.12　显示测试界面

3. 测试简单数据交互

(1)先制作客户端界面,当用户输入 ID 号,显示 ID 号对应的用户信息。
(2)在服务器端定义一个结构体,用于传送给客户端显示。
为了简单,不采用数据库,直接在方法中定义一些用户信息。用户界面如图 4.13 所示。

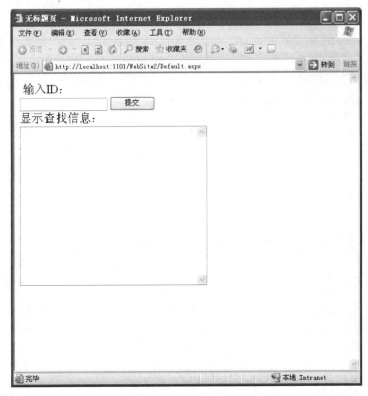

图 4.13 用户界面

服务器端代码如下:

```
using System;
using System.Web;
using System.Web.Services;
using System.Web.Services.Protocols;

public struct user_1
{
    public string id;
```

```csharp
    public string name;
    public string sex;
    public string age;
}
[WebService(Namespace = "http://tempuri.org/")]
[WebServiceBinding(ConformsTo = WsiProfiles.BasicProfile1_1)]
public class Service : System.Web.Services.WebService
{
    public Service () {

        //如果使用设计的组件,请取消注释以下行
        //InitializeComponent();


    }

    [WebMethod]

    public user_1 SqlDate(string id) {
        String output;
      user_1 user=new user_1();

        if (id=="1")
        {
            user.id = "1";
            user.name = "张三";
            user.sex = "男";
            user.age="20";
            return user;
        }
        else if (id == "2")
        {
            user.id = "2";
            user.name = "李四";
            user.sex = "男";
            user.age = "21";
            return user;
        }
        else if (id == "3")
```

```
            {
                user.id = "3";
                user.name = "王五";
                user.sex = "女";
                user.age = "20";
                return user;
            }
             user.id = "不存在这样的ID";
            return user;
        }

}
```

(3) 给客户端按钮添加响应函数 Button1_Click()。

```
public partial class _Default : System.Web.UI.Page
{
    protected void Page_Load(object sender, EventArgs e)
    {
        localhost.Service ws = new localhost.Service();  //IIS 置于本机
//      TextBox1.Text = ws.HelloWorld();
    }
    protected void Button1_Click(object sender, EventArgs e)
    {
        string id;
        string output;
        localhost.Service ws = new localhost.Service();

        id=this.TextBox1.Text;
        localhost.user_1 user= new localhost.user_1();
        user = ws.SqlDate(id);
        output = "ID: " + user.id + "\r\n";
        output += "Name: " + user.name + "\r\n";
        output += "Sex: " + user.sex + "\r\n";
        output += "Age: " + user.age + "\r\n";
        this.TextBox2.Text = output;

    }
}
```

(4) 测试结果如图 4.14 所示。

第 4 章 物联网的后端设计

图 4.14 测试结果

4.2 后端服务器托管与虚拟化

物联网设计很重要的一步往往涉及服务器托管。这也是物联网后端必须解决的问题。为什么要服务器托管？服务器托管是为了提高网站的访问速度，将服务器和相关设备托管到具有完善机房设施、高品质网络环境、丰富带宽资源和运营经验的数据中心，可对用户的网络和设备进行实时监控（图 4.15），以此使用户服务器系统达到安全、可靠、稳定、高效运行的目的。托管的服务器由客户进行维护，或者由其他的授权人进行远程维护。

4.2.1 服务器托管

数据中心为客户提供专业的服务器托管、机柜租用和带宽出租服务，全国各地都

图 4.15 数据中心

有数据中心机房，使托管的服务器可维持每星期七天、全天二十四小时不间断运行。托管价格可以在网上查找和咨询。当有意建设 Web、E-mail、FTP 服务器，而网站的应用很复杂或网站的访问率很高时，也可以选择进行服务器托管。另外，服务器托管摆脱了虚拟主机（虚拟空间和 VPS）受软、硬件资源的限制，能够提供高性能的

处理能力，同时有效降低维护费用和机房设备投入、线路租用等高额费用。客户对设备拥有所有权和配置权，并可要求预留足够的扩展空间。如果企业想拥有独立的 Web 服务器，又不想花费更多的资金进行通信线路、网络环境、机房环境的投资，更不想投入人力进行 24 小时的网络维护，则可以进行服务器托管服务。服务器托管的特点是投资有限、节省成本、周期短、高速稳定，无线路拥塞之忧。以下是数据中心常提供的服务。

(1) 主机托管。指客户租用 IDC 机架，将自己的互联网服务器放到 IDC 机房内，每月支付必要费用，由 IDC 代为管理维护，而客户从远端连线服务器进行互联网产品的部署发布等一系列操作。主机托管方式下，客户对设备拥有所有权和配置权，同时可有效降低维护费用和机房设备投入、线路租用等高额费用，非常适合中小企业的服务器需求。

(2) 服务器租用。客户直接租用 IDC 的主机、存储等资源来部署发布互联网产品并对外提供服务。服务器租用方式下，客户无须购买独立服务器，网站建设的费用大大降低。同时目前的 IDC 大多提供专业级的系统维护(如系统配置、数据备份、应用容灾、故障排除)、管理服务(如宽带管理、流量分析、负载均衡、入侵检测、系统漏洞诊断)等增值服务。表 4.1 给出一般 IDC 服务的内容以便参考[10]。

表 4.1 IDC 技术支持服务内容

IDC 技术支持服务标准：基础支持	服务时间/小时
人员现场维护 若用户技术人员进入数据中心维护，需提前一小时预约，并携带身份证或护照	7×24
提供现场维护工具 免费提供螺丝刀、键盘、显示器、鼠标、导热硅、扎线带、光驱/软驱、软盘、移动硬盘等现场维护工具	7×24
提供常用软件镜像局域网下载 为数据中心内部用户提供常用软件安装程序与系统镜像下载，客户需自备软件授权	7×24
网站备案支持 协助托管用户进行快速的网站备案，每台服务器最大网站备案数量不超过 20 个	7×24
快递代收/代发 提供用户设备与配件的快递代收/代发，快递费用用户自理	7×24
刻录光盘 提供刻录光盘，帮助用户刻录指定的软件镜像、服务器内文件/数据	7×24
设备寄存 用户设备、配件因为特殊原因临时寄存于数据中心仓库、机柜内，供客户随时调用	7×24
硬件支持：支持内容	服务时间/小时
服务器上架部署 将托管服务器部署，分配给用户托管空间，通电、通网 服务时间按每台服务器计算指服务器到达数据中心至完成部署，仅包含设备物理安装	7×24
7×24 小时服务器无限次重新启动 免费提供 7×24 小时重新启动服务器与网络设备	7×24

续表

硬件支持：支持内容	服务时间/小时
面板和指示灯现场查看 按照用户要求查看并反馈服务器设备面板和 LED 指示灯信息	7×24
设备启动和 BIOS 信息查看 按照用户要求，连接显示器查看并反馈设备启动过程提示信息和 BIOS 信息	7×24
开箱检查 在用户授权下，开箱检查用户硬件故障，分析硬件故障范围，帮助用户重新插拔服务器配件	7×24
RAID 组建/配置 按照用户要求配置服务器磁盘阵列（RAID0、RAID1、RAID5、RAID10）	7×24
硬件安装和配件更换 按照用户提供的操作指令，帮助用户更换/添加托管服务器的配件，但不包括 RAID 的组建、配置（若提供硬件，则硬件费用另算）	7×24
软件支持：支持内容	服务时间/小时
无限次操作系统重新安装 可帮助免费安装操作系统，支持操作系统范围见《系统安装支持列表》 部分情况需要用户提供相应设备驱动	7×24
网络基础配置 帮助用户服务器配置基本网络参数：IP 地址、网关、掩码	7×24
SSH/远程桌面开启 帮助用户安装并配置 SSH/远程桌面软件，保证远程控制可用	7×24
开启、关闭软件/服务 在用户授权下，进入操作系统，开启/关闭用户指定的软件服务	7×24
激活网卡 在用户授权下，进入操作系统，重新激活被误禁用的网卡	7×24
服务器密码破解 在用户授权许可下帮助用户破解服务器操作系统管理密码	7×24
系统安全模式病毒查杀 在用户授权下，安装或使用用户杀毒软件，在系统安全模式下进行病毒查杀	7×24
数据文件导入导出 在用户授权下，使用移动硬盘帮助用户临时导入导出服务器内数据	6×8
7×24 小时软件故障协助检查 在用户授权下进入操作系统，检查 IIS、Apache、MySQL、MSSQL 等软件是否正常工作	7×24
网络支持：支持内容	服务时间/小时
设备存活监控 多点监控托管设备存活情况，轮询周期 5 分钟，可根据客户要求提供最近一周历史监控数据	7×24
网络流量监控 多点监控托管设备网络流量使用情况，轮询周期 5 分钟，可根据用户要求提供最近一月历史流量数据	7×24
物理链路故障排除 更换用户网络跳线、交换机端口处理物理链路故障。用户网卡故障，更换用户网卡接口（若需要更换网卡配件，则价格另行计算）	7×24

续表

网络支持：支持内容	服务时间/小时
网络连通性测试 根据用户要求提供当前数据中心至全国骨干节点连通性测试数据	7×24
正/反域名解析生效测试 测试正/反域名解析是否生效，提供测试结果	7×24
ARP 防御支持 数据中心采用端口隔离减小 ARP 影响范围，提供应急流量分析、交换机日志分析，快速发现/处理 ARP 攻击	7×24
DDoS 应急处理 数据中心 DDoS 攻击特征分析，应急流量清洗，流量过滤，中断被攻击/发起攻击，用户详细处理细节查看《51IDC DDoS 攻击处理说明》	7×24
网络设备联调 支持交换、路由多种数据中心接入方式，配合用户进行网络设备联调	6×8
网络设备调试 帮助用户网络设备进行(交换、路由)策略调试，满足用户接入方案需求	6×8
电力故障诊断与排除：支持内容	服务时间/小时
电力故障诊断与排除 为用户诊断并排除电力故障，保障电力供给稳定	7×24

4.2.2 服务器虚拟化

服务器虚拟化[11]可以降低 IT 开支并提高服务器利用率。但也因为虚拟化的特性，为承载环境中不断增长的虚拟机，需要扩容存储以满足性能与容量的使用需求。IT 经理已经发现，那些因服务器虚拟化所节省的资金都逐渐投入购买存储的方案上。服务器虚拟化因虚拟机蔓延、虚拟机中用于备份与灾难恢复软件配置的问题，让许多组织彻底改变了原有的数据备份与灾难恢复策略。EMC、HitachiDataSystem、IBM、NetApp 和 Dell 等都致力于服务器虚拟化存储问题，提供包括存储虚拟化、重复数据删除与自动化精简配置等解决方案。

虚拟服务器蔓延的部分原因，在于虚拟服务器可能比物理服务器多消耗 30%左右的磁盘空间。还可能存在虚拟机"I/O 搅拌机"问题，即传统存储架构无法有效管理虚拟机产生的混杂模式随机 I/O。虚拟化环境下的虚拟存储管理远比传统环境复杂——管理虚拟机就意味着管理存储空间。

1. 解决服务器虚拟化存储问题

一个更好的选择是在采购存储设备时,选择更智能的型号并引入如存储虚拟化、重复数据删除与自动化精简配置技术。采用这一战略意味着新技术的应用，建立与新生产商的合作关系，如 Vistor、DataCore 与 FalconStor。

2. 将存储虚拟化作为解决方案

许多分析师与存储提供商推荐存储虚拟化，作为服务器虚拟化存储问题的解决方案。存储虚拟化可以减少数据中心开支，提高商业灵活性并成为任何私有云的重要组件之一。

从概念上来说，存储虚拟化类似服务器虚拟化，将物理存储系统抽象，隐藏复杂的物理存储设备。存储虚拟化将来自于多个网络存储设备的资源整合为资源池，对外部来说，相当于单个存储设备，连同虚拟化的磁盘、块、磁带系统与文件系统。存储虚拟化的一个优势是该技术可以帮助存储管理员管理存储设备，提高执行（如备份/恢复与归档任务）效率。

存储虚拟化架构维护着一份虚拟磁盘与其他物理存储的映射表。虚拟存储软件层（逻辑抽象层）介于物理存储系统与运行的虚拟服务器之间。当虚拟服务器需要访问数据时，虚拟存储抽象层提供虚拟磁盘与物理存储设备之间的映射，并在主机与物理存储间传输数据。

只要理解了服务器虚拟化技术，存储虚拟化的区别仅在于采用哪种技术来实现。比较容易混淆的是存储提供商用于实现存储虚拟化的不同方式，可能直接通过存储控制器，也可能通过 SAN 应用程序。同样的，某些部署存储虚拟化将命令和数据一起存放在带内（in-band），而其他可能将命令与数据路径在带外（Out-of-band）分离。

存储虚拟化通过许多技术实现，可以是基于软件、主机、应用或网络的。基于主机的技术提供了一个虚拟化层，并扮演为应用程序提供单独存储驱动分区的角色。基于软件的技术管理着基于存储网络的硬件设施。基于网络的技术与基于软件的技术类似，但工作于网络交换层。实现基于主机的存储虚拟化工具实际上就是卷管理器，服务器上的卷管理器用于配置多个磁盘并将其作为单一资源管理，可以在需要的时候按需分割，但这样的配置需要在每台服务器上配置，此解决方式最适合小型系统使用。基于软件的技术，每台主机仅需要通过应用软件查询是否有存储单元可用，而软件将主机需求重定向至存储单元。因为基于软件的应用通过同样的链路写入块数据与控制信息，所以可能存在潜在瓶颈，影响主机数据传输的速度。为了降低延迟，应用程序通常需要维护用于读取与写入操作的缓存，这也增加了其应用的成本。

虚拟化是一个广义的术语，是指计算元件在虚拟的基础上而不是真实的基础上运行，是一个为了简化管理、优化资源的解决方案。如同空旷、通透的写字楼，整个楼层几乎看不到墙壁，用户可以用同样的成本构建出更加自主适用的办公空间，进而节省成本，发挥空间最大利用率。这种把有限的固定资源根据不同需求进行重新规划以达到最大利用率的思路，在 IT 领域称为虚拟化技术。虚拟化技术可以扩大硬件的容量，简化软件的重新配置过程。

3. 虚拟化的目的

虚拟化的主要目的是对 IT 基础设施进行简化。它可以简化对资源管理的访问，计算资源虚拟化技术。服务器等计算资源根据架构不同，使用特定技术方式进行虚拟化，操作系统需要在虚拟的服务器上独立运行，虚拟计算资源的功能与实体计算资源功能相似，对使用者透明。采用了服务器虚拟化方案后，更好地发挥了原有服务器的效率，使一台服务器虚拟成多台服务器使用，实现了一台实体服务器上独立运行多应用系统的目的，提高了服务器的利用率和对数据的处理能力，又减少了硬件投入。企业集中式数据中心一般采用集中式存储。存储资源的池化，是一种虚拟化技术，已经在存储领域应用多年，是一项较成熟的技术。信息化大集中的主要特点是所有业务数据统一存储、统一管理和统一保护。这种方式是存储系统建设的发展方向，已经经过了众多项目的验证，只不过云计算的存储规模更大、扩展性更强。

消费者通过受虚拟资源支持的标准接口对资源进行访问。使用标准接口，可以在 IT 基础设施发生变化时对消费者的破坏降到最低。IT 基础设施的总体管理也可以得到简化，因为虚拟化降低了消费者与资源之间的耦合程度。实际上，如今数据中心管理人员面临的虚拟化解决方案种类繁多，有些是专有方案，有些是开源方案，但哪种技术效果最好，这要取决于进行虚拟化处理的具体工作负荷和优先业务目标。

4.3 分布式系统基础架构

Hadoop[12]是一个分布式系统基础架构。用户可以在不了解分布式底层细节的情况下，开发分布式程序。充分利用集群的威力高速运算和存储。Hadoop 实现了一个分布式文件系统（Hadoop Distributed File System，HDFS）。HDFS 有着高容错性的特点，并且部署在低廉（low-cost）的硬件上，而且它提供高传输率来访问应用程序的数据，适合那些有着超大数据集（large data set）的应用程序。HDFS 放宽了 POSIX 的要求，这样可以以流的形式访问（streaming access）文件系统中的数据。

分布式系统基础架构最重要的内容是集群系统[13]。数据中心使用廉价的 Linux PC 组成集群，即使是分布式开发的初学者也可以迅速实现集群系统。核心组件有以下三个。

（1）GFS（Google file system）。一个分布式文件系统，隐藏下层负载均衡、冗余复制等细节，对上层程序提供一个统一的文件系统 API。Google 根据自己的需求对它进行了特别优化，包括超大文件的访问、读操作比例远超过写操作、PC 极易发生故障造成节点失效等。GFS 把文件分成 64MB 的块，分布在集群的机器上，使用 Linux 的文件系统存放，同时每块文件至少有 3 份以上的冗余，中心是一个 Master 节点，根据文件索引找寻文件块，详见 Google 的工程师发布的 GFS 论文。

(2) MapReduce。Google 发现大多数分布式运算可以抽象为 MapReduce 操作。Map 是把输入（Input）分解成中间的键值对，Reduce 把键值合成最终输出（Output）。这两个函数由程序员提供给系统，下层设施把 Map 和 Reduce 操作分布在集群上运行，并把结果存储在 GFS 上。

(3) BigTable。一个大型的分布式数据库。这个数据库不是关系式的数据库，而是像它的名字一样，就是一个巨大的表格，用来存储结构化的数据。

在这里，MapReduce 是一种编程模型，用于大规模数据集（大于 1TB）的并行运算。概念"Map（映射）"和"Reduce（化简）"与它们的主要思想，都是从函数式编程语言里，还有从矢量编程语言里借来的特性。它极大地方便了编程人员在不会分布式并行编程的情况下，将自己的程序运行在分布式系统上。当前的软件实现是指定一个 Map 函数，用来把一组键值对映射成一组新的键值对，指定并发的 Reduce 函数，用来保证所有映射的键值对共享相同的键组。可以说，MapReduce 是分布式系统基础架构集群系统的核心内容。实现上述函数的实例代码如下：

```java
package com.hebut.mr;
import java.io.IOException;
import org.apache.hadoop.conf.Configuration;
import org.apache.hadoop.fs.Path;
import org.apache.hadoop.io.IntWritable;
import org.apache.hadoop.io.Text;
import org.apache.hadoop.mapreduce.Job;
import org.apache.hadoop.mapreduce.Mapper;
import org.apache.hadoop.mapreduce.Reducer;
import org.apache.hadoop.mapreduce.lib.input.FileInputFormat;
import org.apache.hadoop.mapreduce.lib.output.FileOutputFormat;
import org.apache.hadoop.util.GenericOptionsParser;
public class Dedup {
    //map 将输入中的 value 复制到输出数据的 key 上，并直接输出
    public static class Map extends Mapper<Object,Text,Text,Text>{
        private static Text line=new Text();//每行数据
        //实现 map 函数
        public void map(Object key,Text value,Context context)
            throws IOException,InterruptedException{
            line=value;
            context.write(line, new Text(""));
        }
    }
```

```
    }
    //reduce 将输入中的 key 复制到输出数据的 key 上,并直接输出
    public static class Reduce extends Reducer<Text,Text,Text,Text>{
        //实现 reduce 函数
        public void reduce(Text key,Iterable<Text> values,Context context)
            throws IOException,InterruptedException{
            context.write(key, new Text(""));
        }
    }
}
```

4.4 云计算与虚拟化

随着网络宽带、终端技术、虚拟化技术,以及云和大数据对企业IT架构的改变,在任何时间、任何地点凭借手中的移动终端设备办公,正在成为人们工作的常态。移动趋势对于企业也产生了很大影响。

(1) **移动设备非常多**。这使得企业有了巨大的机会来改变价值链,理解用户在哪,用户需要什么,这会给企业带来巨大的商机。

(2) **创造新的商业模式**。人们总是带着智能手机,所以现在很多人购买东西的时候都不需要到实体店里,而只是在手机上进行操作就能购买。商家提供电子优惠券,买家可以直接在网上进行购买,这就为企业创造了一个巨大的商机,同时也产生了很多新的商业模式。

(3) **移动与交易密切相关**。如前面所讲,由于移动和定位,各种各样的信息反馈,企业知道这些用户用移动设备做些什么事情,所以他们就可以把移动和交易密切相关,推动后台处理客户的信息。移动设备也使得企业获得的信息更多,并更好地处理这些信息。

(4) **打造持续的品牌体验**。移动设备和移动的数据,对于客户来说,应该是个性化的体验,是一种持续的品牌体验,同时应该是一体化的体验。

(5) **造就了物联网**。移动并不仅是智能手机,而且要把所有设备都联系起来,如很多企业现在把汽车也连到网络上。

虚拟化是云计算的一项核心技术,它为云计算服务提供基础架构层面的支撑,是IT快速走向云计算的最主要驱动力。可以说,没有虚拟化技术也就没有云计算服务的实现与成功。虚拟化是一种在软件中仿真计算机硬件,以虚拟资源为用户提供服务的计算形式。虚拟化的表现形式主要有两种:一种是一台物理服务器上同时运行多台仿真服务器,每台仿真服务器上为不同的用户提供不同的服务;另一种是将

多台物理服务器或多个服务器集群虚拟成一个强大的服务器,为用户提供性能强劲的服务,并保证每台物理服务器的负载均衡。

虚拟化表现在存储虚拟化、网络虚拟化、桌面虚拟化、终端虚拟化等从服务提供商局端到用户终端的各个层面。虚拟化大大加强了云计算服务的客户认知度,并促使越来越多的云应用产生和发展。虚拟化,尤其是终端的虚拟化加强了用户对云应用的感知,将促使传统 IT 快速云化。虚拟化技术如图 4.16 所示。

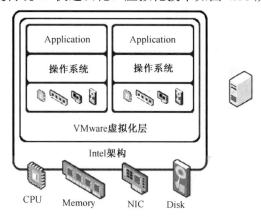

图 4.16　虚拟化技术示意图

物联网后端应用虚拟化云的价值如下。

(1) 云计算降低了基础设备的人工干预频率,并提供更简便、更强大的管理工具,使得系统管理员更加关注于应用的管理。

(2) 云计算的集中资源、分散提供服务的模式,与大型企业目前所规划的一体化信息资源整合的发展方向相适应,云计算使信息资源更加集中,信息化服务的层次分工更加明确,资源的管理和应用系统的运行维护更加专业。

(3) 使用云计算框架下的若干业务系统,共用同一个大资源池,资源池的大小可以适时调整,还可以通过动态资源调度机制对其进行适时合理分配。

(4) 在云计算环境中,虚拟机作为一个逻辑单元可以快速灵活地迁移,管理员可以在不中断服务的情况下将虚拟机从一台服务器迁移到另一台服务器。在企业运用云计算技术所构建的系统处在虚拟化环境中,虚拟化技术在云计算框架的各个层次上都有很多有价值的应用前景。

4.5　FC/iSCSI 存储技术

在物联网后端设计中,数据的存储问题、资源的共享问题成为需要考虑的重要问题。采用何种方式完成数据的网络存储,如何提高网络存储的安全性、稳定性和效率是现代网络存储最关心的问题,现在网络存储技术变得越来越重要。为了让人们对网络存储技术有一个全面的了解,下面主要介绍一下目前广泛使用的 FC/iSCSI 网络存储技术的特点和应用,如图 4.17 所示。

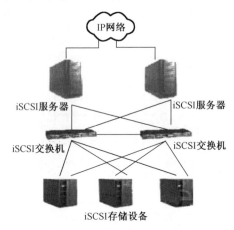

图 4.17　FC/iSCSI 存储技术

数据的异地实时存储日趋增多,使得网络存储技术日渐重要。FC/iSCSI 作为网络存储的核心技术,充分利用了现有 IP 网络的成熟性和普及性优势,对经济合理和便于管理的存储设备提供了直接访问的能力,其低廉、便捷、开放、安全、标准等众多优异品质得到充分的完善与发展。然而,要满足企业网高速度、大容量存储需求并保证安全,以及应对大型数据库和音、视频流计算处理,FC 技术是首选。通常,iSCSI 易于使用,实现架构依托以太网和 IP 技术,而且成本低廉。现行使用的大多数 iSCSI 存储网采用 1Gbit/s 以太连接(FC 采用 1Gbit/s、2Gbit/s、4Gbit/s 模式),通过采用多路控制技术(如微软的 Multipath I/O)可实现聚合带宽处理,支持多路以太线路连接和负载均衡功能。与 FC 技术相比,iSCSI 的最大优势在成本。举一个简单例子,一块新型 FC 主机总线适配器(用于处理 T 级数据)的价格超过了用于普通以太连接的 Exchange 服务器。FC 在安全和容错方面比 iSCSI 技术要强,后者则继承了 IP 技术的互操作特性,不同厂商的 FC 适配器、交换机和存储设备之间存在不同程度的互操作问题。

目前,大多数中小企业都以 TCP/IP 为基础建立了网络环境。对于他们来说,投入巨资利用 FC 建设存储区域网(SAN)系统既不现实,也不必要。但在信息时代,信息的采集与处理将成为决定企业生存与发展的关键,面对海量数据,许多企业已感到力不从心。iSCSI 的实现可以在 IP 网络上应用 iSCSI 的功能,充分利用了现有 IP 网络的成熟性和普及性等优势,允许用户通过 TCP/IP 网络来构建 SAN,为众多中小企业对经济合理和便于管理的存储设备提供了直接访问的能力。

4.6 Web 网关

网关(gateway)又称为网间连接器、协议转换器。网关[14]在网络层上实现网络互连,是最复杂的网络互连设备,仅用于两个高层协议不同的网络互连。随着互联网的日益普及、信息共享程度的要求不断提高,各种家电设备、仪器仪表,以及工业生产中的数据采集与控制设备正在逐步走向网络化,以便利用庞大的网络资源,实现分布式远程监控、信息交换与共享。物联网的发展更是为网络技术的应用起到了巨大的推动作用。网关既可以用于广域网互连,也可以用于局域网互连。网关是一种充当转换重任的计算机系统或设备。在使用不同的通信协议、数据格式或语言,甚至体系结构完全不同的两种系统之间,网关是一个翻译器。与网桥只是简单地传达信息不同,网关对收到的信息要重新打包,以适应目的系统的需求。Web 网关是 WAP 网关产品的下一代产品形态,定位于 Internet 网关,支持 WAP 和 HTTP 业务的代理功能。

Web 网关根据移动终端的性能,通过页面自动分割、页面重组、智能压缩和缓存等技术,使页面能够以最佳的形式展现给最终的用户,并可以根据用户的需求灵活设定展现形式。这样,软、硬件配置千差万别的手机都能正常快速浏览互联网的内容。同时,平台获得用户行为数据,根据用户偏好在页面浏览中动态加入运营商标识或其他个性化资讯,为用户定制个性化导航门户,也可在浏览过程中插入个性化广告,实现精准投放,满足用户个性化、差异化的产品需求,增强用户黏性,扩大和汇聚流量,为流量价值的快速提高奠定基础。

4.7 应用实例(面向 Web Service 组件的 GIS 疫情监测系统)

随着我国社会经济的迅速发展,医疗领域迅猛发展,各种医疗数据以及疫情数据的大幅度增长,给现在疾病预防控制中心带来了前所未有的难题。以前的 MIS 系统在管理信息方面还能满足现有需求,但随着需求的进一步增加,全国疫情数据量的加大,要满足实时监测、实时统计、预警等功能就有点力不从心了。根据疾病监测业务的特点,引入物联网技术及时反映疫情,快速便捷的在线动态展示疫情各个地区的分布,实时统计分析多病性病例的空间分布,不仅改善了我国现在卫生领域的监测疫情发布信息不够实时的现状,而且给各级机构进行疫情上报、统计,提供了一条更为简单快捷的途径,对于共同建设我国的卫生防治系统有着非常大的意义。这里主要说明物联网后端 Web 服务组件的设计和服务器托管。

本实例系统实现数据的采集、查询跟踪显示、管理、分析,并提供决策支持服务,通过动态 WebGIS 的应用进行三维展示,使疫情监测部门和普通用户更为直观地发现聚集病例的报告情况及其高发区域,能够尽早地提供预警。引入 GIS 技术,推动了疫情监测工作的发展,使数据分析与事件的发现更加直观,如图 4.18 所示。

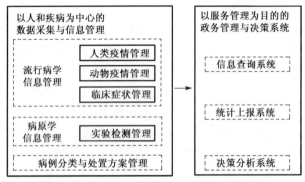

图 4.18 数据的采集、查询和显示

WebGIS 作为一项比较新型的技术,其应用领域远不止疫情监测预警,而是可以覆盖公安、军事、农业、灾害预防等各个层面。将 WebGIS 技术成功地运用到数据分析中,可提供多级别的统计查询分析,并可直接通过地图穿透到个案信息,以直观便捷的方式满足管理人员对数据分析的需要,并为发现突发情况提供了强大的辅助支持作用。

1. 系统设计目标和架构

基于 WebGIS 的疫情监测预警系统总体设计目标如下。

(1) 实现各类疫情信息的统一结构化管理,通过与各业务系统的集成,构建统一数字化疫情监测平台,统一更新,保证信息的权威性和准确性,以提升卫生领域精益化数字管理水平。

(2) 实时地反映当前疫情状况。

(3) 数据统计查询、毒株信息、各地疫情信息、各时间段疫情信息能通过地图反映到县。

(4) 使用地图信息显示方式,全面、准确地反映毒株在不同地点或区域的分布情况。

(5) 使用多种统计图、表灵活地展示当前和历史的各种统计分析数据,方便全面地了解疫情和病毒株的发展变化规律。

(6) 基本信息管理。将本系统的公用信息进行标准化管理,以便系统维护、扩展,并保持系统一致性。这些标准信息包括区划标准、文书标准、检测点信息管理、暴露部位、临床表征、处理方式等信息规范和试剂、标本、疫苗等描述规范等。

(7) 实现跨部门的信息集成:卫生、公安、畜牧兽医等部门的集成。解决个体(人、动物)的统一标识问题,如采用身份证、RFID 技术等。

根据上述业务需求的描述,本系统的架构图如图 4.19 所示。

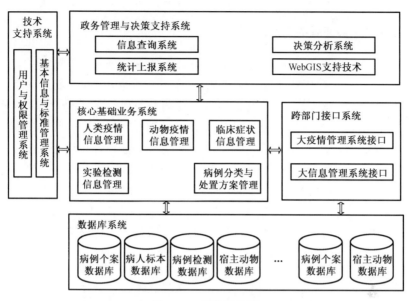

图 4.19　系统架构图

2. 实现疫情信息结构的 Web Service 组件技术

Web Service 技术使得运行在不同机器上的不同应用无需借助附加的、专门的第三方软件或硬件，就可相互交换数据或集成。依据 Web Service 规范实施的应用之间，无论它们所使用何种语言、平台或内部协议，都可以相互交换数据。Web Service 是自描述、自包含的可用网络模块，可以执行具体的业务功能。Web Service 也很容易部署，因为它们基于一些常规的产业标准和已有的技术，如标准通用标记语言下的子集 XML、HTTP。Web Service 减少了应用接口的花费，为整个企业甚至多个组织之间的业务流程的集成提供了一个通用机制。Web Service 的原理结构如图 4.20 所示。

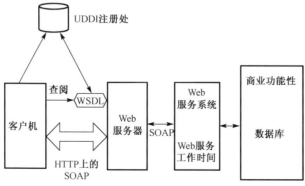

图 4.20　Web Service 和数据库

3. 疫情信息系统服务器托管

为了节约时间和保证数据可靠，现将服务器放在数据中心。数据中心为客户提供服务器托管、机柜租用和带宽出租服务。另外，一种以"应用为中心"的云计算服务，在云中隔离出独立安全的网络环境，灵活按需组合使用物理和虚拟化 IT 与 IDC 资源，提供带宽的集中计费和限速，结合了弹性计算云和传统托管优势，充分满足中大型互联网应用对高扩展性、性能、安全可靠性和性价比等的要求。

客户也可以对设备拥有所有权和配置权，并可要求预留足够的扩展空间。如果企业想拥有独立的 Web 服务器，同时又不想花费更多的资金，可以进行服务器托管。当然，客户也可以直接租用 IDC 的主机、存储等资源来部署发布互联网产品并对外提供服务。服务器租用方式下，客户无需购买独立服务器，网站建设的费用大大降低。而在这个项目中，既有部分服务器托管也有部分服务器租用。

4. 内部信息监测管理系统

内部信息监测管理系统是对数据资料进行现场维护、抄取，并逐级统计、上报，建立数据库对数据进行分析。特别是对访问范围权限处理、员工管理、系统参数设置和系统正常运营具有重要意义。图 4.21 所示为内部信息监测管理系统的界面。

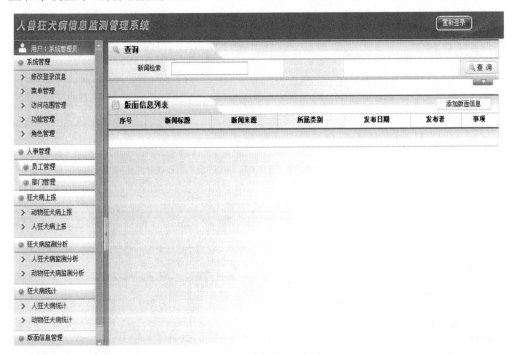

图 4.21　系统管理界面

第 5 章　移动装置的物联网设计

在物联网时代，云、大数据和移动化三者正越来越呈现三位一体的融合趋势。现在，通过在各种各样的日常用品上嵌入一种短距离的移动收发器，人们在信息与通信世界里将获得一种新的沟通方式，从任何时间、任何地点的人与人之间的沟通连接扩展到人与物(human to thing)和物与物(thing to thing)之间的沟通连接。例如，随着多维条码的广泛应用，手机对多维条码的识别和语音识别的信息通过 4G 网络传递，构成了物联网的重要组成部分。特别重要的是 RFID 标签中保存着约定格式条形码，用于唯一标识标签所附着的物体。随着时间的推移和手机照相功能(识别)技术突破，人手一机(手机)，从某种意义上讲就能实现任何时间、任何地点、任何物体间的互连和无所不在的网络计算。在不久的将来，可以看到手机贴上电子标签，就有了"钱包"的功能，可以用来购买食品、坐轻轨；用手机拍到墙上的二维条码，就可以知道自己在超市所买猪肉的成长历史，也可以听到轻音乐和城市的旅游信息。条形码在日常生活中随处可见：书、包装盒、香烟、衣服、酒瓶以及鞋等商品的背面都有。此外，它还广泛用于通行控制、资产跟踪、图书馆和档案馆的图书和文件编目、文件管理、危险废弃物跟踪、包装跟踪与车辆控制和识别。

移动互联网是一种通过移动终端，采用移动无线通信方式获取业务和服务的新兴业态，包含终端、软件和应用三个层面。终端包括智能手机、PDA、电子书、MID等。软件包括操作系统、中间件、数据库和安全软件等。移动互联网业务和应用包括移动环境下的网页浏览、文件下载、位置服务、在线游戏、视频浏览和下载等业务。随着宽带无线移动通信技术的进一步发展和 Web 应用技术的不断创新，移动互联网业务的发展将成为继宽带技术后互联网发展的又一个推动力，为互联网的发展提供一个新的平台，使得互联网更加普及，并以移动应用固有的随身性、可鉴权、可身份识别等独特优势，为传统的互联网类业务提供新的发展空间和可持续发展的新商业模式；同时，移动互联网业务的发展为移动网带来了无尽的应用空间，促进了移动网络宽带化的深入发展。

手机(移动装置)发展如此迅速，与手机和 4G 网络相关的一系列关键软、硬件技术的快速发展是分不开的。尤其在近年来，以操作系统、人机交互技术、手机屏幕显示技术、应用处理器技术，以及电池等技术为代表的多项智能手机关键技术取得了快速的发展，使得手机拥有更长的使用时间、更宽广的移动互联网使用体验、更炫丽的多媒体体验、更逼真和流畅的 3D 游戏体验，并能够以更为人性化的人机交互方式同时处理更多的任务。移动终端将越来越深入地进入人们的日常生活，而它的发展又给整个通信和互联网产业的融合带来了深远的影响。

现在，为满足物联网发展业务的个性化需求，中移物联网有限公司搭建了一张物联网专网。物联网专网能够满足物联网"规模性、流动性、安全性"的特点需求，以及高质量的网络保障需求。

物联网专网专号[15]：采用以 10648 开头的 13 位物联网专用号段，支持短信和 GPRS 功能；采用以 14765 开头的 11 位物联网专用号段，支持语音、短信和 GPRS 功能。物联网用户可以使用专门的号码，获取所需的丰富码号资源。

物联网的功能如下。

(1) 基础通信能力：GPRS 通信能力和短信通信能力，短信可提供不同优先级服务(重发频次、储存时间)，充分满足不同集团客户需求。

(2) 终端状态查询：向客户提供开关机信息、终端位置信息、终端 GPRS 上线、离线、IP、APN 等信息查询。

(3) 账务信息查询：向客户提供账户信息查询，提供账户欠费、流量超标等事件的提醒功能。

(4) 业务统计分析：向用户提供多维度的业务报表统计和分析等。

(5) 灵活计费功能：根据客户需求提供流量池、生命周期等多种计费方式。

物联网的优势如下。

(1) 一点接入，全网服务：提供政企公司或各省公司进行一点业务受理，分省出卡的业务开通，各配合省根据客户需求进行卡的制作、配号和销售，直接为客户提供业务服务和网络服务，满足客户"一点拿卡"、"一站式服务"需求，避免客户与多个省进行业务对接，且无省间漫游结算，特别适合于全网业务应用的行业客户。

(2) 丰富的码号资源：拥有 13 位以 10648 开头的物联网专用号段和 11 位以 14765 开头的物联网专用号段，充分满足用户大数量码号需求。

(3) 灵活的计费方式：针对物联网业务的特殊性，提供了流量池计费方式和按生命周期计费方式，其中，按流量池计费即客户通过购买流量池，实现多张卡共用一个流量池的功能；按生命周期计费方式即终端硬件费加上终端整个生命周期包月费的总和，再通过一定的折扣率分摊到每个月，降低客户的总成本。另外，在整个计费环节新增测试期和沉默期，满足客户测试期需求，并为客户免费提供测试流量和短信。

(4) 高质量的网络：通过建设物联网短信中心、物联网 GGSN、物联网 HLR 等物联网专用网元，实现物联网用户与大众用户的网络分离，为行业客户提供可靠和稳定的网络。

(5) 通信管理：采集网络信息，并通过物联网专网的运营管理平台为客户提供通信在网状态查询(开关机信息、PDP 激活状态、IP 地址查询、短信失败原因查询等)、流量信息查询、流量余额提醒等功能。

(6)终端管理:在终端管理方面为客户提供终端管理、远程控制、远程升级等,让用户时刻掌握终端状态,出现故障及时发现,并帮助用户快速故障定位。

(7)用户自主管理:物联网运营管理平台向客户分配专有账号,或为应用平台提供直连的 API,满足客户对终端的工作状态、通信状态等进行实时自主管理的需求。

物联网的应用领域如下。

(1)电力:电力抄表、电力设备监控等。

(2)交通:车载前装、物流运输、车载后装等。

(3)金融:无线 POS 终端、税控发票打印机等。

(4)其他行业:智能家居、企业安防、医疗、农业、能源、气象、水文监测、油田、环保等领域。

物联网的资费如下(以当前时间为准,今后可能变化)。

物联网专网资费包括硬件费、通信费、增值服务费和端口费。

(1)硬件费:根据机器卡的采集成本定价,一次性收取。

(2)通信费:分流量套餐和短信套餐。

(3)增值服务费:全网统一规划了"位置定位、终端管理、通信管理"三项增值服务,资费为 2 元/月/项。

(4)端口费:专有 APN 端口费,1000 元/月/端口。

如上所述,物联网平台就是连接这个协议的核心,它有三大功能:①网关可以进行协议转换,同时可以实现移动通信网和互联网之间的信息转换;②电信部门为物联网平台提供了基础的服务,可以帮助用户管理终端;③相关部门把一些网络能力进行整合,用户可以借助该平台迅速开发自己的物联网相关智能移动装置的应用。需要指出的是,实现移动通信网和互联网之间的信息转换并不能百分之百保证信号不丢失,这是因为信号实际运行在交互模型中,所谓交互模型就是指设备在实际网络环境中运行的模型,与一般理论数学模型是有差别的。这是因为物联网移动终端的数据交互过程中不可避免地存在信道干扰、网络阻塞和路由选择延迟等问题,这将导致数据错误和分组丢失等现象。在某些情况下,这些问题对于压缩数据是致命的,因为压缩后的数据一般是由不等长码构成的码流,如果出现错误或数据包丢失,则会引起错误扩散等一系列问题,这样不但严重影响语音服务质量和识别错误,还会导致整个数据交互延迟或系统完全失效,成为限制物联网智能终端技术发展的瓶颈。尽管如此,移动装置开发技术人员也不必过多担心,设备部门有一套检测和补偿方法能够使数据丢失得以恢复。

5.1 移动互联网的发展和特点

随着宽带无线接入技术和移动终端技术的飞速发展,人们迫切希望能够随时随地乃至在移动过程中都能方便地从互联网获取信息和服务,移动互联网应运而生并迅猛发展。最近,某研究报告显示,我国手机上网人数呈爆炸式增长,移动通信和互联网[16-17]成为当今世界发展最快、市场潜力最大、前景最诱人的两大业务。它们的增长速度是任何预测家未曾预料的。这一历史上从来没有过的高速增长现象反映了随着时代与技术的进步,人们对移动性和信息的需求急剧上升。越来越多的人希望在移动的过程中高速地接入互联网,获取急需的信息,完成想做的事情。所以,移动与互联网相结合的趋势是历史的必然。移动互联网正逐渐渗透到人们生活、工作的各个领域,短信、图铃下载、移动音乐、手机游戏、视频应用、手机支付、位置服务等丰富多彩的移动互联网应用迅猛发展,正在深刻改变信息时代的社会生活,移动互联网经过几年的曲折前行,终于迎来了新的发展高潮。

随着移动互联网爆发式增长,手机客户端应用已经逐渐成为传统企业进入移动互联网领域最主要的途径,移动互联网已经成为企业展示、营销和业务运营的新方向。在移动互联网领域,业务的拓展运营是基于客户端应用展开的,而开发企业本身的客户端应用将必不可少,如何能够通过客户端应用把企业的现有业务和产品营销信息更充分地展示出来,手机客户端应用的设计和定制至关重要,它可以使企业基于移动互联网这个平台,进行自己的产品营销,可以使企业已有的 IT 系统向移动互联网方向平滑扩展。

5.1.1　移动支付

移动互联网技术的发展带动了移动支付技术的不断创新,而用户对于支付便捷性的需求同样在催生新的支付方式,随着移动互联网将向纵深发展,移动支付已经成为移动互联网市场规模增长的主要驱动因素和核心工具之一。目前,苹果公司已通过 iTunes 商店进行电影、电子书和音乐的购买和支付。用户可以使用 iTunes 账户购买应用,也可以在应用中购买数字商品。此外在零售店中,消费者也可以扫描某一商品,随后使用 iTunes 账户关联的信用卡来支付。而苹果公司也已推出了指纹扫描和 iBeacon 等新技术,帮助用户通过 iPhone 来完成支付。显然,移动支付已经成为移动互联网发展的基础服务,相比在线互联网商务,可提供丰富的个性化服务,带来更大的价值,从而制造一个全新价值的互联网经济,激活整个电子商务市场。此外,移动电子商务对产业链上下游带动作用巨大,随着业务的不断发展,移动电子商务必将对包括终端制造业、软件开发与系统集成业、信息服务业和相关传统产业产生深远的影响。只有积极探索创新商务模式,促进产业链上下游的合作共赢,才能推动移动电子商务的持续发展。移动支付(mobile payment),也称为手机支付,就是允许用户使用其移动终端(通常是手机)对所消费的商品或服务进行账务支付的一种服务方式,如图 5.1 所示。

图 5.1　手机的移动支付

整个移动支付价值链包括移动运营商、支付服务商(如银行、银联等)、应用提供商(公交、校园、公共事业等)、设备提供商(终端厂商、卡供应商、芯片提供商等)、系统集成商、商家和终端用户。移动支付的方式分为现场支付和远程支付。现场支付主要是指非面对面交易中购买货物或服务，可以通过红外线、蓝牙和 RFID 等技术实现；远程支付是指利用手机在线，从远程购买货物或服务，通过短信 USSD 超级短信、WAP、STK 卡或客户端等技术实现。

5.1.2　移动定位

移动定位[18]是指通过特定的定位技术来获取移动手机或终端用户的位置信息，在电子地图上标出被定位对象位置的技术或服务。定位技术有两种，一种是基于 GPS 的定位，另一种是基于移动运营网基站的定位。基于 GPS 的定位方式是利用手机上的 GPS 定位模块将自己的位置信号发送到定位后台来实现移动手机定位。基站定位则是利用基站对手机距离的测算距离来确定手机的位置。后者不需要手机具有 GPS 定位能力，但是精度很大程度依赖于基站的分布和覆盖范围的大小。前者定位精度较高。此外，还有利用 WI-FI 在小范围内定位的方式。移动互联网技术与移动定位业务相结合，可以轻而易举地实现移动黄页查询。移动网络首先定位出用户所处的位置，然后再根据互联网提供的信息选出用户所在地的相关信息，供用户查询。移动电话定位业务的开展，对制止移动电话的盗打非常有利。电信运营部门在发现盗打号码后，可以不必禁止移动电话的使用，而利用无线网络自动记录盗打的准确时间和地点，从而为司法部门执法提供最有力的证据和实时跟踪。

目前，移动定位技术已经在出租车行业中使用，该软件为打车乘客和出租司机量身定做，乘客可以通过 App 快捷方便地实时打车或者预约用车，司机也可以通过 App 安全便捷地找到乘客，同时通过减少空跑来增加收入。移动定位技术在呼叫出租车行业中的应用，如图 5.2 所示。

图 5.2 移动定位技术在呼叫出租车行业中的应用

软件已有 iOS 版和 Android 版两个版本，适用于市面上大部分的智能手机。不仅比传统电话叫车、街边打车操作简单，省时省力，还开发出语音对讲发单、电招模式、高峰期加小费、智能算法推送等诸多创新功能。简洁清新的操作页面，像微信一样方便使用。GPS 自动定位，智能推荐目的地，两步轻松打车。

5.1.3 移动电子商务

移动电子商务是利用手机、PDA 等无线终端进行的 B2B、B2C 或 C2C 的电子商务。它将因特网、移动通信技术、短距离通信技术和其他信息处理技术完美结合，使人们可以在任何时间、任何地点进行各种商贸活动，实现随时随地、线上线下的购物与交易、在线电子支付，以及各种交易活动、商务活动、金融活动和相关的综合服务活动等。电子商务无疑已经进入移动时代。数据显示，2011 年中国电子商务交易额突破四万亿，中国网民超过 5 亿，网上交易总额超过 5000 亿元。而 2011 年移动电子商务市场规模同比增长五倍，预计到 2014 年底，移动电子商务将取代移动增值服务，占据移动互联网行业的最大份额。此外，移动支付正在逐步成为应用企业、用户一起关注的发展方向，用户认可度持续提高，这说明传统的支付方式在发生改变，新的支付习惯正在形成。

5.1.4 移动办公

移动办公也可称为"3A 办公"，即办公人员可在任何时间(anytime)、任何地点

(anywhere)处理与业务相关的任何事情(anything)。这种全新的办公模式,可以让办公人员摆脱时间和空间的束缚。单位信息可以随时随地通畅地进行交互流动,工作将更加轻松有效,整体运作更加协调。利用手机的移动信息化软件,建立手机与计算机互联互通的企业软件应用系统,摆脱时间和场所局限,随时进行随身化的公司管理和沟通,有效提高管理效率,推动政府和企业效益增长。

移动办公系统是一套以手机等便携终端为载体实现的移动信息化系统,该系统将智能手机、无线网络、OA 系统三者有机结合,开发出移动办公系统,实现任何办公地点和办公时间的无缝接入,提高了办公效率。它可以连接客户原有的各种 IT 系统,包括 OA、邮件、ERP 和其他各类个性业务系统,使手机用于操作、浏览、管理公司的全部工作事务,也提供了一些无线环境下的新特性功能。其设计目标是帮助用户摆脱时间和空间的限制,随时随地随意地处理工作,提高效率、增强协作。移动办公也是云计算技术、通信技术与终端硬件技术融合的产物,成为继计算机无纸化办公、互联网远程化办公之后的新一代办公模式。对于办公的未来发展前景,移动办公是大势所趋。移动 OA 是组织管理信息化进入移动时代的必然结果,是组织通过移动通信技术延伸其协同应用和信息交流的必要手段,组织成员可以通过移动协同应用向领导和其他成员提供实时信息和服务,使其能够更方便地与客户、上级组织、同行业或上下游企业随时保持灵动的信息交流。当企业领导、相关审批流程的审批人出差或外出时,可以通过手机终端登录移动信息空间门户,实时了解集团最新信息,查阅内部资料,随时查看审批请求以实现审批结果的快速回复。

5.1.5 移动 MOOC

大型开放式网络课程,即 MOOC[19](massive open online courses)。2012 年美国的顶尖大学陆续设立网络学习平台,在网上提供免费课程,Coursera、Udacity、edX 三大课程提供商的兴起,给更多学生提供了系统学习的可能。2013 年 2 月,新加坡国立大学与美国公司 Coursera 合作,加入 MOOC 平台。MOOC 整合多种社交网络工具和多种形式的数字化资源,形成多元化的学习工具和丰富的课程资源。课程突破传统课程时间、空间的限制,世界各地的学习者依托互联网在家即可学到国内外著名高校课程;课程突破传统课程人数限制,能够满足大规模课程学习者学习;MOOC 具有较高的入学率,同时也具有较高的辍学率,这就需要学习者具有较强的自主学习能力才能按时完成课程学习内容。

为所有人提供免费高等教育,是人类社会的理想境界。把学习作为一种终身习惯,把汲取新知识作为一种精神养分,人类应该共同创造这种美好氛围。针对中国大学较为封闭的教学模式和学籍管理模式,未来也会逐步引入 MOOC 教学模式,对于中国大学教育现状的改革,以及高考升学选拔制度的优化,全面贯彻素质教育方针,逐步实行大学教育的普及,都有着一定的现实意义。

MobiMOOC 是 Mobile MOOC 的缩写，是指通过移动设备学习 MOOC，致力于 MOOC 与移动学习的有效整合。近年来，MOOC 巨头 Coursera 终于也对 Android 用户交出了答卷。据 TNW 报道，Android 版的 App 已登录 Google Play Store，该公司向全世界提供免费教育的目标，也前进了一大步。与之前的 iOS 版一样，Android 版 Coursera 向用户提供的课程超过 600 门，来自斯坦福和耶鲁等 100 多个教育机构，参与院校还在不停增加。通过应用，Android 用户可以浏览课程名单，参与课程，观看视频讲座，也可以下载后离线观看。而且用户登录后还可以收到即将开课的通知。更重要的是，Coursera 同时提供了 12 种语言选项，包括英语、中文、西班牙语和俄语。考虑到世界范围的应用，Android 版 Coursera 的设计依旧延续 iOS 简约和以人为本的原则，并没有花哨的用户界面。该 App 已经可以免费下载。

5.1.6 移动终端多元化

随着移动互联网产业的深入发展，移动终端朝着多元化、轻便化的方向发展，但计算能力和存储能力较弱，而与终端多元化对应的，是移动互联网软件客户端种类不断增多，服务商大量工作聚集在产品与各种系统兼容适配上；同时与终端轻量化对应的是应用软件的不断加"重"。轻终端与重软件之间不能相适应，导致磁盘与内存空间的大量消耗，在处理能力有限的情况下，迫使全球服务商都在探索一条轻量化服务的和谐之路。于是，云计算的特点更能在移动互联网上充分体现，将应用的计算与存储从终端转移到服务器的云端。当前，手机正在改变着人们的生活，手机也是一种移动终端。手机已经不仅是一款通信工具，它正在成为人们日常生活的控制终端。当我们可以一手"掌控"生活的时候，手机已正在掌握我们的人生。随着智能手机的普及，它更多地具有了计算机的功能，以及其本身具有的便捷性，智能手机在我们的生活中扮演着重要的角色。随着科技的发展，智能机将成为生活中不可缺少的基本工具。随着信息技术的变革、消费需求的提升，越来越多的智能终端进入消费者的视线。智能手机、智能电视、PDA 以迅猛之势成为消费者的新宠。智能化无可替代地成为新一轮产业的游戏规则。未来家用智能终端产业的发展必然带来应用服务的全面铺开，云计算、物联网等新技术将被市场需求不断召唤纳入终端，软件和硬件的相互促进将使整个家用智能终端市场繁荣。

5.1.7 移动互联网的特点

移动互联网的特点是移动终端多样化、内存处理能力有限、屏幕大小不一和移动网络速率多变等，造成移动互联网的开发环境与互联网具有明显差异；而用户使用移动互联网和传统互联网有明显不同的使用方式，影响着产品功能、界面、导航等方面的设计。移动通信与互联网的融合已经成为一种趋势，它们在几个方面都在逐步融合：一是终端的融合，特别是具有操作系统的智能手机问世以后，手机与互联网越来越趋向于融合；二是网络的融合，整个移动通信网正逐步向着 IP 方向演进，与现有互联网越来越趋于融合；三是桌面互联网与移动互联网上的内容和应用趋向一致，互联网的应用在手机上都是可以实现的，同时手机又进一步地促进了互联网的新业务的诞生。

移动互联网的特点概括起来主要包括以下几个方面。

(1) 终端移动性：移动互联网业务使得用户可以在移动状态下接入和使用互联网服务，移动的终端便于用户随身携带和随时使用。

(2) 终端和网络的局限性：移动互联网业务在便携的同时，也受到了来自网络能力和终端能力的限制，在网络能力方面，受到无线网络传输环境、技术能力等因素限制；在终端能力方面，受到终端大小、处理能力、电池容量等的限制。

(3) 业务与终端、网络的强关联性：由于移动互联网业务受到了网络和终端能力的限制，所以其业务内容和形式也需要适合特定的网络技术规格和终端类型。

(4) 业务使用的私密性：在使用移动互联网业务时，所使用的内容和服务更私密，如手机支付业务等。

5.2 移动终端的硬件开发平台

开放性是移动互联网具有的本质特征，移动终端多元化有时给开发人员造成困惑。移动终端开发特点是资源受限、设备多样性与软件的适配。近十年，手机移动终端发展趋势大体可分为以下四个阶段：①功能终端。满足用户基本通信需求，如发短信、打电话，附加些贪食蛇、推箱子等小游戏。②智能化的终端。可扩展第三方应用，实现上网浏览等互联网基础功能，以诺基亚 S60 手机为代表。③互联网和平台化的终端。手机和互联网更加紧密，浏览器、流媒体更加强大，互联网应用和手机系统特性结合地更加紧密；手机成为了一个平台，用户可以通过下载第三方应用来 DIY 这款终端，如偏好音乐，可以下载音乐类型的应用，代表为 iPhone、Android 和 Windows Phone 7。④物联网化的智能终端。此阶段的特点是通过传感设备现实生活和网络更加紧密地结合。

不同品牌、不同规格的移动终端，使得移动终端很难像 PC 一样有一个相对标准和规范的开发基础，移动互联网应用开发必须根据每个手机终端的特点和差异开发不同的客户端软件，才能保证用户有较好的使用体验。具体表现在以下几个方面。

(1) 制造厂商不同。由于不同制造厂商，其底层架构会有差异，例如，使用的芯片不同，都会影响上层软件的开发。

(2) 处理能力不同。由于不同手机芯片的处理能力、内存大小不同，在设计相应客户端软件的时候，必须考虑软件的装载性和可运行性，甚至需要针对不同手机的处理能力设计相应的适合版本。

(3) 硬件设置不同。由于不同手机的输入方式不同（键盘输入或触摸屏输入），屏幕尺寸大小不同，是否有摄像头、GPS 模块，在软件开发的人机界面、展示界面、功能调用上都需要因机而异。

同时，移动终端已经不仅局限于手机，更扩展到 PDA、MID、电子阅读、PMP 移动多媒体便携设备等各种消费类电子设备，即使是面向同一操作系统和开发环境的客户端软件，也需要根据其产品不同特性进行相应开发，如面向 iPhone 和 iPad，虽然开发环境相同，但由于屏幕尺寸差别很大，操作方式不同，客户端软件需要相应的适配。总之，移动终端开发主要根据不同技术要求，采用的芯片有 ARM、Intel Atom、Apple A 系列和其他各种芯片。相应的操作系统有 Android、Windows、iOS 和 HTC。移动网络可以选择是 GPRS、CDMA、WCDMA 和 TD-SCDMA 等。

5.2.1 基于 Intel Atom 处理器

新一代移动网络设备平台（Mobile Internet Device，MID），是近年来非常热门的移动产品，轻巧便携，方便日常办公。随着体积的减小，产品的散热是需要考虑的问题。作为发热大户的处理器当然是需要技术创新来进行保障的。Intel 在 2008 年 3 月初发布了新的低功耗处理器家族，命名为 Atom。Intel Atom 处理器架构，如图 5.3 所示。

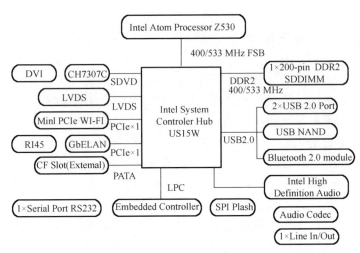

图 5.3　Intel Atom 处理器架构

Intel Atom[20-21]处理器是 Intel 历史上体积和功耗最小的处理器。Atom 基于新的微处理架构，专门为小型设备设计，旨在降低产品功耗，同时也保持了同酷睿 2 双核指令集的兼容，产品还支持多线程处理。Intel 提供的 Atom 系统开发板上，主要由 Atom 处理器（Atom Z5X0）、SCH、DDR2 内存、PATA 硬盘、LVDS 接口、移动互联网（支持 WI-FI 和 3G）、电源管理等功能模块组成，其中 Atom 处理器和 SCH 组成了通用的 IA x86 架构，而其他功能模块则主要与 SCH 直接实现交互通信。该系统软件采用了 Windows XP 或 Windows 7 操作系统，并完全兼容该操作系统下可运行的所有应用软件。移动终端采用全触摸输入方式替代了传统 PC 中的键盘和鼠标（可通用 USB 接口外接）输入方式，即在显示屏上通过触摸点击方式实现信息录入、指令调动等操作，使得人机交互更为直截了当、更加人性化，大大方便了那些不懂计算机操作的用户。同时通过 SCH 中集成的 USB 接口和 PCI-e 接口，可以扩展 3G、GPS、摄像头、多媒体卡等模块的功能。其中，3G 模块可以实现 MID 随时随地上网的目标，GPS 用来进行导航和定位管理，摄像头则可以用来作为视频会话、现场视频/拍照取证等。另外，该终端还支持蓝牙 2.0+EDR 和 WI-FI 两种无线连接方式。移动终端系统中的 Atom 处理器和 SCH 是整个系统的核心部分，它的功能和特性将直接影响系统其他外围模块的性能。但是 Atom 和 SCH 芯片选型确定之后，其他功能模块的设计则将决定着整机的性能和适用范围。

Atom 基于 45 纳米工艺和 hi-k 技术制造。产品的热设计功耗为 0.6～2.5W，但是处理器的频率却能达到 1.8GHz。而目前主流的酷睿 2 双核处理器的热设计功耗也要 25～35W。Intel 推出 Atom 是基于对市场的认识，Atom 处理器迎合了市场需求。

而与 Atom 处理器相对应的整个平台，Intel 将其称为"英特尔迅驰 Atom 处理器技术"（Intel Centrino Atom Processor Technology），这个平台在之前是大家比较熟悉的"Menlow"。一套完整的平台包括 Atom 处理器，无线网卡，包含集成显卡的低功耗芯片组。

5.2.2 基于 ARM 嵌入式系统

嵌入式系统无疑是当前最热门，最有发展前途的 IT 应用领域之一。嵌入式系统用在一些特定专用设备上，通常这些设备的硬件资源（如处理器、存储器等）非常有限，并且对成本很敏感，有时对实时响应要求很高等。特别是随着消费家电的智能化，嵌入式更显重要。像平常见到的手机、PDA、电子字典、可视电话、VCD/DVD/MP3 Player、数字相机（DC）、数字摄像机（DV）、U-Disk、机顶盒（set top box）、高清电视（HDTV）、游戏机、智能玩具、交换机、路由器、数控设备或仪表、汽车电子、家电控制系统、医疗仪器、航天航空设备等都是典型的嵌入式系统。嵌入式系统在物联网应用中有两层含意：①物联网的核心仍然是互联网，是在互联网基础上延伸和扩展的网络；②其用户端延伸和扩展到任何物品与物品之间，进行信息交换和通信，必须具备嵌入式系统构建的智能终端。因此，物联网系统是通过射频识别（RFID）、红外感应器、全球定位系统（GPS）、激光扫描器等信息传感设备，按约定的协议，把任何物品与互联网相连接，进行信息交换和通信的系统架构。

物联网不仅提供了传感器的连接，其本身也具有智能处理的能力，能够对物体实施智能控制,这就是嵌入式系统所能做到的。物联网将传感器和智能处理相结合,利用云计算、模式识别等各种智能技术,扩充其应用领域。从传感器获得的海量信息中分析、加工和处理出有意义的数据,以适应不同用户的不同需求,发现新的应用领域和应用模式。

ARM 架构,过去称为进阶精简指令集机器(Advanced RISC Machine,更早称为 Acorn RISC Machine),是一个32位精简指令集(RISC)处理器架构,其广泛使用在许多嵌入式系统设计。ARM 的 Jazelle 技术使 Java 加速得到比基于软件的 Java 虚拟机(JVM)高得多的性能,与同等的非 Java 加速核相比功耗降低 80%。CPU 功能上增加 DSP 指令集提供增强的 16 位和 32 位算术运算能力,提高了性能和灵活性。ARM 内核最初是为手持通信设备设计的,所以它的功耗非常低。嵌入式系统和外界交互需要一定形式的通用设备接口,如 A/D、D/A、I/O 等,外设通过和片外其他设备的或传感器的连接来实现微处理器的 I/O 功能。每个外设通常都只有单一的功能,它可以在芯片外也可以内置在芯片中。嵌入式系统中常用的通用设备接口有 A/D(模/数转换接口)、D/A(数/模转换接口),I/O 接口有 RS232 接口(串行通信接口)、Ethernet(以太网接口)、USB(通用串行总线接口)、音频接口、VGA 视频输出接口、I^2C(现场总线)、SPI(串行外围设备接口)和 IrDA(红外线接口)等。

嵌入式系统已经深入到生活的每个角落。它涉及的领域广泛到我们的想象力所能及的任何地方。嵌入式系统是相对桌面系统来讲的,凡是带有微处理器的专用软、硬件系统都可以称为嵌入式系统。作为系统核心的微处理器又包括三类:微控制器(MCU)、数字信号处理器(DSP)、嵌入式微处理器(MPU)。嵌入式比较准确的一个定义为:系统以应用为中心,以计算机技术为基础,软、硬件可裁剪,适应应用系统对功能、可靠性、成本、体积、功耗严格要求的专用计算机系统。

5.3 移动终端的软件开发环境

移动互联网作为移动通信与互联网两大信息通信领域的融合,其体系架构也涉及移动通信与互联网的业务应用、平台、终端、网络等各个方面,并且随着云计算、智能终端、移动宽带等业务与技术的发展,体系架构也在不断地演进发展,以适应移动互联网的新时期发展。

移动互联网产业链当前有三大阵营:电信与运营商、终端厂商和互联网公司。不同阵营由于所处的产业位置不同,各自的困难、优势、能力与基础也不同,看待移动互联网的视角也不完全相同,各方纷纷构建符合自身战略发展需求与目标的移动互联网体系架构。移动终端的软件开发环境根据不同支持系统而各不相同。目前,移动终端操作系统有 Android、Windows Phone、iOS 等。以苹果为代表构建了"云端结合,软硬件服务垂直一体化"的新体系,这种一体化垂直模式实质也是一种开放+封闭结合模式,虽然对开发者开放,对 Web 内容访问完全开放,但是苹果严格控制了操作系统平台、应用的测试认证、应用的下载渠道、开发者审核、SDK 的提供,实际是进入了一种新形态下的开放与封闭状态。Windows Phone 具有桌面定制、图标拖拽、滑动控制等一系列前卫的操作体验。其主屏幕通过提供类似仪表盘的体验来显示新的电子邮件、短信、未接来电、日历约会等,让人们对重要信息保持时刻更新。Android 是一种基于 Linux 的自由和开放源代码的操作系统,主要使用于移动设备,如智能手机和 PDA,由 Google 公司和开放手机联盟领导与开发。第一部 Android 智能手机发布于 2008 年 10 月,Android 逐渐扩展到 PDA 和其他领域上,如电视、数码相机、游戏机等。2011 年第一季度,Android 在全球的市场份额首次超过塞班系统,跃居全球第一。2012 年 11 月数据显示,Android 占据全球智能手机操作系统市场的份额为 76%。

5.3.1 Android 软件开发

在欧洲,软件开发环境又称为集成式项目支持环境(Integrated Project Support Environment,IPSE)。软件开发环境的主要组成成分是软件工具。人机界面是软件开发环境与用户之间的一个统一的交互式对话系统,它是软件开发环境的重要质量标志。存储各种软件工具加工所产生的软件产品或半成品(如源代码、测试数据和各种文档资料等)的软件环境数据库是软件开发环境的核心。工具间的联系和相互理解都是通过存储在信息库中的共享数据得以实现的。软件开发环境数据库是面向软件工作者的知识型信息数据库,其数据对象是多元化,带有智能性质的。软件开发数据库用来支撑各种软件工具,尤其是自动设计工具、编译程序等。软件设计思路和方法的一般过程,包括设计软件的功能和实现的算法与方法、软件的总体结构设计和模块设计、编程和调试。

1. Android 基本概念

Android[22-24]的中文意思是机器人,是 Google 推出的开源手机操作系统。Android 系统是基于 Linux 内核,拥有独立操作系统、个性化用户界面、中间件和应用软件,最终实现真正开放并且完整的移动软件。它是由 30 多家科技公司和手机公司组成的"开发手机联盟"共同研发的,并且完全免费开源,这将大大降低新型手机的研发成本,Android 可称为是为移动终端设计的一款最为理想的系统。Android 受到了手机厂商、软件厂商、运营商和个人开发的追捧。目前 Android 阵营主要包括 HTC(宏达电)、T-Mobile、高通、三星、LG、摩托罗拉、ARM、中国移动、华为等。这些企业都将基于该平台开发手机的新型业务,应用之间的通用性和互联性将在最大程度上得到发展。

2. Android 新型手机的特点

(1) 开放性。Android 平台是免费、开源的。而且 Google 通过与运营商、开发商、设备制造商等机构形成的战略联盟，希望通过共同制定标准使 Android 成为一个开放式的生态系统。

(2) 应用程序无界限。Android 上的应用程序可以通过标准 API 访问核心移动设备功能，如果访问某些限制的 API，则只需要在自己的应用程序中配置一下，这也在某种程度上降低了 Android 程序的开发成本。

(3) 应用程序自主性。Android 上的所有应用程序都是可以替换和扩展的，即使是拨号、home 这样的核心程序也可以自主替换。

(4) 应用程序之间无障碍沟通。Android 上的应用程序之间通信至少有 4 种方式，解决了程序之间互通性和数据性的交流。

(5) Web 智能型。Android 应用程序可以轻松嵌入 HTML、JavaScript，基于 WebKit 内核的 WebView 组件可以显示网络内容，而且 JavaScript 可以和 Java 无缝地整合在一起。

(6) 键盘智能型。Android 同时支持物理键盘和虚拟键盘，大大丰富用户的输入选择。并且虚拟键盘可以在任何应用中提供，包括 Gmail、浏览器、SMS 和大量第三方应用程序，还支持第三方虚拟键盘应用的安装。

(7) 桌面个性化。Android 的桌面可以由用户自我设计，大多数小的 Web 应用都是从网络上获得实时数据并展示给用户，Android 预设了 5 个微技，也可以同内置的应用程序库安装第三方微技。

(8) 舒适的开发环境。Android 的主流开发环境是 Eclipse+ADT+Android SDK。这些软件可以轻松地集成到一起，而且在开发环境中运行程序要比 Symbian 这样的传统手机操作系统更快，调试更方便。

3. Android 的系统架构

从图 5.4 中可以看出，Android 分为四个层，从高到低分别是应用层、应用框架层、系统运行库层和 Linux 内核层。下面将对这四层进行简单介绍。

(1) 应用层。该层由运行在 Dalvik 虚拟机上应用程序组成，如日历、地图、浏览器、联系人管理。Android 应用程序都是由 Java 语言编写的用户开发的，与 Android 的核心应用程序是同一层次的，它们都是基于 Android 的系统 API 构建的。

(2) Android 应用框架层。该层是编写 Google 发布的核心应用时所使用的 API 框架，开发人员同样可以使用这些框架来开发自己的应用程序，主要有 View、通知管理器(Notification Manager)、活动管理器(Activity Manager)等。

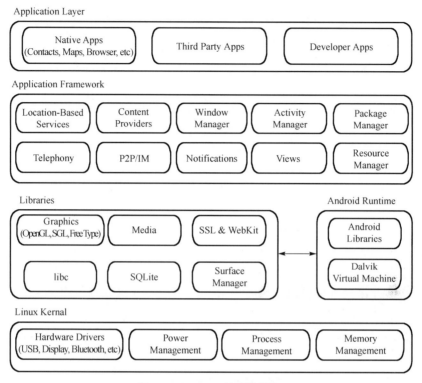

图 5.4　Android 的系统框架

（3）系统运行库层。Java 本身不能直接访问硬件，必须通过使用 NDK 才可以。NDK 是一些由 C/C++语言编写的库。该层主要包括 C 语言标准库、多媒体库、openGL ES、SQLite、WebKit 等，是对应用层提供支持的层。

（4）Linux 内核层。Android 核心系统服务依赖于 Linux2.6 内核，包括驱动、内存管理、进程管理、网络协议栈等组件。Linux 内核也作为硬件和软件栈之间的抽象层。

4．Android 开发环境的搭建

Android 应用程序开发可以在计算机上安装模拟器实现，本节将介绍在 Eclipse 中搭建 Android 开发环境，同时还将设计一个 Android 项目。

在 Windows 操作系统的计算机上开发 Android 程序至少需要如下工具和开发包：JDK1.6 和以上版本，Eclipse，Android SDK，ADT（android development tools）。这些软件包都可以直接从官网免费下载。

JDK 的安装配置就是 Java 的运行环境，Android SDK 直接解压就行，其中提供了一系列工具，有模拟硬件设备模拟器（emulator）、Android 资源打包工具（Android Asset Packaging Tool，AAPT）、Dalvik 调试监视服务（Dalvik Debug Monitor Service，

DDMS)、Android 调试桥(Android Debug Bridge,ADB)和将.class 字节码文件转换为.dex 文件的 DX 工具等。

5. 环境配置

Android 应用程序开发是在 Eclipse 集成开发环境下进行的,Eclipse 解压后需要配置 ADT 插件,ADT 配置步骤如下。

(1)启动 Eclipse,然后选择【帮助】→【Software Updates…】。在出现的对话框中,单击【Available Software】选项卡。单击【Add Site…】按钮,在显示的对话框的 Location 字段中输入下面的 URL:https://dl-ssl.google.com/Android/eclipse/,单击 OK。

(2)回到【Available Software】界面,选中刚才增加的地址,然后单击右侧的【Install】按钮开始安装 ADT 插件。

(3)在弹出的对话框中选中 Android DDMS 和 Android Developer Tools 两项。单击【next】按钮进入下一个安装界面。

(4)阅读并接受许可协议,然后单击【Finish】。重新启动 Eclipse。

(5)配置 Android SDK 的安装目录。单击【windows】→【preference】菜单项。在弹出的对话框中选中左侧的【Android】节点。在右侧的【SDK location】文本框中输入 Android SDK 的安装目录,如图 5.5 所示。

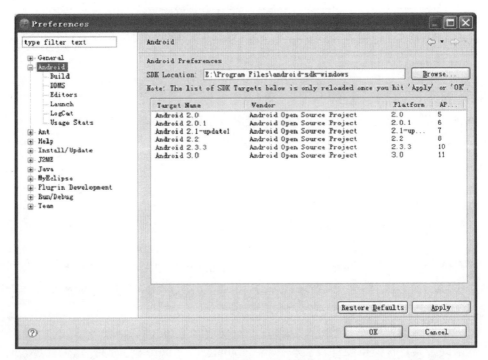

图 5.5　Android SDK 的安装目录

6. 创建 Android 程序

此 Android 程序要实现在手机屏幕上显示一个按钮，通过单击按钮，显示当前的时间。

新建工程。在 Eclipse 中单击【file】→【new】→【Android project】菜单项，打开【new Android project】对话框，在对话框的文本框中输入相应的内容。如表 5.1 所示。

表 5.1　文本框中输入的内容

文本框	输入的内容
Project name	QRCodeDeCode
Application name	Decode
Package name	com.hbut.qr
Create Activity	main

在【Build Target】复选框中选择 Android 2.2。在进行以上设置后，单击【Finish】按钮建立一个 Android 工程，在 Eclipse 的【Package Explorer】视图中显示图 5.6 所示的工程结构。

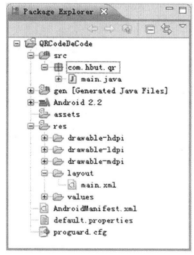

图 5.6　建立 Android 对话框

Android 应用程序的组件显示可以在程序中用代码控制，也可以在 XML 文件中直接布局。在 main.xml 文件中添加一个 TextView 组件和一个 Button 组件，配置代码如下：

```
<TextView
    Android:id="@+id/tmText"
    Android:layout_width="fill_parent"
```

```
            Android:layout_height="wrap_content"
            Android:text="时间显示在这里"
        />
        <Button
            Android:text="显示时间"
            Android:id="@+id/mButton"
            Android:layout_width="wrap_content"
            Android:layout_height="wrap_content"
        />
// 定义变量
private Button mButton;
private TextView tmText;
// 获得实例
        mButton=(Button)findViewById(R.id.mButton);
        tmText=(TextView)findViewById(R.id.tmText);
// 为按钮添加单击事件
        mButton.setOnClickListener(new Button.OnClickListener(){
            public void onClick(View v)
            {
                SimpleDateFormat sdf=new SimpleDateFormat("HH:mm:ss");
                tmText.setText("当前时间是: "+sdf.format(new Date()));
                Toast toast = Toast.makeText(main.this, "当前时间是"
                    +sdf.format(new Date()), Toast.LENGTH_LONG);
                //设置 toast 显示的位置
                toast.setGravity(Gravity.TOP, 0, 150);
                //显示该 Toast
                toast.show();
            }
        });
```

7. 运行程序

单击工程右键菜单的【Run As】→【Android Application】菜单项，启动 Android 模拟器点击按钮后效果如图 5.7 所示。

8. APK 签名发布

Android 应用程序在真机上运行，需要对 APK 文件进行签名，可以使用 ADT 插件签名。单击【Android tools】→【Export Signed Application Package…】菜单项，打开【Export Android Application】对话框，输入要导入的工程名，如图 5.8 所示。

第 5 章 移动装置的物联网设计　117

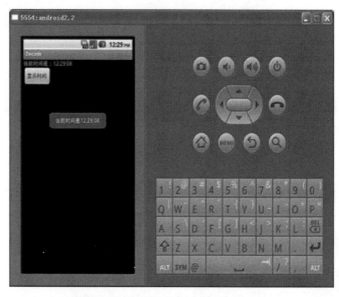

图 5.7　具有调试能力 Android 模拟器

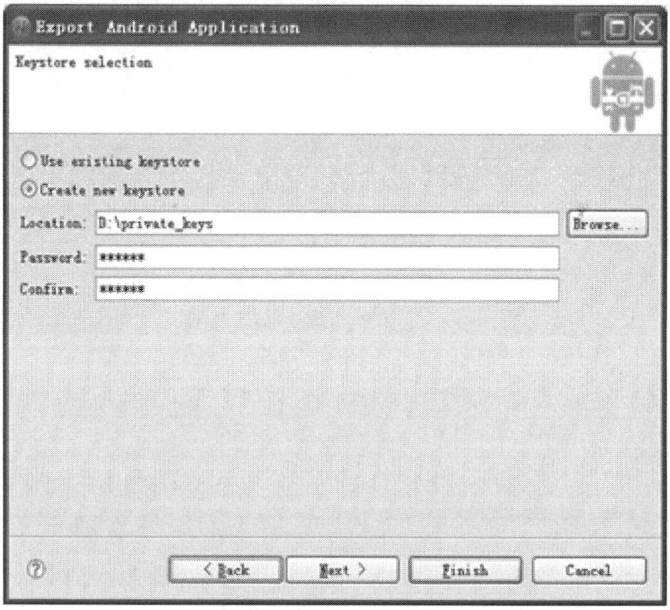

图 5.8　APK 签名信息填写和完成对话框

5.3.2　App Store 软件开发

　　App Store 是 iTunes Store 中的一部分,由苹果公司为 iPhone 和 iPod Touch、iPad 和 Mac 创建的服务,允许用户从 iTunes Store 或 Mac App Store 浏览和下载一些为应

用程序。用户可以购买收费项目和免费项目,让该应用程序直接下载到 iPhone 或 iPod touch、iPad、Mac。App Store 实用开发软件的网站,如图 5.9 所示。

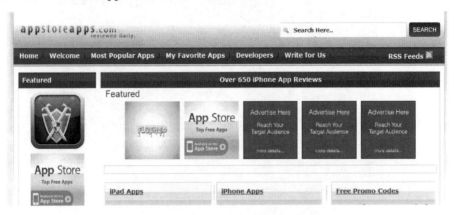

图 5.9　App Store 实用开发软件的网站

　　App Store 模式的意义在于为第三方软件的提供者提供了方便而又高效的软件销售平台,第三方软件的提供者参与其中的积极性空前高涨,适应了手机用户对个性化软件的需求,从而使得手机软件业开始进入一个高速、良性发展的轨道,苹果公司把 App Store 这样的一个商业行为升华到了一个让人效仿的经营模式,苹果公司的 App Store 开创了手机软件业发展的新篇章,App Store 无疑将会成为手机软件业发展史上的一个重要的里程碑,其意义已远超越"iPhone 的软件应用商店"。

5.4　移动终端的数据库开发和数据适配

　　移动数据库是能够支持移动式计算环境的数据库,其数据在物理上分散而逻辑上集中。它涉及数据库技术、分布式计算技术、移动通信技术等多个学科,与传统的数据库相比,移动数据库具有移动性、位置相关性、频繁的断接性、网络通信的非对称性等特征。随着存储器价格的不断下降和内存容量的不断扩大,在移动终端设计中内存数据库应运而生。它通过将数据库的主版本常驻内存,利用内存快速的存取速度,使系统性能获得很大的改善。内存数据库顾名思义就是将数据放在内存中直接操作的数据库。相对于磁盘,内存的数据读写速度要高出几个数量级,与磁盘上访问相比,数据保存在内存中能够极大地提高应用的性能。同时,内存数据库抛弃了磁盘数据管理的传统方式,全部数据都在内存中重新设计了体系结构,并且在数据缓存、快速算法、并行操作方面也进行了相应的改进,所以数据处理速度比传统数据库的处理速度要快很多,一般都在 10 倍以上。内存数据库的最大特点是其"主复制"或"工作版本"常驻内存,即活动事务只与实时内存数据库的内存复制打交道,而这些对于移动终端软件开发尤其重要。

移动数据库[25-27]基本上由三种类型的主机组成：移动主机(mobile host)、移动支持站点(mobile support station)和固定主机(fixed host)。固定主机就是通常含义上的计算机，它们之间通过高速固定网络进行连接，不能对移动设备进行管理。移动支持站点具有无线通信接口，可以和移动设备进行数据通信。移动支持站点和固定主机之间的通信是通过固定网络进行的。一个移动支持站点覆盖的地区区域称为信元(cell)，在一个信元内的移动主机可以通过无线通信网络与覆盖这一区域的移动支持站点进行通信，完成信息数据的检索。SQLite 是一款轻型的内存数据库，也是遵守 ACID 的关联式数据库管理系统，它的设计目标是嵌入式的，而且目前已经在很多嵌入式产品中使用了它，它占用资源非常低，在嵌入式设备中，可能只需要几百 KB 的内存就够了。它能够支持 Windows/Linux/UNIX 等主流的操作系统，同时能够跟很多程序语言相结合，比如 TCL、C#、PHP、Java 等，还有 ODBC 接口，同样比起 MySQL、PostgreSQL 这两款世界著名的开源数据库管理系统，它的处理速度比它们都快。SQLite 第一个 Alpha 版本，诞生于 2000 年 5 月，SQLite 也迎来了一个新版本 SQLite 3，同时它还支持事务处理功能等。也有人说它像 Microsoft 的 Access，但是事实上它们的区别很大。例如，SQLite 支持跨平台，操作简单，能够使用很多语言直接创建数据库，而不像 Access 一样需要 Office 的支持。如果开发很小型的应用，或者想做嵌入式开发，可以考虑使用 SQLite。

5.5 应用实例（手机识别在汽车服务管理系统的应用）

移动开发也称为手机开发，或称为移动互联网开发。是指以手机、PDA、UMPC 等便携终端为基础，进行相应的开发工作，由于这些随身设备基本都采用无线上网的方式，所以它是物联网移动终端的主要开发方式。移动应用开发是为小型、无线计算设备，如智能手机或者 PDA 编写软件的流程和程序的集合。移动应用开发类似于 Web 应用开发，起源于更为传统的软件开发。但最大的不同在于移动应用通常利用一个具体移动设备提供的独特性能编写软件。随着 3G/4G 时代的到来，手机应用日渐热门。由于手机携带方便，并且是生活必需的随身用品，而且信号覆盖广，操作便捷，人们对其给予了越来越高的期望。为了说明移动软件开发过程，现以手机识别在汽车服务管理系统的应用作为一个实例。

中国汽车用品市场正处于高速发展的时期，汽车服务业也伴随着汽车市场的壮大而迅速发展，在发达国家以汽车服务业为主的企业是汽车制造业的四倍，总利润占了汽车行业的一大半，该产业在国内也将会有更好的发展空间。汽车服务业是新兴的黄金产业，支持汽车生产和销售等基本环节，延伸汽车业务，提供汽车业的后续保证，管理汽车客户消费等。汽车服务业提供了从客户准备购车到车辆报废的全过程的服务，大体上有购车咨询服务、日常用车服务、保险赔偿服务、汽车美容服务、故障救援服务、年审服务、酒后代驾服务、业务提醒服务等内容。汽车服务管理系统是涵盖了所有服务项目的一套管理系统,主要依赖于互联网将汽车和服务项目联系起来,形成关于汽车的物联网系统。

智能手机已经越来越普及,而且二维码在汽车领域的应用也日益频繁,将二维条码技术运用到汽车会员卡上面,用手机识别信息。汽车会员卡可以起到吸引新顾客,留住老顾客的作用,能够长期有效地聚集大批客户,最大程度上挖掘出潜在的客户资源,使企业的销售额和利润额得以迅速提升。同时通过会员卡的积分和折扣方式,也使消费者得到了实实在在的回报,成为一种时尚消费。会员持该系统发行的会员卡在消费产品时,可通过业务员手中的手机自动识别会员卡信息,系统依据判断结果所对应的积分规则对会员卡的消费进行操作,使会员享受相应的优惠政策。同时该系统对会员卡的充值、消费过程实施全程电子化监控和管理,从而确保整个流程的安全性和高效率运转。

汽车服务管理系统是定位于中国汽车服务电子消费平台的,为汽车市场提供一套物物联系的网络系统,从而促进各个企业的互联,推动商贸经济的发展,提高整体经济的竞争力。汽车服务管理系统是通过对汽车市场的理解,以新的理念构建了一个实现方式较先进、功能较完善、扩展性较强,便于与用户产生互动的汽车服务网络,通过数据通信网络和功能完善的服务消费终端,将遍及多家中高档汽车美容店,以及其他的汽车服务商户整合为一个覆盖广泛而且内容丰富的汽车服务实体的物联网网络系统。

1. 系统功能模块

汽车服务管理系统主要由手机 POS 端和汽车服务管理系统所组成。其中,手机 POS 端的主要功能是通过手机摄像头自动识别客户会员卡上的二维条码信息,然后通过 3G 无线网络将会员的消费信息发送至后台,并接收后台的反馈信息。汽车服务管理系统主要包括会员管理、会员服务、业务管理和数据分析、提醒服务、短信服务、统计报表等。汽车服务管理系统主要有两大模块:手机二维码模块和会员管理模块,如图 5.10 所示。

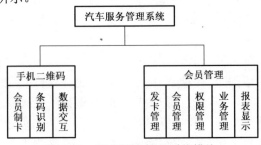

图 5.10 汽车服务管理系统模块

会员管理模块主要是会员管理软件,是一套对汽车服务业会员管理的综合型软件,主要依据数据库的支持。该管理软件与其他管理软件只是在业务处理上不同,基本功能介绍如下。

发卡管理:实现会员卡的激活、禁用、充值等业务管理。

会员管理:主要是管理会员的基本信息,如姓名、卡号、金额、电话等。

权限管理:管理者权限设置,包括建档、查询、删除、修改等。

业务管理:管理业务处理数据,如酒后代驾、故障救援、汽车美容等。

报表显示:实现管理者对各个部分的查询、浏览和客户查询等数据的显示。

手机二维码模块是建立在二维条码的编解码技术上的,以手机为识别硬件实现的技术。包括会员卡上二维条码的生成、识别及其与服务器数据交互技术。其中会员制卡模块是将会员的信息生成二维条码图片打印在会员卡上,条码识别和数据交互模块是通过手机识别后将数据发送到后台服务器,服务器将处理后的数据返回手机,主要是形成对会员消费业务的处理。手机端程序与服务器端监听设计,将实现数据交互模块。

2. 系统软件和硬件

硬件部分说明如下。

服务器:用于安装系统和会员管理软件,完成会员和会员卡的有关管理工作。

智能手机:二维条码的识别和传输。

会员卡:会员身份识别标志,能存储基本信息供系统使用。

SIM 卡:安装于手机中,以便与计算机服务器进行实时无线通信。

会员发卡器:完成会员卡的发放、修改、回收等操作。

会员卡磁条读卡器:读取会员卡上的磁条信息。

服务器 IP 地址:必须要有固定 IP 地址。

软件部分说明如下。

服务器操作系统:系统软件为 Windows 2003 简体中文版。

服务器数据库:SQL Server 2000 简体中文版。

会员管理软件:后台管理软件,管理会员汽车服务的综合型软件。

3. 手机端程序和服务器监听设计

手机识别 QR 二维条码后,将数据发送给服务器,服务器处理后,将处理后的信息返回或者以短信方式发送到会员手机和识别手机上。手机识别功能前面已经实现,下面是对数据处理的设计流程图,如图 5.11 所示。

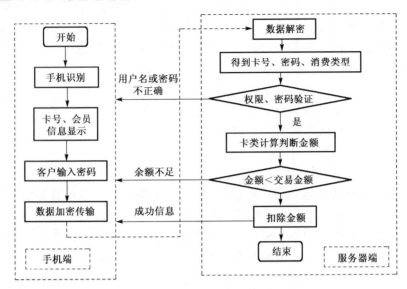

图 5.11 数据处理的设计流程图

1) 手机端程序添加

在原有的基于 Android 的手机识别程序中加入密码输入对话框和数据发送接收功能。

在 Android 系统中用 AlertDialog 类创建自定义的对话框，首先必须创建 AlertDialog.Builder 类的对象实例，然后通过 AlertDialog.Builder 类的 show 方法显示对话框。实现步骤如下。

第一步：使用 XML 布局文件的方式创建对话框的视图对象，文件是 login.xml，具体代码如下：

```xml
<LinearLayout xmlns:android="http://schemas.android.com/apk/res/android"
    android:orientation="horizontal"
    android:layout_marginLeft="20dp"
    android:layout_marginRight="20dp"
    android:layout_width="fill_parent"
    android:layout_height="fill_parent">

    <TextView
        android:layout_width="wrap_content"
        android:text="条码信息："
        android:textSize="20dp"
        android:layout_height="wrap_content"/>
```

```xml
        <TextView
            android:id="@+id/QRText"
            android:textSize="20dp"
            android:layout_width="wrap_content"
            android:layout_height="wrap_content"/>
</LinearLayout>


<LinearLayout xmlns:android="http://schemas.android.com/apk/res/android"
    android:orientation="horizontal"
    android:layout_marginLeft="20dp"
    android:layout_marginRight="20dp"
    android:layout_width="fill_parent"
    android:layout_height="fill_parent">

    <TextView
        android:layout_width="wrap_content"
        android:text="密      码："
        android:textSize="20dp"
        android:layout_height="wrap_content"/>

    <EditText
        android:id="@+id/EditPass"
        android:layout_width="wrap_content"
        android:layout_height="wrap_content"
        android:password="true" />
</LinearLayout>
```

第二步：在程序中添加显示代码，其中 setView() 是显示布局文件 login 的界面，具体代码如下：

```
ad = new AlertDialog.Builder(this).setIcon(R.drawable.login).setTitle
    ("输入密码").setView(login).setPositiveButton("发送",
        new DialogInterface.OnClickListener()
        {
            public void onClick(DialogInterface dialog, int whichButton)
```

```
                {
                    // 点击发送按钮后的响应代码
                }
            };
).setNegativeButton("取消",new DialogInterface.OnClickListener()
{
            public void onClick(DialogInterface dialog, int whichButton)
            {
                // 点击取消按钮后的响应代码
            }
}).show();
```

程序运行后显示界面如图 5.12 所示。

图 5.12 手机密码的输入界面

2) 数据发送和接收

手机与服务器端的数据传输采用 socket 编程技术,在发送按钮响应函数中添加代码如下:

```
    //创建socket
        socket = new Socket(ServerIp,port);
        //向服务器发送消息
        PrintWriter out = new PrintWriter(
            new BufferedWriter(new OutputStremWriter
                (socket.getOutputStream(),"ISO-8859-1")),true);
        out.println(msg2);
        //接收消息服务器的消息
        BufferedReader br = new BufferedReader(new InputStreamReader
                (socket.getInputStream(),"GBK"));
        String msg = br.readLine();
        if(msg != null)
```

```
        {
            mTextView.setText(msg);
        }
        Else
        {
            mTextView.setText("数据错误");
        }
        //关闭流
        out.close();
        br.close();
        //关闭socket
        socket.close();
```

3)服务器端程序添加

在 PC 上创建服务端 ServerSocket，监听手机客户端 socket，将接收的信息获取后，按照上面提到的流程处理后，返回信息给手机客户端，其中 DoWithData()函数是对接收的信息进行逻辑处理，包括信息解密、密码验证、会员信息权限、会员业务查询等，返回值是验证后发送给手机端的信息。具体代码如下：

```
        //接收客户端消息
        BufferedReader in = new BufferedReader(new
                InputStreamReader(client.getInputStream(),"ISO-8859-1"));
        String strGetMsg = in.readLine();
        strGetMsg = new String(strGetMsg.getByte("ISO-8859-1"),"GB2312");
        System.out.println("read:"+strGetMsg);
        //数据处理
        String strOut = DoWithData(strGetMsg);
        //向客户端发送消息
        PrintWriter out = new PrintWriter(
                new BufferedWriter(new OutputStremWriter
                    (client.getOutputStream())),true);
        out.println(strOut);
        //关闭流
        out.close();
        in.close();
```

在实际开发中，可能会遇到中文显示乱码问题，通过对各种编码格式传输的实验，最终得到了解决中文乱码的方案：在手机的发送端采用 ISO-8859-1 实现对字符数组的重新编码，然后传输，在手机显示端采用 GB2312 或者 GBK 格式；在计算机接收端采用 ISO-9959-1 格式对接收的数据重新编码，采用 GB2312 格式显示。

4. 测试效果

(1)印制含有二维码的会员卡(图 5.13),二维码信息包括卡号、用户名等。

图 5.13 具有二维码的会员卡

(2)在会员管理软件中,添加会员的详细信息,会员管理软件由内部人员操作,并设有相关的权限。后台内部会员管理软件界面,如图 5.14 所示。

图 5.14 后台内部会员管理软件界面

(3)手机识别二维码信息后,用户输入交易密码,确认该业务的消费,图 5.15 所示为酒后代驾业务,当用户输入密码后,单击确定按钮就将信息提交给服务器。

(4)服务器接收数据后进行相关的处理,将在数据库中更新数据。数据库中查询数据的界面如图 5.16 所示。

第 5 章 移动装置的物联网设计 127

图 5.15 输入密码的对话框

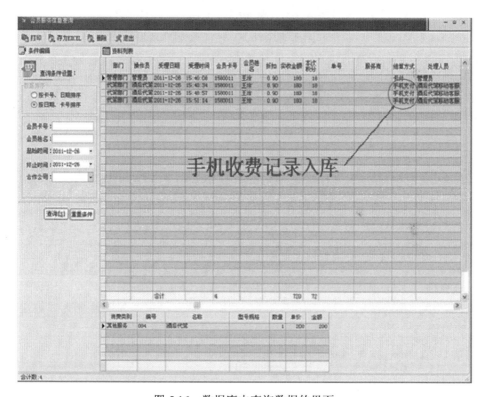

图 5.16 数据库中查询数据的界面

本节主要实现手机二维条码模块在汽车服务业中的应用，具体介绍了汽车服务业的发展前景和汽车服务业管理系统的功能，实现在 Android 手机识别二维条码程序上添加手机与服务器之间的数据交互功能，并且通过实验解决了网络通信的中文乱码问题。

第 6 章 物联网轻量级常用软件设计

众所周知，在移动终端(手机是其中之一)操作系统方面，微软、安卓、苹果三大操作系统将均分智能终端市场。而在这个市场利润博弈中，一般小公司在这方面竞争几乎无能为力。究其原因，除了移动终端的芯片差距，主要还是对物联网的后端数据适配缺乏研究，尤其是在轻量级软件设计方面，更不用说大数据的智能搜索和数据挖掘。

Agile 方法即敏捷方法(agile methodologies)，也称为轻量级方法(lightweight methodology)，它是一组软件开发方法的统称。随着技术的迅速发展和经济的全球化，软件开发出现了新的特点，即在需求和技术不断变化的情况下实现快节奏的软件开发，这就对生产率提出了很高的要求。Agile 方法目前还没有一个明确的定义，其特点是对软件生产率的高度重视，主要适用于需求模糊或快速变化下的、小型项目组的开发。有人称 Agile 方法是在保证软件开发有成功产出的前提下，尽量减少开发过程中的活动和制品的方法，笼统地讲，就是开发中的活动和制品既不要太多也不要太少，在满足所需的软件质量要求的前提下，力求提高开发效率。

软件方法就是用来编写计算机程序的一套规则和惯例。重量级方法具有很多规则、惯例和文档。正确地遵循它们，需要训练和时间。轻量级方法仅具有很少的一些规则和惯例，或者说，这些规则和惯例遵守起来很容易，也切实可行。目前，人们常使用 Agile 软件设计方法、轻量级框架、轻量级线程、轻量级数据库和轻量级 Web 服务。轻量级常用软件广泛使用和发展，也是因为移动终端的发展、云计算和分布式系统的数据存放方式，特别是物联网前端(移动终端)对数据的快速读写。轻量级设计模式是通过共享对象来减少内存负载，它通过把对象属性分离成内部和外部两种来实现对资源的共享。这就是说，运用共享技术高效地支持大量细粒度对象。从某种意义上说，轻量级模式的核心就是共享、快速刷新和快速读写。

6.1　轻量级的数据交换模式

6.1.1　轻量级的数据交换模式 JSON

JSON(JavaScript object notation) 是一种轻量级的数据交换模式，它基于 JavaScript 的一个子集。JSON[28]采用完全独立于语言的文本格式，但是也使用了类似于 C 语言家族的习惯。这些特性使 JSON 成为理想的数据交换语言，易于人们阅读和编写。作为一种数据传输格式，JSON 与 XML 很相似，但是它更加灵巧，同时也易于机器解析和生成。

如图 6.1 所示，JSON 与 XML 最大的不同在于 XML 是一个完整的标记语言，而 JSON 则不是。这使得 XML 在程序判读上需要比较多的时间，主要的原因在于 XML 的设计理念与 JSON 不同。XML 利用标记语言的特性提供了绝佳的延展性，在数据存储、扩展和高级检索方面具备优势，而 JSON 则由于比 XML 更加小巧，以及浏览器的内建支持，使得它更适用于网络数据传输领域。

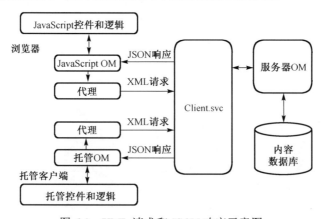

图 6.1　XML 请求和 JSON 响应示意图

JSON 建构有两种结构。

（1）"名称/值"对的集合（a collection of name/value pairs）。不同的语言中，它被理解为对象（object）、记录（record）、结构（struct）、字典（dictionary）、散列表（hash table）、有键列表（keyed list），或者关联数组（associative array）。

（2）值的有序列表（an ordered list of values）。在大部分语言中，它被理解为数组（array）。

JSON 可以将 JavaScript 对象中表示的一组数据转换为字符串，然后就可以在函数之间轻松地传递这个字符串，或者在异步应用程序中将字符串从 Web 客户机传递给服务器端程序。这个字符串看起来有点儿古怪，但是 JavaScript 很容易解释它，而且 JSON 可以表示比"名称/值对"更复杂的结构。例如，可以表示数组和复杂的对象，而不仅是键和值的简单列表。

按照最简单的形式，可以用下面的 JSON 表示名称/值对：

```
{ "firstName": "Brett" }
```

这个实例非常基本，而且实际上比等效的纯文本名称/值对占用更多的空间：

```
firstName=Brett
```

但是，将多个名称/值对串在一起时，JSON 就会体现出它的价值了。首先，可以创建包含多个名称/值对的记录，如

```
{ "firstName": "Brett", "lastName":"McLaughlin", "email": "aaaa" }
```

从语法方面来看，这与名称/值对相比并没有很大的优势，但是在这种情况下 JSON 更容易使用，而且可读性更好。例如，它明确地表示以上三个值都是同一记录的一部分，花括号使这些值有了某种联系。

当需要表示一组值时，JSON 不但能够提高可读性，而且可以减少复杂性。例如，假设希望表示一个人名列表。在 XML 中，需要许多开始标记和结束标记，如果使用典型的名称/值对（就像在本系列前面文章中看到的那种名称/值对），那么必须建立一种专有的数据格式，或者将键名称修改为 person1-firstName 这样的形式。

如果使用 JSON，则只需将多个带花括号的记录分组在一起：

```
{ "people": [
  { "firstName": "Brett", "lastName":"McLaughlin", "email": "aaaa" },
  { "firstName": "Jason", "lastName":"Hunter", "email": "bbbb"},
  {"firstName":"Elliotte", "lastName":"Harold", "email": "cccc" }
]}
```

这不难理解。在这个实例中，只有一个名为 people 的变量，值是包含三个条目的数组，每个条目是一个人的记录，其中包含名、姓和电子邮件地址。上面的实例演示如何用括号将记录组合成一个值。当然，可以使用相同的语法表示多个值（每个值包含多个记录）：

```
{ "programmers": [
{ "firstName": "Brett", "lastName":"McLaughlin", "email": "aaaa" },
{ "firstName": "Jason", "lastName":"Hunter", "email": "bbbb" },
{ "firstName": "Elliotte", "lastName": "Harold", "email": "cccc" }
],
"authors": [
{ "firstName": "Isaac", "lastName": "Asimov", "genre": "science fiction" },
{ "firstName": "Tad", "lastName": "Williams", "genre": "fantasy" },
{ "firstName": "Frank", "lastName": "Peretti", "genre": "christian fiction" }
],
"musicians": [
{ "firstName": "Eric", "lastName": "Clapton", "instrument": "guitar" },
{ "firstName": "Sergei", "lastName": "Rachmaninoff","instrument":"piano" }
] }
```

这里最值得注意的是，JSON 能够表示多个值，每个值进而包含多个值。但是还应该注意，在不同的主条目(programmers、authors 和 musicians)之间，记录中实际的名称/值对可以不一样。JSON 是完全动态的，允许在 JSON 结构的中间改变表示数据的方式。在处理 JSON 格式的数据时，没有需要遵守的预定义的约束。所以，在同样的数据结构中，可以改变表示数据的方式，甚至可以以不同方式表示同一事物。

掌握了 JSON 格式之后,在 JavaScript 中使用它就很简单了。JSON 是 JavaScript 的原生格式，这意味着在 JavaScript 中处理 JSON 数据不需要任何特殊的 API 或工具包。

将 JSON 数据赋值给变量，例如，可以创建一个新的 JavaScript 变量，然后将 JSON 格式的数据字符串直接赋值给它：

```
var people = { "programmers": [ { "firstName": "Brett",
            "lastName":"McLaughlin", "email": "aaaa" },
{ "firstName": "Jason", "lastName":"Hunter", "email": "bbbb" },
{ "firstName": "Elliotte", "lastName":"Harold", "email": "cccc" }
],
"authors": [
{ "firstName": "Isaac", "lastName": "Asimov", "genre": "science fiction" },
{ "firstName": "Tad", "lastName": "Williams", "genre": "fantasy" },
{ "firstName":"Frank","lastName": "Peretti","genre":"christian fiction" }
],
"musicians": [
{ "firstName": "Eric", "lastName": "Clapton", "instrument": "guitar" },
{ "firstName": "Sergei", "lastName": "Rachmaninoff","instrument":"piano" }
] }
```

这非常简单，现在 people 包含前面看到的 JSON 格式的数据。但是这还不够，因为访问数据的方式似乎还不明显。

尽管看起来不明显，但是上面的长字符串实际上只是一个数组；将这个数组放进 JavaScript 变量后，就可以很轻松地访问它。实际上，只需用点号表示法来表示数组元素。所以，要想访问 programmers 列表的第一个条目的姓氏，只需在 JavaScript 中使用下面这样的代码：

```
people.programmers[0].lastName;
```

需要注意，数组索引是从零开始的。所以，这行代码首先访问 people 变量中的数据；然后移动到 programmers 的条目，再移动到第一个记录([0])；最后访问 lastName 键的值。结果是字符串值 "McLaughlin"。

下面是使用同一变量的几个实例：

```
people.authors[1].genre // Value is "fantasy"
people.musicians[3].lastName // Undefined. This refers to the
                fourth entry, and there isn't one
people.programmers[2].firstName // Value is "Elliotte"
```

利用这样的语法，可以处理任何 JSON 格式的数据，而不需要使用任何额外的 JavaScript 工具包或 API。

正如可以用点号和方括号访问数据，也可以按照同样的方式轻松地修改数据：

```
people.musicians[1].lastName = "Rachmaninov";
```

在 JavaScript 中这种转换也很简单：

```
String newJSONtext = people.toJSONString();
```

现在就获得了一个可以在任何地方使用的文本字符串，例如，可以将它用于 Ajax 应用程序中的请求字符串。

更重要的是，可以将任何 JavaScript 对象转换为 JSON 文本，并非只能处理原来用 JSON 字符串赋值的变量。为了对名为 myObject 的对象进行转换，只需执行相同形式的命令：

```
String myObjectInJSON = myObject.toJSONString();
```

这就是 JSON 与讨论的其他数据格式之间最大的差异。如果使用 JSON，只需调用一个简单的函数，可以获得经过格式化的数据，并直接使用。对于其他数据格式，需要在原始数据和格式化数据之间进行转换。即使使用 Document Object Model 这样的 API(提供了将自己的数据结构转换为文本的函数)，也需要学习这个 API 并使用 API 的对象，而不是使用原生的 JavaScript 对象和语法。

最终结论是，如果要处理大量 JavaScript 对象，那么 JSON 是一个好选择，这样就可以轻松地将数据转换为可以在请求中发送给服务器端程序的格式。

6.1.2 轻量级的数据交换模式 BSON

BSON 是一种类 JSON 的二进制形式的存储格式，简称为 Binary JSON，它和 JSON 一样，支持内嵌的文档对象和数组对象，但是 BSON 具有 JSON 没有的一些数据类型，如 Date 和 BinData 类型。BSON 可以作为网络数据交换的一种存储形式，这个有点类似于 Google 的 Protocol Buffer,但是 BSON 是一种 schema-less 的存储形式，它的优点是灵活性高，但它的缺点是空间利用率不是很理想。BSON 有三个特点：轻量性、可遍历性、高效性。

MongoDB 使用了 BSON 这种结构来存储数据和网络数据交换，把这种格式转化成文档(document)这个概念，因为 BSON 是 schema-free 的，所以在 MongoDB 中所对应的文档也有这个特征，这里的一个文档也可以理解成关系数据库中的一条记录(record)，只是这里的文档的变化更丰富一些，如文档可以嵌套。

6.1.3　JSONP 和延迟加载

JSONP(JSON with padding)是一个非官方的协议，它允许在服务器端集成 Script tags 返回至客户端，通过 JavaScript callback 的形式实现跨域访问。由于 JSON 只是一种含有简单括号结构的纯文本，所以许多通道都可以交换 JSON 消息。因为同源策略的限制，不能在与外部服务器进行通信的时候使用 XMLHttpRequest。而 JSONP 是一种可以绕过同源策略的方法，即通过使用 JSON 与 <script> 标记相结合的方法，从服务端直接返回可执行的 JavaScript 函数调用或者 JavaScript 对象。

最简单的 JSONP 如下：

```
var JSONP = document.createElement("script") ;
//FF:onload IE:onreadystatechange
JSONP.onload = JSONP.onreadystatechange = function(){
    //仅 IE
    if (!this.readyState || this.readyState === "loaded" ||
            this.readyState === "complete") {
        alert($("#demo").html());
        JSONP.onload = JSONP.onreadystatechange = null
                                //清内存，防止 IE memory leaks
    }
}
JSONP.type = "text/javascript";
JSONP.src = "http://a.pojaaimg.cn/2010/js/jquery.js";
//在 head 之后添加 js 文件
document.getElementsByTagName("head")[0].appendChild(JSONP);
```

JSONP 的优点为：它不像 XMLHttpRequest 对象实现的 Ajax 请求那样受到同源策略的限制；它的兼容性更好，在更加古老的浏览器中都可以运行，不需要 XMLHttpRequest 或 ActiveX 的支持；并且在请求完毕后可以通过调用 callback 的方式回传结果。JSONP 的缺点为：它只支持 GET 请求而不支持 POST 等其他类型的 HTTP 请求；它只支持跨域 HTTP 请求这种情况，不能解决不同域的两个页面之间如何进行 JavaScript 调用的问题。

6.1.4　轻量级的数据交换模式 jQuery

jQuery 是一种轻量级的数据交换模式。jQuery 是一个 JavaScript 库，它有助于简化 JavaScript 和异步的 JavaScript+XML(AJAX)编程。它是轻量级的 JavaScript 库，

它兼容 CSS3，还兼容各种浏览器，jQuery 使用户能更方便地处理 HTML 文档、事件，实现动画效果，并且方便地为网站提供 Ajax 交互。jQuery 还有一个比较大的优势是，它的文档说明很全面，而且各种应用也说得很详细，同时还有许多成熟的插件可供选择。与类似的 JavaScript 库不同，jQuery 具有独特的基本原理，可以简洁地表示常见的复杂代码。使用 jQuery 编写 JavaScript 时可以大大提高程序的易读性，从而使编程者将精力集中在程序的逻辑组织而不是程序结构本身上，以便于他们编写出高质量的代码。jQuery 最擅长的就是简化 DOM 脚本和事件处理，同时附加、移除和调用事件也十分容易，且不像手动操作那样容易出错。它作为一个开源软件，可免费使用，十分适用于 Web 程序开发。

使用 jQuery AJAX 操作函数，将使 AJAX 操作变得极其简单。jQuery 提供一些非常有用的函数，可以使程序设计变得更加简单易读，使复杂的工作变得简单。下面的例子说明了如何使用 jQuery AJAX 操作函数：

```
$(selector).load(url,data,callback)    //把远程数据加载到被选的元素中
$.ajax(options) //把远程数据加载到 XMLHttpRequest 对象中
$.get(url,data,callback,type)   //使用 HTTP GET 来加载远程数据
$.post(url,data,callback,type)  //使用 HTTP POST 来加载远程数据
$.getJSON(url,data,callback)    //使用 HTTP GET 来加载远程 JSON 数据
$.getScript(url,callback)  //加载并执行远程的 JavaScript 文件
```

$.ajax()方法通过 HTTP 请求加载远程数据，该方法是由 jQuery 的底层 AJAX 实现的。简单易用的高层实现有$.get()，$.post()等。$.ajax()返回加载这个创建的 XMLHttpRequest 对象。大多数情况下，无需直接操作该函数，除非需要操作不常用的选项，以获得更多的灵活性。最简单的情况下，$.ajax()可以不带任何参数直接使用。

6.1.5 轻量级的数据交换模式 Avro

Avro[29]是一种轻量级的数据交换模式。Avro 是 Hadoop 中的一个子项目，也是 Apache 中一个独立的项目，Avro 是一个基于二进制数据传输的高性能中间件。在 Hadoop 的其他项目中，例如，HBase(Ref)和 Hive(Ref)的客户端与服务端的数据传输也采用了这个工具。Avro 是一个数据序列化的系统，可以将数据结构或对象转化成便于存储或传输的格式。Avro 设计之初就用来支持数据密集型应用，适合于远程或本地大规模数据的存储和交换。Avro 具有以下功能。

(1) 丰富的数据结构类型。
(2) 快速可压缩的二进制数据形式。
(3) 存储持久数据的文件容器。
(4) 远程过程调用 RPC。
(5) 简单的动态语言结合功能。

Avro 和动态语言结合后,读写数据文件和使用 RPC 协议都不需要生成代码,而代码生成作为一种可选的优化,只值得在静态类型语言中实现。Avro 依赖于模式(schema)。Avro 数据的读写操作是很频繁的,而这些操作都需要使用模式,这样就减少写入每个数据资料的开销,使得序列化快速又轻巧。这种数据及其模式的自我描述方便于动态脚本语言的使用。当 Avro 数据存储到文件中时,它的模式也随之存储,这样任何程序都可以对文件进行处理。如果需要以不同的模式读取数据,这也很容易解决,因为两个模式都是已知的。当在 RPC 中使用 Avro 时,服务器和客户端可以在握手连接时交换模式。服务器和客户端有着彼此全部的模式,因此相同命名字段、缺失字段和多余字段等信息之间通信中需要解决的一致性问题就可以容易解决,而且 Avro 模式是用 JSON(一种轻量级的数据交换模式)定义的,这样对于已经拥有 JSON 库的语言可以容易实现,如图 6.2 所示。

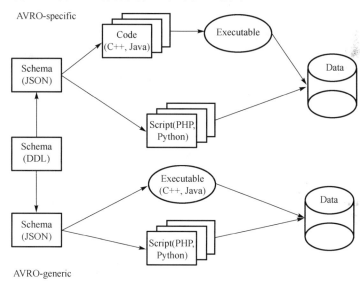

图 6.2 Avro 与 JSON 轻量级交换模式示意图

Avro 提供着与 Thrift 和 protocol buffers 等相似的功能,但是在一些基础方面还是有区别的,主要表现在以下几个方面。

(1)动态类型:Avro 并不需要生成代码,模式和数据存放在一起,而模式使得整个数据的处理过程并不生成代码、静态数据类型等。这方便了数据处理系统和语言的构造。

(2)未标记的数据:由于读取数据的时候,模式是已知的,所以需要与数据一起编码的类型信息就很少了,这样序列化的规模也就小了。

(3)不需要用户指定字段号:即使模式改变,处理数据时新旧模式都是已知的,所以通过使用字段名称可以解决差异问题。

6.1.6 安全漏洞描述语言

应用安全漏洞描述语言(Application Vulnerability Description Language，AVDL)可以协调下一代应用安全产品的互操作性，AVDL 是一项正在由结构信息标准推进组织开发的安全互操作性标准。AVDL 为描述应用安全属性和安全漏洞建立了统一的 XML 格式定义集合。利用这一内容丰富而有效的集合，来自不同厂商的安全产品将能够互相通信，协调操作，完成自动化的安全管理。随着各种 Web 技术的广泛采用，各种基于 Web 的应用变得更富动态性，甚至每日每时都在发生变化，界定应用安全比界定网络安全更复杂。首先，由于许多应用层的易损性(vulnerability)和安全补丁(patch)频频发布，企业必须面对各种应用和设备厂商不断发布的新的安全补丁；其次，网络层安全产品对应用层各种易损性的预防能力极低，从而使应用层的安全问题越来越突出。过去，尽管企业将应用安全视为一个连续的生命周期，但并没有使安全产品相互通信的标准，以致整个安全管理过程存在隐患。由于防火墙、VPN 和入侵检测系统等传统安全设备不能很好地防止针对应用层的攻击，人们开始将目光投向下一代应用安全产品，如安全漏洞扫描器、应用安全网关、补丁管理系统等。但是下一代应用安全产品仍然需要互相配合，进行统一管理，需要进行人工干预，这不仅耗费时间，而且很容易出现错误。

AVDL 建立了一种不断满足安全政策的沟通标准，自动完成修补和重新配置等安全操作，使安全管理人员将注意力集中在更高水平的政策分析上。由于所有的安全报警统一采用 AVDL 描述，实现了安全管理自动化，从而大大减少了事故响应时间，提高了安全水平。基于 AVDL 的报警使用户能够高效利用来自所有安全设备的报警信息。

AVDL 利用扫描器的事务处理机制，扫描器描述浏览器与 Web 应用服务器之间的 HTTP 交换，提供详细的 HTTP 消息规格。这类扫描器可以规定浏览器与服务器之间的信息交换，或者规定利用应用安全漏洞的操作。在前一种情况下，遍历步进(trxdyersal-step)扫描器提供多种信息，包括目标 URL、链接、cookie、查询、参数属性等。遍历扫描器可以用来自动执行安全政策。在后一种情况下，安全漏洞扫描器能够进一步显示可疑的结构，提供有关安全漏洞的详细规格，包括人类可读信息和机器可读的评估信息(如安全漏洞严重程度、适用性和历史记录)。安全漏洞扫描器提供有关补丁的各种必要信息和用于自动管理修补过程的各种办法等。

在典型的应用环境中，扫描器跟踪应用，检测应用的缺陷和安全漏洞，然后将评估结果以 AVDL 集合的形式发送给其他安全设备。接收者(如补丁管理系统或安全网关)，利用这些信息自动生成配置建议，这一过程能够有效防止人工干预所带来的错误。安全管理人员通过拒绝、修改或建议等操作来管理这一过程。

总之，AVDL 技术能够减少时间和费用，提高准确性和可靠性，并最终改进应用部署的安全性。目前，采用 AVDL 技术的产品已经表现出了优秀的互操作性、成熟性和商业可行性。随着轻量级的数据交换模式应用越来越广泛，AVDL 会起着越来越重要的作用。

6.2 NoSQL

NoSQL 指的是非关系型的数据库。随着互联网 Web2.0 网站的兴起，传统的关系数据库在应付 Web2.0 网站，特别是超大规模和高并发的 SNS 类型的 Web2.0 纯动态网站已经显得力不从心，暴露了很多难以克服的问题，而非关系型的数据库则由于其本身的特点得到了非常迅速的发展。NoSQL(not only SQL)，即反 SQL 运动，是一项全新的数据库革命性运动，它的最大特点是没有固定模式，即表的格式不固定，一般都舍弃了事务处理功能而注重海量存储下的读写性能，如图 6.3 所示。

NoSQL[30]的拥护者提倡运用非关系型的数据存储，相对于目前铺天盖地的关系型数据库运用，这一概念无疑是一种全新的思维注入。

现今的计算机体系结构在数据存储方面要求具备庞大的水平扩展性，而 NoSQL 致力于改变这一现状。目前 Google 的 BigTable 和 Amazon 的 Dynamo 使用的就是 NoSQL 型数据库。

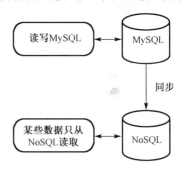

图 6.3　数据读写的 NoSQL 示意图

随着互联网 Web2.0 网站的兴起，非关系型的数据库现已成为一个极其热门的新领域，非关系数据库产品的发展也非常迅速。

1. 对数据库高并发读写的需求

Web2.0 网站要根据用户个性化信息来实时生成动态页面和提供动态信息，基本上无法使用动态页面静态化技术，因此数据库并发负载非常高，往往要达到每秒上万次读写请求。关系数据库应付上万次 SQL 查询已是勉强，但是应付上万次 SQL 写数据请求，硬盘 IO 就无法承受了。其实对于普通的 BBS 网站，往往也存在对高并发写请求的需求。

2. 对海量数据的高效率存储和访问的需求

对于大型的 SNS 网站，每天产生海量的用户动态，以国外的 Friendfeed 为例，一个月就达到 2.5 亿条用户动态，对于关系数据库，在一张 2.5 亿条记录的表里面进行 SQL 查询，效率是极其低下乃至不可忍受的。再如大型 Web 网站的用户登录系统，如腾讯、盛大，动辄数以亿计的账号，关系数据库也很难应付。

3. 对数据库的高可扩展性和高可用性的需求

在基于 Web 的架构中，数据库是最难进行横向扩展的，当一个应用系统的用户量和访问量与日俱增的时候，数据库却没有办法像 Web 服务器和 APP 服务器那样简单地通过添加更多的硬件和服务节点来扩展性能和负载能力。对于很多需要提供 24 小时不间断服务的网站，对数据库系统进行升级和扩展是非常痛苦的事情，往往需要停机维护和数据迁移，为什么数据库不能通过不断添加服务器节点来实现扩展呢？

在上面提到的"三高"需求面前，关系数据库遇到了难以克服的障碍，而对于 Web2.0 网站，关系数据库的很多特性却往往无用武之地。

（1）数据库事务一致性需求。

很多 Web 实时系统并不要求严格的数据库事务，对读一致性的要求很低，有些场合对写一致性要求也不高。因此数据库事务管理成了数据库高负载下一个沉重的负担。

（2）数据库的写实时性和读实时性需求。

对于关系数据库，插入一条数据后立刻查询，是肯定可以读出来这条数据的，但是对于很多 Web 应用，并不要求这么高的实时性。

（3）对复杂的 SQL 查询，特别是多表关联查询的需求。

任何大数据量的 Web 系统，都非常忌讳多个大表的关联查询，以及复杂的数据分析类型的复杂 SQL 报表查询，特别是 SNS 类型的网站，从需求和产品设计角度，就避免了这种情况的产生。往往更多的只是单表的主键查询，以及单表的简单条件分页查询，SQL 的功能被极大地弱化了。因此，关系数据库在这些越来越多的应用场景下显得不那么合适，解决这类问题的非关系数据库应运而生。

NoSQL 是非关系型数据存储的广义定义。它打破了长久以来关系型数据库与 ACID 理论大一统的局面。NoSQL 数据存储不需要固定的表结构，通常也不存在连接操作。在大数据存取上具备关系型数据库无法比拟的性能优势。该术语在 2009 年初得到了广泛认同。

当今的应用体系结构需要数据存储在横向伸缩性上能够满足需求。而 NoSQL 存储就是为了实现这个需求。Google 的 BigTable 与 Amazon 的 Dynamo 是非常成功的商业 NoSQL 实现。一些开源的 NoSQL 体系，如 Facebook 的 Cassandra，Apache 的 HBase，也得到了广泛认同。

6.3 轻量型的数据库 SQLite

SQLite 是一款轻型的数据库，是遵守 ACID 的关联式数据库管理系统，它的设计目标是嵌入式的，而且目前已经在很多嵌入式产品中使用。

SQLiteOpenHelper 的使用方法示意图如图 6.4 所示。

SQLiteOpenHelper 是一个辅助类，管理数据库的创建和版本。可以通过继承这个类，实现它的一些方法，来对数据库进行一些操作。所有继承了这个类的类都必须实现下面这样的一个构造方法：

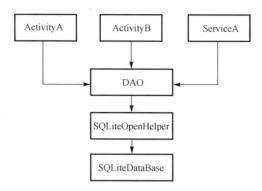

图 6.4　SQLiteOpenHelper 示意图

```
public DatabaseHelper(Context context, String name, CursorFactory
        factory, int version)
```

第一个参数：Context 类型，上下文对象。
第二个参数：String 类型，数据库的名称。
第三个参数：CursorFactory 类型。
第四个参数：int 类型，数据库版本。
下面是这个类的几种方法。

getReadableDatabase()创建或打开一个数据库；getWritableDatabase() 创建或打开一个可以读写的数据库，可以通过这两种方法返回的 SQLiteDatabase 对象对数据库进行一系列的操作，如新建一个表、插入一条数据等；onCreate(SQLiteDatabase db)第一次创建的时候调用；onOpen(SQLiteDatabase db)打开数据库；onUpgrade (SQLiteDatabase db, int oldVersion, int newVersion)升级数据库；close()关闭所有打开的数据库对象。

下面有一个例子，当单击按钮时进行相应的操作，效果图如图 6.5 所示。

图 6.5　模拟器中 SQLiteOpenHelper 示意图

相关代码如下:

DatabaseHelper 类:

```
package android.sqlite;
import android.content.Context;
import android.database.sqlite.SQLiteDatabase;
import android.database.sqlite.SQLiteOpenHelper;
import android.database.sqlite.SQLiteDatabase.CursorFactory;

/*** SQLiteOpenHelper 是一个辅助类,用来管理数据库的创建和版本
          它提供两个方面的功能
 * 第一,getReadableDatabase()、getWritableDatabase()可以获得
          SQLiteDatabase 对象,通过该对象可以对数据库进行操作
 * 第二,提供了 onCreate()、onUpgrade()两个回调函数,允许我们在创建
          和升级数据库时,进行自己的操作
 */
public class DatabaseHelper extends SQLiteOpenHelper {
 private static final int VERSION = 1;

 /**
  * 在SQLiteOpenHelper 的子类当中,必须有该构造函数
  * @param context 上下文对象
  * @param name 数据库名称
  * @param factory
  * @param version 当前数据库的版本,值必须是整数并且是递增的状态
  */
 public DatabaseHelper(Context context, String name, CursorFactory factory,
   int version) {
  //必须通过 super 调用父类当中的构造函数
  super(context, name, factory, version);
 }

 public DatabaseHelper(Context context, String name, int version){
  this(context,name,null,version);
 }

 public DatabaseHelper(Context context, String name){
  this(context,name,VERSION);
 }

 //该函数是在第一次创建的时候执行,实际上是第一次得到 SQLiteDatabase
```

```
                    对象的时候才会调用这个方法
@Override
public void onCreate(SQLiteDatabase db) {
 // TODO Auto-generated method stub
 System.out.println("create a database");
 //execSQL 用于执行 SQL 语句
 db.execSQL("create table user(id int,name varchar(20))");
}
@Override
public void onUpgrade(SQLiteDatabase arg0, int arg1, int arg2) {
 // TODO Auto-generated method stub
 System.out.println("upgrade a database");
}
}
```

6.4 非关系数据库 MongoDB

　　MongoDB 的名称取自"humongous"（巨大的）的中间部分，足见 mongoDB 的宗旨在于处理大量数据。MongoDB 是一个开源的、面向文档存储的数据库，属于 NoSQL 数据库的一种。MongoDB 可运行在 UNIX、Windows 和 Mac OS X 平台上，支持 32 位和 64 位应用，并且提供了 Java、PHP、C、C++、C#、JavaScript 多种语言的驱动程序。MongoDB 是一个介于关系数据库和非关系数据库之间的产品，是非关系数据库中功能最丰富，最像关系数据库的。它支持的数据结构非常松散，是类似 JSON 的 BSON 格式，因此可以存储比较复杂的数据类型。MongoDB 最大的特点是它支持的查询语言非常强大，其语法有点类似于面向对象的查询语言，几乎可以实现类似关系数据库单表查询的绝大部分功能，还支持对数据建立索引。它是一个面向集合的、模式自由的文档型数据库。

　　（1）丰富的数据模型。MongoDB 是面向文档的数据库，不是关系型数据库。放弃关系模型的主要原因就是为了获取更加方便的扩展性。其基本思路就是将原来"行"（row）的概念换成更加灵活的"文档"（document）模型。面向文档的方式可以将文档或者数组内嵌进来，所以用一条记录就可以表示非常复杂的层次关系。使用面向对象语言的开发者恰恰这么看待数据，所以感觉非常自然。MongoDB 没有模式：文档的键不会事先定义也不会固定不变。由于没有模式需要更改，通常不需要迁移大量数据。不必将所有数据都放到一个模式里，应用层可以处理新增或者丢失的键。这样开发者可以非常容易地变更数据模型。

　　（2）容易扩展。应用数据集的大小在飞速增加。传感器技术的发展、带宽的增加，以及可连接到互联网的手持设备的普及，使得很小的应用也要存储大量数据，量大到很多数据库都应付不过来。T级别的数据以前是闻所未闻的，现在已经司空见惯。由于开发者要存储的数据不断增长，他们面临一个非常困难的选择：该如何扩展他们的数据库？升级（购买更好的设备）还是扩展（将数据分散到很多台设备上）。升级通常是最省力气的做法，但问题也显而易见：大型机一般都非常昂贵，最后达到了物理极限，多少钱都买不到更好的设备。对于大多数人希望构建的大型Web应用，这样做不划算也不现实，而扩展就不同了，不但经济而且还能持续添加，只需要买一台一般的服务器加入集群。MongoDB从最初设计的时候就考虑到扩展的问题。它所采用的面向文档的数据模型使其可以自动在多台服务器之间分割数据。它还可以平衡集群的数据和负载，自动重排文档。这样开发者就可以专注于编写应用，而不是考虑如何扩展。要是需要更大的容量，只需要在集群中添加新的机器，然后让数据库来处理剩下的事。

6.4.1 MongoDB 的特点

Mongo DB 的特点如下：

（1）面向集合存储，易于存储对象类型的数据。
（2）模式自由。
（3）支持动态查询。
（4）支持完全索引，包含内部对象。
（5）支持查询。
（6）支持复制和故障恢复。
（7）使用高效的二进制数据存储，包括大型对象（如视频等）。
（8）自动处理碎片，以支持云计算层次的扩展性。
（9）支持 Python、PHP、Ruby、Java、C、C#、JavaScript、Perl 和 C++语言的驱动程序，社区中也提供了对 Erlang 和.NET 等平台的驱动程序。
（10）文件存储格式为 BSON（一种 JSON 的扩展）。
（11）可通过网络访问。

6.4.2 MongoDB 的功能

Mongo DB 的功能如下。

（1）面向集合的存储：适合存储对象和 JSON 形式的数据。
（2）动态查询：MongoDB 支持丰富的查询表达式。查询指令使用 JSON 形式的标记，可轻易查询文档中内嵌的对象和数组。
（3）完整的索引支持：包括文档内嵌对象和数组。MongoDB 的查询优化器会分析查询表达式，并生成一个高效的查询计划。
（4）查询监视：MongoDB 包含一系列监视工具用于分析数据库操作的性能。

(5) 复制和自动故障转移：MongoDB 数据库支持服务器之间的数据复制，支持主-从模式和服务器之间的相互复制。复制的主要目标是提供冗余和自动故障转移。

(6) 高效的传统存储方式：支持二进制数据和大型对象（如照片或图片）。

(7) 自动分片以支持云级别的伸缩性：自动分片功能支持水平的数据库集群，可动态添加额外的机器。

6.4.3　MongoDB 的适用场合

Mongo DB 适用的场合如下。

(1) 网站数据：MongoDB 非常适合实时的插入、更新与查询，并具备网站实时数据存储所需的复制和高度伸缩性。

(2) 缓存：由于性能很高，MongoDB 也适合作为信息基础设施的缓存层。在系统重启后，由 MongoDB 搭建的持久化缓存层可以避免下层的数据源过载。

(3) 大尺寸、低价值的数据：使用传统的关系型数据库存储一些数据时可能会比较昂贵，在此之前，很多时候程序员往往会选择传统的文件进行存储。

(4) 高伸缩性的场景：MongoDB 非常适合由数十或数百台服务器组成的数据库。MongoDB 的路线图中已经包含对 MapReduce 引擎的内置支持。

(5) 用于对象和 JSON 数据的存储：MongoDB 的 BSON 数据格式非常适合文档化格式的存储和查询。

6.4.4　MongoDB 的安装与配置

MongoDB 的官方下载地址是 http://www.mongodb.org/downloads，可以下载最新的安装程序。在下载页面可以看到，它对操作系统支持很全面，如 Mac OS X、Linux、Windows、Solaris 都支持，而且都有各自的 32 位和 64 位版本。目前的稳定版本是 2.0.2 版本。

Windows 32 位平台的安装如下。

(1) 下载 MongoDB。

下载地址：http://downloads.mongodb.org/win32/mongodb-win32-i386-2.0.2.zip。

(2) 设置 MongoDB 程序存放目录。

将其解压到 C:\，再重命名为 mongo，路径为 C:\mongo。

(3) 设置数据文件存放目录。

在 C 盘的 MongoDB 文件夹中的 data 下建一个 db 文件夹，路径 C:\MongoDB\data\db。文件存放目录的对话框如图 6.6 所示。

图 6.6　文件存放目录的对话框

6.4.5 MongoDB 的数据操作

1. 插入记录

MongoDB 是面向文档存储的数据库，文档结构形式称为 BSON（类似 JSON）。
定义文档如下：

```
>doc = {
  "_id" : 1,
  "author" : "sam",
  "title" : "i love you",
  "text" : "this is a test",
  "tags" : [
    "love",
    "test"
  ],
  "comments" : [
    {
      "author" : "jim",
      "comment" : "yes"
    },
    {
      "author" : "tom",
      "comment" : "no"
    }
  ]
}
//插入文档
> db.things.insert(doc);
```

2. 查询记录

MongoDB 最大的功能之一就是它支持动态查询，与传统的关系型数据库查询一样，但是它的查询更灵活。

普通查询：在没有深入查询之前，先看看怎么从一个查询中返回一个游标对象。可以简单地通过 find()来查询，它返回一个任意结构的集合。稍后讲解如何实现特定的查询。

实现上面同样的查询，然后通过 while 来输出：

```
> var cursor = db.things.find();
> while (cursor.hasNext()) printjson(cursor.next());
```

```
{ "_id" : ObjectId("4c2209f9f3924d31102bd84a"), "name" : "mongo" }
{ "_id" : ObjectId("4c2209fef3924d31102bd84b"), "x" : 3 }
{ "_id" : ObjectId("4c220a42f3924d31102bd856"), "x" : 4, "j" : 1 }
{ "_id" : ObjectId("4c220a42f3924d31102bd857"), "x" : 4, "j" : 2 }
{ "_id" : ObjectId("4c220a42f3924d31102bd858"), "x" : 4, "j" : 3 }
{ "_id" : ObjectId("4c220a42f3924d31102bd859"), "x" : 4, "j" : 4 }
{ "_id" : ObjectId("4c220a42f3924d31102bd85a"), "x" : 4, "j" : 5 }
```

上面的例子显示了游标风格的迭代输出。hasNext()函数告诉我们是否还有数据，如果有则调用next()函数。

到这里我们已经知道如何从游标里实现一个查询并返回数据对象，下面就来看看如何根据指定的条件来查询。下面的实例就是说明如何执行一个类似 SQL 的查询，并演示了如何在 MongoDB 里实现。这是在 MongoDB shell 里查询，当然也可以用其他的应用程序驱动或者语言来实现：

```
SQL:    SELECT * FROM things WHERE name="mongo"
MongoDB:
> db.things.find({name:"mongo"}).forEach(printjson);
{ "_id" : ObjectId("4c2209f9f3924d31102bd84a"), "name" : "mongo" }
SQL:    SELECT * FROM things WHERE x=4
MongoDB:
> db.things.find({x:4}).forEach(printjson);
{ "_id" : ObjectId("4c220a42f3924d31102bd856"), "x" : 4, "j" : 1 }
{ "_id" : ObjectId("4c220a42f3924d31102bd857"), "x" : 4, "j" : 2 }
{ "_id" : ObjectId("4c220a42f3924d31102bd858"), "x" : 4, "j" : 3 }
{ "_id" : ObjectId("4c220a42f3924d31102bd859"), "x" : 4, "j" : 4 }
{ "_id" : ObjectId("4c220a42f3924d31102bd85a"), "x" : 4, "j" : 5 }
```

查询条件是{ a:A, b:B, … }，类似 "where a==A and b==B and …"。

上面显示的是所有的元素，当然我们也可以返回特定的元素，类似于返回表里某字段的值，只需要在 find({x:4}) 里指定元素的名字。

```
SQL:    SELECT j FROM things WHERE x=4
MongoDB:
> db.things.find({x:4}, {j:true}).forEach(printjson);
{ "_id" : ObjectId("4c220a42f3924d31102bd856"), "j" : 1 }
{ "_id" : ObjectId("4c220a42f3924d31102bd857"), "j" : 2 }
{ "_id" : ObjectId("4c220a42f3924d31102bd858"), "j" : 3 }
{ "_id" : ObjectId("4c220a42f3924d31102bd859"), "j" : 4 }
{ "_id" : ObjectId("4c220a42f3924d31102bd85a"), "j" : 5 }
```

修改记录

将 name 值是 mongo 的记录的 name 值修改为 mongo_new

```
> db.things.update({name:"mongo"},{$set:{name:"mongo_new"}});
```

我们来查询一下是否改过来了：

```
> db.things.find();
{ "_id" : ObjectId("4faa9e7dedd27e6d86d86371"), "x" : 3 }
{ "_id" : ObjectId("4faa9e7bedd27e6d86d86370"), "name" : "mongo_new" }
```

3．删除记录

将用户 name 是 mongo_new 的记录从集合 things 中删除：

```
> db.things.remove({name:"mongo_new"});
> db.things.find();
{ "_id" : ObjectId("4faa9e7dedd27e6d86d86371"), "x" : 3 }
```

经验证，该记录确实被删除了。

6.5 面向对象语言 Python

　　Python 是一种面向对象的解释性的计算机程序设计语言，也是一种功能强大而完善的通用型语言，已经具有十多年的发展历史，成熟且稳定。Python 区别于其他面向对象语言的关键有两点：首先，Python 强调空格和编码结构，从而令开发者的代码具有良好的重用性；其次，执行脚本之前无需编译 Python 代码，这就是它为什么被当成脚本语言。Python 具有脚本语言中最丰富和强大的类库，足以支持绝大多数的日常应用。

　　Python 是一种开放源代码的脚本编程语言，这种脚本语言特别强调开发速度和代码的清晰程度。它可以用来开发各种程序，从简单的脚本任务到复杂的、面向对象的应用程序都有大显身手的地方。Python 还被当成一种入门程序员最适合掌握的优秀语言，因为它免费、面向对象、扩展性强同时执行严格的编码标准。由于 Python 语言的简洁、易读和可扩展性，在国外用 Python[31]做科学计算的研究机构日益增多，一些知名大学已经采用 Python 教授程序设计课程。众多开源的科学计算软件包都提供了 Python 的调用接口，如著名的计算机视觉库 OpenCV、三维可视化库 VTK、医学图像处理库 ITK，而 Python 专用的科学计算扩展库就更多了，因此 Python 语言及其众多的扩展库所构成的开发环境十分适合工程技术、科研人员处理实验数据、制作图表，甚至开发科学计算应用程序。由于 Python 语言的移植性、开源和与各种轻量级语言容易相互调用，所以在物联网软件设计中，Python 语言应用会越来越多。

　　Python 语言的特点如下。

（1）简单：Python 是一种代表简单主义思想的语言。阅读一个良好的 Python 程序就感觉像是阅读自然语言一样。Python 的这种伪代码本质是它最大的优点之一。它使你能够专注于解决问题而不是关注语言本身。

（2）易学：Python 极其容易上手。前面已经提到了，Python 有极其简单的语法。

（3）免费和开源：Python 是 FLOSS（自由/开放源码软件）之一。简单地说，可以自由地使用这个软件，阅读它的源代码，对它做改动，把它的一部分用于新的自由软件中。FLOSS 是基于一个团体分享知识的概念。这是 Python 如此优秀的原因之一——它是由一群希望看到一个更加优秀的 Python 的人们创造并经常改进的。

（4）高层语言：当用 Python 语言编写程序的时候，无需考虑如何管理程序使用内存之类的底层细节。

（5）可移植性：由于它的开源本质，Python 已经被移植在许多平台上（经过改动使它能够工作在不同平台上）。这些平台包括 Linux、Windows、FreeBSD、Macintosh、Solaris、OS/2、Amiga、AROS、AS/400、BeOS、OS /390、z/OS、Palm OS、QNX、VMS、Psion、Acom RISC OS、VxWorks、PlayStation、Sharp Zaurus、Windows CE 甚至还有 PocketPC 和 Symbian。

（6）解释性：一个用编译性语言如 C 或 C++写的程序可以从源文件（即 C 或 C++语言）转换到你的计算机使用的语言（二进制代码，即 0 和 1）。这个过程通过编译器和不同的标记、选项完成。当运行你的程序时，连接/转载器软件把程序从硬盘复制到内存中并运行。而 Python 语言写的程序不需要编译成二进制代码，可以直接从源代码运行程序。在计算机内部，Python 解释器把源代码转换成称为字节码的中间形式，然后再把它翻译成计算机使用的机器语言并运行。事实上，由于不再需要担心如何编译程序，如何确保连接转载正确的库等，所有这一切使得使用 Python 更加简单。由于只需要把你的 Python 程序复制到另一台计算机上，它就可以工作了，这也使得你的 Python 程序更加易于移植。

（7）面向对象：Python 既支持面向过程的编程也支持面向对象的编程。在"面向过程"的语言中，程序是由过程或仅是可重用代码的函数构建起来的。在"面向对象"的语言中，程序是由数据和功能组合而成的对象构建起来的。与其他主要的语言如 C++和 Java 相比，Python 以一种非常强大又简单的方式实现面向对象的编程。

（8）可扩展性：如果需要一段关键代码运行得更快或者希望某些算法不公开，可以把你的部分程序用 C 或 C++编写，然后在你的 Python 程序中使用它们。

（9）可嵌入性：可以把 Python 嵌入你的 C/C++程序，从而向你的程序用户提供脚本功能。

（10）丰富的库：Python 标准库确实很庞大。它可以帮助你处理各种工作，包括正则表达式、文档生成、单元测试、线程、数据库、网页浏览器、CGI、FTP、电子邮件、XML、XML-RPC、HTML、WAV 文件、密码系统、GUI（图形用户界面）、

Tk 和其他与系统有关的操作。只要安装了 Python，所有这些功能都是可用的。这称为 Python 的功能齐全理念。除了标准库，还有许多其他高质量的库，如 wxPython、Twisted 和 Python 图像库等。

严格的 Python 语法是初级程序员忽略这一强大编程语言的最主要原因。与大多数的其他面向 Web 脚本语言不同的是，Python 的空白排版不依赖于括号或者分号来表示语句结束，换行和占位符用来描述代码的可视结果。这种编程方式乍看之下令人感到厌烦，但对你有莫大的好处，这就是代码的可靠性。

6.6 应用实例（面向轻量级的移动终端数据采集系统）

数据采集又称为数据获取，是利用一种装置，从系统外部采集数据并输入到系统内部的一个接口。数据采集技术广泛应用在各个领域。如摄像头和扫描枪都是数据采集工具。在互联网行业快速发展的今天，数据采集已经广泛应用于互联网和分布式领域，数据采集领域已经发生了重要的变化。首先，分布式控制应用场合中的智能数据采集系统在国内外已经取得了长足的发展。其次，移动互联网的发展使得移动装置便携式数据采集的功能不断增强，特别是手机和移动扫描枪的数据采集系统数量也在增加，将数据采集带入了一个全新的时代。

在智能手机普及的今天，物联网技术的应用有了广泛的提高，设计基于物联网技术的移动终端（手机）快速识别，用二维码存储图像、声音和视频等信息会比文本的内容更加丰富直观。其中图片和声音的采集处理将在物联网应用有广泛的应用前景。二维条码的识别、数据交换和存储与使用轻量级对数据进行高效的存储和操作是当今的热点问题。移动终端数据采集系统如图 6.7 所示。

图 6.7　移动终端数据采集系统

1. 条码的作用

条形码技术是随着计算机与信息技术的发展和应用而诞生的，它是一种快速识别技术，也是集编码、印刷、识别、数据采集和处理于一身的新型技术。通常的作用如下。

（1）信息获取（名片、地图、Wi-Fi 密码、资料）。

（2）网站跳转（跳转到微博、手机网站、网站）。

（3）广告推送（用户扫码，直接浏览商家推送的视频、音频广告）。

（4）手机电商（用户扫码，手机直接购物下单）。

（5）防伪溯源（用户扫码，即可查看生产地；同时后台可以获取最终消费地）。

（6）优惠促销（用户扫码，下载电子优惠券、抽奖）。

（7）会员管理（用户手机上获取电子会员信息、VIP 服务）。

（8）手机支付（扫描商品二维码，通过银行或第三方支付提供的手机端通道完成支付）。

描述事物属性的 QR 编码如图 6.8 所示。

图 6.8　描述事物属性的 QR 编码

2．条码的图像和声音解码

二维条码的文字编码和解码相对简单，在此不再说明。仅介绍条码的图像和声音解码。

1）图像解码

现以 BMP 图像为例，BMP 图像格式的文件分为四部分，位图文件头（BITMAPFILEHEADER）、位图信息头（BITMAPINFOHEADER）、调色板（Palette）、图像数据（DIB Pixels）。作用分别为固定的结构、位图的尺寸大小、位图所用的颜色、实际图像的数据。

解码得到图片数据：调用 ContentDecoder 类的 DecodeData()函数，解码后的数据将保存在 CodeData 所指的缓冲区。

创建一个新的 BMP 格式的文件，其中需要填写三部分内容：文件头、固定的结构信息、调色板结构。部分程序代码如下：

```
LPRGBQUAD m_lpColorTableOut;
m_lpColorTableOut=newRGBQUAD[256];
    for(int i=0; i<256;i++)
    {
m_lpColorTableOut[i].rgbBlue=i;
m_lpColorTableOut[i].rgbGreen=i;
m_lpColorTableOut[i].rgbRed=i;
m_lpColorTableOut[i].rgbReserved=0;
    }
Infile.Write(m_lpColorTableOut,1024);
```

C 将解码后的数据写入 BMP 文件中。部分代码如下:

```
Infile.Write(CodeData,nSize);//n 是图像数据大小
Infile.Close();
```

图 6.9 所示是从条码解码中得到的图像。

图 6.9　条码对应的图像

2) 声音解码

首先用手机拍摄储存声音信息的二维码，其次对其进行预处理得到 0、1 矩阵，再次对得到的 0、1 矩阵解码得到声音信息，最后用 TTS 语音播报软件输出声音。从条码中得到的声音波形如图 6.10 所示。

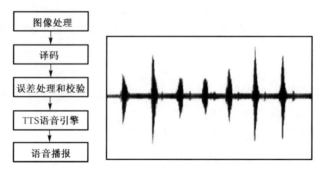

图 6.10　从条码中得到的声音波形

3. 采用轻量级 JSON 定义记录

JSON 是一种轻量级的数据交换格式，具有良好的可读和便于快速编写的特性。它为移动终端数据采集交换格式提供了完整的解决方案，也获得了大部分语言的支持，从而可以在不同平台间进行数据交换。JSON 采用兼容性很高的文本格式，同时也具备类似于 C 语言体系的行为，如果使用 JSON，只需将多个带花括号的记录分组在一起:

```
{ "people": [
```

```
{ "firstName": "Brett", "lastName":"McLaughlin", "email": "aaaa" },
{ "firstName": "Jason", "lastName":"Hunter", "email": "bbbb"},
{ "firstName": "Elliotte", "lastName":"Harold", "email": "cccc" }
]}
```

在 Android 中包含五个与 JSON 相关的类，如 JSONArray、JSONObject、JSONStringer、JSONTokener、JSONException。

JSONArray 代表一组有序的数值。将其转换为 String 输出(toString)，所表现的形式是用方括号包裹，数值以逗号","分隔(例如，[value1,value2,value3]，可以利用简短的代码更加直观地了解其格式)。这个类的内部同样具有查询行为，get()和 opt()两种方法都可以通过 index 索引返回指定的数值，put()方法用来添加或者替换数值。

4. 二维码整理与后端的交互

现在智能手机的拍摄功能使得二维码的采集已经很普及，手机与手机、手机与计算机等设备的数据传递也可以使用数据线传输或蓝牙等无线传输。但是二维码的信息修改整理及其云端上传和数据库收集整理是很多 Android 二维码采集软件所不具备的。例如，把偶然拍摄的感兴趣的二维码等类似信息通过物联网上传到邮箱或者其他云端存储地址进行储存或者分享，这需要把采集的二维码按云端服务器地址传递到相应的数据库，并对其进行存储排列，方便下次读取选用。解码后可对其重命名，并且更改其他数据。修改后的数据再编码成二维码。然后需要使用 HTTP 向目标服务器提交解码后的 QR Code 数据，在 Android 中可使用 HttpURLConnection 创建一个数据连接，将前面的 BMP 文件转化为数据流并发送。具体代码如下：

```
ds.writeBytes("Content-Disposition:
form"name=\"file1\":filename=\""+newName+"\""+end), //发送参数
    ds.writeBytes(twoHyphens+boundary+twoHyphens+end)//发送文件
    //服务器接收流后可用 fileItems=
    //fu.parseRquest(request):item.write(fNew)函数来将接收的流写入文件
```

然而，一般的 Web 服务连接数据库的相关性、SQL 语言和 SOAP 的使用使得系统反应速度下降，用户体验恶化。于是应运而生了一种称为 REST 风格的 Web 服务，使得这一问题得到了解决。这种轻量级的 Web 服务架构风格，它主要包括的概念是资源的可寻址性，所有资源都设计唯一的 URI，这种资源和 URI 一一对应，就使得 RESTful Web 服务具有可寻址性，还有无状态性、连通性和统一接口性等重要概念。所以 RESTful Web 服务可以通过 Web 本身具有的松耦合特性和其他分布式基础设施来实现具有很好交互功能和可伸缩性的 Web 服务。因此，无需引入复杂的 SOAP，比基于 SOAP 的 XML-RPC 更加简洁。越来越多的 Web 服务开始采用 REST 风格设计和实现。

传统的关系型数据库技术是为前期集中化计算模型设计的技术。为了适应更多的用户与负载，它必须采用更大型的服务器，升级 CPU、内存和硬盘 I/O，这样就会导致硬件成本的直线上升。关系型数据库很难满足对于 Web2.0 时代的互联网应用和海量不规则数据的管理，因此 NoSQL 就应运而生。NoSQL 就是在解决这样的应用需求下产生的一种非关系型数据库技术的总称。

NoSQL 数据库作为云数据管理技术的一个有效的解决方案，以高可用性、高伸缩性、支持海量数据为目标，在云技术领域广泛应用。而其中 MongoDB 是一个高性能、开源、无模式的文档型数据库，使用 C++开发，是当前 NoSQL 数据库产品中最热门的一种。

第 7 章 Restful Web Service

众所周知，物联网移动终端数据传输是在云平台上交换的，对于基于网络的分布式应用，网络传输是一个影响应用性能的重要因素。如何使用缓存来节省网络传输带来的开销，这是每一个构建分布式网络应用的物联网开发人员必须考虑的问题。由于轻量级，以及通过 HTTP 直接传输数据的特性和无状态请求可以由任何可用服务器回答，因此这十分适合云计算之类的环境，客户端可以缓存数据以改进性能。Restful Web Service[32]方法已经成为最常见的替代方法。可以使用各种语言实现客户端，Restful Web 服务通常通过自动客户端或代表用户的应用程序访问，这种服务的简便性让用户能够与之直接交互，使用它们的 Web 浏览器构建一个 GET URL 并读取返回的数据内容。例如，从 Web 服务中显示一个 phonebook 图像，用 SOAP 代码形式表达如下：

```
<?xml version="1.0"?>
<soap:Envelope
xmlns:soap="http://www.w3.org/2001/12/soap-envleope"
soap:encodingStyle=" http://www.w3.org/2001/12/soap-encoding">
< soap:body pb="http://www.acme.comm/phonebook">
<pb:GetUserDetails>
<pb:UserID>12345<pb:UserID>
<pb:GetUserDetails>
</soap:Body>
<soap:Envelope>
```

而用 Restful Web Service 代码形式表达为 http://www.acme.com/phonebook/UserDetails/12345。

显然，用 REST 直接与网络连接显示在浏览器上既简单又实用。近几年，Restful Web 服务渐渐开始流行，大量用于解决异构系统间的通信问题。很多网站和应用提供的 API，都是基于 Restful 风格的 Web 服务，比较著名的包括 Twitter、Google 和项目管理工具 Redmine。Restful Web 服务是什么？REST 风格是 HTTP 的编写者 Fielding 在他的博士论文 *Architectural Styles and the Design of Network-Based Software* 中正式提出的一种现代 Web 架构风格模型，用来指导 Web 的设计、定义和部署。REST 描述了一个架构样式的互联系统(如 Web 应用程序)。

7.1 Web Service 和 Restful Web Service

客户端和服务器端的通信有很多种(图7.1),基于SOAP的Web Service和Restful Web Service 就是两种很好的解决方案。基于 SOAP 的 Web 服务是通过 SOAP 传输的,SOAP 是基于 XML 协议,用于在 Web 上交换信息,也可以和目前因特网中的大多数协议和格式结合使用,其中包括常见的超文本传输协议(HTTP)、简单邮件传输协议(SMTP)、多用途网际邮件扩充协议(MIME)等,基于这种通用传输协议是 SOAP 的优势所在。基于 SOAP 的 Web Service 使用的是 Internet 上统一、开放的标准协议,这套协议被用来实现分布式应用程序的创建。一般来讲,不同的平台有它特有的数据表示方法和类型系统,要实现平台间互操作性,Web Service 平台提供一套标准的表示方法和类型系统用于沟通不同的平台、编程语言、组件模型等,使之在任何支持这些标准的环境中使用,如 Windows 系统或 Linux 系统。大体上说,基于 SOAP 的 Web 服务主要包含下面四种技术。

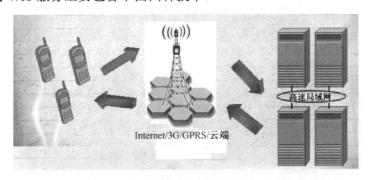

图 7.1　客户端和服务器端的通信模型

(1) SOAP:它是一个用于交换 XML 编码信息的,并且是分散和分布式环境下的网络信息交互的通信协议。在此协议下,组件和应用程序都能够通过标准的 HTTP 进行有效的信息交互。SOAP 的设计目标就是为了实现简单性和扩展性,以及提高异构软件和硬件平台间的互操作性,有助于 Web 服务在不同的软件系统之间通过调用彼此发布出来的接口来实现"软件-软件的对话",打破各种软件应用、各种硬件设备之间格格不入的状态,并最终实现"基于 Web 无缝集成"的目标。

(2) 可扩展的标记语言(XML):XML 是 Web Service 平台表示数据的基本格式,被用于不同平台之间的相互通信,XML 最大的优点是平台无关性。

(3) WSDL(web services description language):就是 Web Service 描述语言,是一种采用机器能阅读的方式提供的一个正式描述文档,基于 XML 的语言。在 WSDL 文件里,描述了服务端所提供的服务、调用函数、调用格式等信息。因为是基于平台无关性的 XML，所以 WSDL 既是机器可阅读的，又是人可阅读的。

(4) UDDI：其初衷是为电子商务建立标准，主要是为 Web 服务提供信息注册中心的实现标准规范，也能够使企业将自身提供的 Web 服务进行注册并发布。

但是，随着移动通信技术的发展，传统的基于 SOAP 的 Web 服务变得越来越复杂，当前随着 Web2.0 的兴起，表述性状态转移（Representational State Transfer，REST）逐步成为一个流行的架构风格，为传统的 Web 服务提供了更简单的替代方案。REST 是一种轻量级的 Web 服务架构风格，可以创建轻量级的 Web 服务，其实现和操作都比基于 SOAP 的 Web 服务更为简洁，可以完全通过 HTTP 来实现，还可以利用缓存来提高响应速度。因此，不管是性能、效率和易用性都优于 SOAP。REST 架构对资源的操作包括检索、创建、更新和销毁，资源的操作分别通过 HTTP 规范提供的 GET、POST、PUT 和 DELETE 方法来实现，从而提供了针对网络应用的设计和开发方式，降低了开发的复杂性，提高了系统的可伸缩性。REST 架构尤其适用于完全无状态的 CRUD 操作。

基于 REST 的软件体系结构风格称为面向资源的架构（Resource Oriented Architecture，ROA），Restful Web 服务是遵循 REST 设计原则的面向资源的轻量级 Web 服务，它利用统一资源标识符（URI）定位和识别资源，并通过 HTTP 中定义的方法对资源进行 CRUD 操作。Restful Web 服务使用标准的 HTTP 方法来抽象所有 Web 服务的服务能力，这些方法主要包括 GET、POST、PUT 和 DELETE，与之不同的是，SOAP 应用则是根据需求通过自定义个性化的函数接口来抽象 Web 服务的。Restful Web 服务使用标准的 HTTP 方法极具优势，从大的方面来讲，标准化的 HTTP 操作方法可以结合 URI、HTML、XML 等标准化技术，将极大提高系统之间整合和互操作协同能力。尤其在当今的 Web 应用领域，Restful Web 服务所提供的这种抽象能力更加贴近 Web 本身的工作方式。同时，使用标准 HTTP 方法实现的 Restful Web 服务也继承了很多 HTTP 方法本身的一些优势。早期，人们认为似乎 SOAP 将成为访问 Web 服务的最终方式。SOAP 功能强大并且比较全面，但是，SOAP 比较复杂，应用起来也难以掌握，而 REST 就可以很容易地实现 Web 服务。下面从以下几个方面来分析对比 REST 风格服务与基于 SOAP 的 Web 服务的异同。

7.1.1 通信协议和统一接口

在传统的 Web 服务中，最关键的技术还是 SOAP。它是基于 XML 的协议，并将 XML 元素包装起来构成一个 SOAP 文档，通过 HTTP 信封进行消息传递，也就是说在 HTTP 的基础上承载了 SOAP，且只是把 HTTP 作为传输协议来使用。因此传统的 Web 服务采用了 SOAP 和 HTTP 相结合的方式来进行通信，而 REST 式 Web 服务只采用了 HTTP 作为通信协议。在 REST 式 Web 服务中，HTTP 已经可以满足 Web 服务的要求，不必在此基础上承载其他协议来完成服务。

在设计 Web 的时候，为了使它具有可扩展性和易用性，设计者尽量将 HTTP 的接口设计得简单且统一，故 HTTP 只提供了 4 种标准接口方法：GET、POST、PUT、DELETE。REST 就是遵循了这一思想，这样就可以统一组件间的交互，使其交互透明化，而在客户端，Web 服务的实现也就更加简单，也不会因为接口的改变而做出复杂的变动。SOAP 则没有对接口进行任何限制，而是把接口当成消息的一部分，这样 HTTP 提供的方法就不能发挥作用。更重要的是，SOAP 规范与 HTTP 语义发生冲突。

7.1.2 REST 无状态性和命名方式

HTTP 本来就是一种无状态的协议，也就是说，客户端发出的 HTTP 请求之间是相互隔离的，不存在依赖关系。例如，对于分布式的应用，任意给定的两个服务请求 Request 1 和 Request 2，并且 Request 1 与 Request 2 之间没有状态的相互依赖，因此不用对它们进行相互协作处理，Request1 和 Request 2 也可以随意分配到任意的服务器上去执行，所以这样的应用很容易在服务端实现负载均衡(load-balance)。

REST 把 Web 抽象为资源的大集合，而 Web 服务则是对资源集合的访问，资源就是抽象的信息，这些资源独立而又互相联系，所以 REST 对每一个资源都用唯一的 URI 来标识，这样只要用 URI 描述清楚资源，就可以很轻松地访问 Web 服务。而 SOAP 设计只是为 Web 的消息交换，所以它的命名方式是自定义的，与 URI 没多大关系，这样就导致部分需要 URI 支持的技术无法在 SOAP 中应用。

7.1.3 冗余信息和数据格式

HTTP 提供了节省客户端和服务端之间网络传输带来的开销的缓存机制，同时也为实现客户端利用缓存(Cache)来提高响应速度提供了可能。REST 充分利用了 HTTP 对缓存支持的特性，减少了服务器上的信息冗余。当客户端进行第一次访问请求后，缓存服务器将获得的内容进行缓存，从而使得当客户端第二次请求同样的资源时，缓存可以直接给出响应，而客户端就不用请求远程服务器，这样就提高了系统响应速度。而基于 SOAP 的应用想充分利用 HTTP 的缓存能力就显得非常困难。因为从 URI 中无法得到 SOAP 要访问的资源，从 HTTP 中也无法得到 SOAP 要调用的方法，它们都被封装在 SOAP 消息中，所以这些都被缓存在缓存服务器中，无形中就增加了服务器的信息容量。

REST 的数据(信息)表示格式丰富多样，如纯文本格式、JSON 格式、XML 格式、XHTML 格式等。其中 XML 和 JSON 是与平台、语言无关的，也是 REST 中最常用的。而 SOAP 的数据表示格式就显得单一了，只能支持 XML 数据表示格式。

7.1.4 索引方式和安全模型

前面已经知道，UDDI 是 Web 服务的信息注册规范，可以被需要该服务的用户发现和使用。W3C 为了支持能在网络上进行机器与机器之间的互操作,将 Web Services 设计为一套软件系统。传统的 Web 服务就是将服务提供者提供的服务注册并发布在 UDDI 上,客户端要访问服务就得在 UDDI 上查找服务。而 REST 式 Web 服务的索引方式是通过搜索引擎来访问服务的。搜索引擎是非常强大的,它可以利用 REST 的统一接口帮助客户端直接找到所需要的资源。

REST 的安全模型是可自定义的。例如,REST 可以采用不发送某个资源的 URI 来隐藏该资源;可以在每个资源的 URI 上对 4 个标准接口进行权限设置;也可以依赖现有的防火墙控制。因此 REST 的安全模型是一个简单且有效的安全模型。由于 SOAP 要访问的资源都隐藏在方法的参数中,所以不能对其进行安全设置,只能采用复杂的 WS-Security 安全模型,还不能利用现有的防火墙控制。

7.1.5 耦合特性

松耦合系统通常是基于消息的系统,此时客户端和远程服务并不知道对方是如何实现的。客户端和服务端之间的通信由消息的架构支配。只要消息符合协商的架构,则客户端或服务端的实现就可以根据需要进行更改,而不必担心会破坏对方。松耦合通信机制提供了紧耦合机制所没有的许多优点,并且它们有助于降低客户端和远程服务之间的依赖性。

对于耦合特性的比较,可以通过一个形象的比喻来说明。为了实现 110 报案系统,分别用 REST 和 SOAP 方式来执行。REST 方式:路人甲报案只需要打 110,公安局就会派警力警车去现场处理,下次还要报案,还是直接拨打 110。SOAP 方式:路人乙报案,不仅要打 110,还要找到具体的某个负责人,然后由负责人派警力警车去现场处理,下次还要报案,假如负责人发生变动,而路人乙又不知道,则无法报警成功。通过这个比喻,可以很形象地看出 REST 系统的耦合度是很小的,人们只需要记住 110 号码并报告案发位置,系统就能发挥其作用。而 SOAP 系统,如果服务的接口发生了变更,那么客户端和服务端需要通过修改代码和程序编译才能继续运行,否则系统就不能正常执行,这几乎就是完全耦合。

由上述可知,REST 是一种使用非常宽泛的软件架构风格,面向资源的架构则是将实际问题转换成 REST 风格服务的实践方法。作为一种分布式系统的架构风格,面向资源架构使用了 HTTP、URI、XML 等目前已经广泛使用的协议和标准。基于 SOAP 的 Web 服务是非常不方便的,通常比使用基于 REST 的 Web 服务实现起来更加困难。总之,在很多方面采用 REST 是非常方便有效的。首先,对于服务提供者,为了降低创建服务、维护服务和托管服务的成本,利用 REST 是一个不错的选择;其次,REST 可以降低服务消费者学习 Web 服务的曲线;最后,对于管理人员,REST 提供了很多架构特性,例如,可扩展性、高性能性、可伸缩性和可靠性,使得 REST 与现代商业环境有了很好的协调。为了使读者更好地理解这两者之间的差别,表 7.1 做了一个对比。

表 7.1　REST 风格服务与基于 SOAP Web 服务对比

	Web 服务	REST
设计风格	RPC	面向资源
通信协议	SOAP、HTTP	HTTP
统一接口	无	HTTP 标准接口
文档格式	XML	XML、JSON 等
安全模型	WS-Security	自定义
命名方式	自定义	URI
冗余信息	多	少
索引方式	UDDI	搜索引擎

7.2　Restful Web Service 设计特点及风格

7.2.1　设计特点

以 REST 体系架构风格和 ROA 原则为指导，总结出 Restful Web Service 的设计特点如下。

(1) 要精确地抽象作为服务的资源，为了方便，每个资源的 URI 应该定义为名词。

(2) 根据客户端对资源的操作方式，提供接收、修改、增加或删除资源的表示方法。其中，客户端通过 HTTP GET 接收的资源表示是不会更改服务端资源的。

(3) 资源的表示不是孤立的，简而言之，资源的表示中提供链接。这样就可以在客户端获取更多的信息。

(4) 在一个文档中不必提供所有内容，可以逐步为用户提供数据，只需提供信息链接，这样可以提高响应速度和减少网络传量。资源响应的数据格式有 XML、JSON 等。

7.2.2　设计风格

由于 Web 服务在客户端与服务端的信息传递和服务器如何知道客户端要对哪些数据进行操作方面的处理方法不同，所以 Web 服务就有了不同架构选择。

(1) 客户端与服务器端的信息传递是如何实现的，服务器又是如何知道客户端要对数据怎样操作的，这种信息就称为方法信息（method information）。在 Web Service 中，方法信息有两种存放方式，一种是将方法信息放在 URI 或请求文档里；另一种是将其放在 HTTP 方法里。第一种方式就是基于 SOAP 的 RPC 体系架构风格所采用的，而 REST 风格则采用的是第二种方式。

(2) 服务器端是如何知道客户端要操作哪些数据的，例如，服务器知道客户端要更改数据，但是不知道要更改哪些数据，所以这些信息也是需要告知服务器端，这些信息称为作用域信息（scoping information）。作用域信息的存放方式也有两种，一种是 REST 所采用的，将作用域信息放在 URI 路径里；另一种是将其放入请求文档中，这是 SOAP 所选择的存放方式。

综上所述，REST 体系架构风格中，方法信息是放在 HTTP 方法中，作用域信息放在 URI 路径中。对于基于网络的分布式应用，网络通信的质量是影响应用性能的重要因素。因此，怎样利用缓存平衡网络传输的开销，就成为构建分布式网络应用必须考虑的问题，这也是从事此行业每一个开发人员需要面对的挑战。HTTP 中附带条件的 HTTP GET 请求就被设计用来节省客户端与服务器之间进行多次网络通信时的开销。基于 REST 架构的应用可以充分利用 HTTP 对缓存处理的潜力，当客户端首次发送一个 HTTP 请求并获得相应内容后，该次请求的内容不会被销毁，而是被缓存服务器保存下来，当下一次客户端再请求同样的资源时，缓存可以直接匹配并给出响应，而不用再一次请求远程的服务器并获取其响应。综上所述，典型的基于 SOAP 的 Web Service 是以操作为中心的，并且每个操作接受 XML 文档作为输入，之后也以 XML 文档作为其输出，因此，从本质上讲，它们都是 RPC 风格的。但是在遵循 REST 架构的 ROA 应用中，服务则是以资源为中心的，并且对每个资源的操作都是标准化的 HTTP 方法。很明显，基于 REST 构建的应用系统的扩展能力要强于基于 SOAP 的，这可以通过它的统一接口抽象、代理服务器支持、缓存服务器支持等方面体现出来。同时，基于 REST 架构设计和实现的应用具有简单性和强扩展性，Restful Web Service 将会成为 Web 服务的一个重要架构，在实践领域得以应用。

Restful Web Services 以资源为中心，任何事物，只要具有被引用的必要，它就是一个资源。上面提到，每个资源都应该有自己唯一的 ID，即资源的名称或资源的地址(URI)。系统上的资源都是通过 URI 来暴露的，而 URI 的可寻址性恰恰使客户端能够很灵活地使用 Web Services 上的资源。Restful Web Services 的资源都是由 URI 来标识的，对资源的操作也是按 HTTP 方法实现 CRUD(创建、读取、更新、删除)，即利用 URI 的统一接口，对每一个资源 URI 采用 GET、POST、PUT 和 DELETE 四种方法。根据客户端请求形式的不同，每个资源可以有多种表现形式，如 HTML、XML 等，这样也使得客户端可以表现出不同的应用状态。而且 Restful Web Service 使用了简单有效的安全模型，即 REST 只需通过不发布它要隐藏的某个资源的 URI 就可以保证这个资源的安全，也可以为每个 URI 的四个通用接口设置访问权限，还可以通过非 GET 请求把资源设置为只读的。

7.3　Restful Web Service 设计方法

REST 主要强调组件间交互与部署的可伸缩性与独立性，在系统中应用时，用 REST 来约束中间组件，以减少组件交互的延迟，增强系统安全性。REST 是一个网络应用程序设计的体系风格。它可以使基于 SOAP 的 RPC 体系结构的客户端和服务器之间的连接不那么复杂。REST 使远程计算机之间的通信可以直接使用简单的 HTTP，它支持在服务器上的 CRUD（创建、读取、更新、删除）操作。简而言之，REST 是基于 HTTP 抽象资源的分布式调用，换句话说，就是分布式调用绑定在资源的操作上。资源是一个对象，是任何能够使用 URL 标识的元素，且可以直接访问，它可以是一个文档、图像或任何其他媒体文件。REST 是以资源为中心的，在 REST 中，认为 Web 是由一系列的抽象资源（abstract resource）组成的，这些抽象的资源具有不同的具体表现形式（representational state），外界可以通过 URI 定位、修改、删除资源。通过 REST 架构，Web 应用程序可以用一致的接口（URI）暴露资源给外部世界，并对资源提供语义一致的操作服务[19]。当从服务器请求资源（对象），服务器将返回该资源的信息。在 REST 架构中，一个客户端可以请求服务器上的对象（资源），并在服务器上进行操作（CRUD），然后按客户端要求返回数据。

REST 是一种架构风格，它描述了分布式 Web 服务系统如何开发和设计，它把所有的服务器一起抽象为一个无序的资源集合，而资源是个新概念，它不代表任何具体的一个东西，而是一个抽象的概念。所以说 REST 也不是一个具体的标准或架构，更不是什么协议，它只是面向资源的一种架构风格，描述了 Web 体系结构的设计原则，抽象了对服务器的概念。

设计方法和操作数据用 HTTP GET Requests in C# HttpWebRequest 和 HttpWebResponse from System.Net。

```
static string HttpGet(string url){
HttpWebRequest req=WebRequest.Create(url)
                as HttpWebRequest;
string result = null;
using (HttpWebRequest resp=req.GetResponse()
as HttpWebResponse)
{
StreamReader reader=
New StreamReader(resp. GetResponseStream ());
Result=reader.ReadtoEnd();
}
return result;
}
```

HTTP GET Requests in Java 形式。

```
public static String httpGet(String urlStr)throws IOException{
URL url =new URL(urlStr);
HttpURLConnection conn=
    (HttpURLConnection) url.openConnection();
```

```
If(conn.getResponseCode()!=200){
Throw new IOException(conn.getResponseMessage());
}
//Butter the result into a string
BufferedReader rd =new BufferedReader(
New InputStreamReader(conn.getInputStream()));
StringBuilder sb=new StringBuilder();
String line;
While ((line=rd.readLine())!=null){
Sb.append(line);}
rd.close();
conn.disconnect();
return sb.toString();
}
```

REST 服务器请求常用 XML 形式，例如：

```
<parts-list>
<part id="3322">
<name>ACME Boomerang<name>
<desc>
Used by Coyote in <i>Zoom at the Top</i>,1962
</desc>
<price currency="usd" quantity="1">17.32</price>
<uri>http://www.acme.com.parts/3322</uri>
</part>
<part id="783">
<name>ACME Dehydrated Boulders</name>
<desc>
Used by Coyote in<i>Scrambled Aches</i>,1957
</desc>
<price currency="usd"quantity="pack">19.95</price>
<uri>http://www.acme.com/parts/783</uri>
</part>
</parts-list>
```

　　REST 结合了很多规范，形成了一种基于 Web 的新型体系架构风格，也带来了一种新的 Web 开发理念，那就是利用 URI 来设计系统结构。根据 REST 体系架构风格的设计原则，可以把整个系统中的每个服务或操作定义为一个资源(对象)，把每个资源(对象)用一个 URI 代表，只要把 URI 设计好，那么系统架构就会设计良好。这样看来，开发人员只需要将所有能被抽象为资源的东西整理完善，并都指定为不同的 URI，剩下的工作就是如何把用户需求抽象成资源和如何才能抽象得更精确了。对于 REST 来说，资源抽象得越精确，它的应用就越好用。

7.4 Restful Web Service 开发实例

这里通过实现基于 Restful Web Service 的 QR Code 二维条码在网络上实现编解码的实例来展示 Restful Web Service 和 ROA，本实例主要是通过调用 Web 服务来实现 QR Code 二维条码的编解码功能。所采用的 Web 服务则是利用当前很流行的 Restful Web Service，将 QR 二维条码的编解码的方法放在服务器里面，客户端通过接口对其进行调用。客户端采用 Ajax 技术，这种异步传输机制能够有效地提高浏览器和服务器之间的数据传输速度，减少用户刷新页面的次数。

1. 总体技术方案

客户端和服务器端的通信方式如图 7.2 所示。

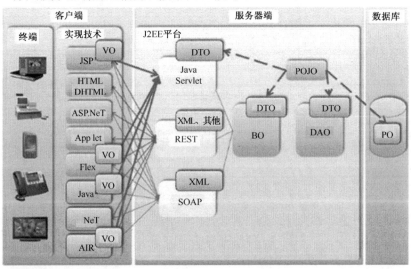

图 7.2 客户端和服务器端的通信方式

客户端选用 ASP.NET 的实现技术，服务器端选用的是 Restful Web Service。图 7.3 所示为客户端与服务端分别实现的功能。

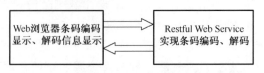

图 7.3 客户端与服务端分别实现的功能

2. 前端采用 Ajax 技术

Ajax 全称为"Asynchronous JavaScript and XML"（异步 JavaScript 和 XML），是一种创建交互式网页应用的网页开发技术。Ajax 应用程序用到的基本技术有如下两种：HTML 用于建立 Web 表单并确定应用程序其他部分使用的字段；JavaScript 代码是运行 Ajax 应用程序的核心代码，帮助改进与服务器应用程序的通信。Ajax 技术的出现改变了传统 Web 客户端界面设计的不足，它所倡导和提供的异步传输机制能够有效地提高浏览器和服务器之间的数据传输速度，减少用户刷新页面的次数，使 Web 应用程序界面效果向桌面程序 GUI 靠近，这就使得物联网或远程的现场控制系统数据实现跨平台实时显示成为可能。

3. 后端 QR 码的编解码实现

由于本实例中 QR 码的编解码实现是采用 VC++6.0 开发的，所以在实现 QR 二维条码编解码的后台 Web 服务中，要导入动态链接库，利用函数 DllImport 导入 QR Code 编解码的 DLL 函数库，即 DllImport（"make.dll"），DllImport（"RSA_De.dll"），声明库函数中要用到的具体函数。

编码实现：本实例中，首先客户端将需要编码的数据信息传送到服务器端，由 DllImport（"make.dll"）中的具体函数 MakeQRBmp()编码为二进制字节流，然后再将编码完成的二进制字节流传送到客户端页面，最后由客户端 draw()函数将二进制码字按一定的规律画在页面上，从而实现编码功能。

解码实现：由客户端将图片上传至本地计算机，然后由 DllImport("RSA_De.dll")中的 DeQRBmp()函数解码为文字或数字信息，再将其信息传送到客户端页面实现，这样也就实现了解码功能。在这里主要通过对编码和解码功能模块的实现，说明在 WCF 构成的基于 ROA 的集成框架设计，使用 Restful Web Service 显示该框架的实用性和易用性。

4. Restful Web Service 设计和运行

依照 REST 体系架构风格和 ROA 原则与 Restful Web Service 的设计步骤，结合本实例的需求，下面具体实现编解码功能所需的 Restful Web Service 及其客户端数据传送。

1）服务器部署

Web 编程模型可以用 REST 体系架构来设计 Web 服务，它为操作的每个资源设计一个独一无二的标识符，同时通过 HTTP 动作对标识的资源进行操作，因此它是以 HTTP 和 URI 为基础的。同时它是 WCF 框架的 Web 编程模型。特别提供了 URI

Template 模板，从而使得 URI 中的部分信息在服务中可以被当成参数来使用。另外，在 REST 体系架构风格和 ROA 原则中，任何事物，只要具有被引用的必要，它就被认为是一个资源，以下是本实例中编码和解码模块的资源抽象描述：编码和解码都只有一种资源，分别是信息和图片，且对它们的处理也只能是获取该资源。在 REST 架构风格特别提供了如下类型。

WebGet、WebInvoke：用来表示该服务操作是对外公开的逻辑操作。

UriTemplate：为服务操作提供统一的资源标识符模板，并将 URI 对应到服务操作。

Method：与操作关联的协议方法，默认为 POST。

RequestFormat：指定从客户端发出的请求数据格式。

ResponseFormat：指定从服务端发出的响应数据格式，XML 或 JSON。

在不同 Web 服务和客户端中复制服务契约这样的代码，是一个很不科学的做法，因为它会增大维护的难度。考虑到这些原因，本实例采取一个稍微不同的方式构建 Web 服务。首先要为 REST 式 Web 服务创建服务契约和数据契约。由于本实例只需要实现编码和解码功能，所以要实现这些对外公开功能，其实就是定义 IProductDetails 的 ServiceContract 以实现功能的服务契约。以下是服务契约定义的方法函数代码：

```
[ServiceContract]
public interface IProductDetails
{
[OperationContract]
  [WebGet(UriTemplate = "/GetData")]
  string GetData();
  [OperationContract(Name = "AddParameter")]
  [WebInvoke(UriTemplate = "/", Method = "POST")]
  string Add(NumberService n1);
}
```

其中 GetData()用来提供解码功能的方法函数，Add(NumberService n1)是用来提供编码功能的方法函数。

以下是数据契约的定义：

```
[DataContract]
public class NumberService
{
[DataMember]
public string Number1 { get; set; }
public string Number2 { get; set; }
public string Number3 { get; set; }
```

```
public string Number4 { get; set; }
public string Number5 { get; set; }
}
```

2) 实现 Restful Web Service

通过添加引用的方法将 ProductDetailsContracts.dll 的程序集添加到应用程序 bin 文件中，从而继承上述定义的服务契约接口，实现编解码模块服务契约中的方法。下面是实现编码和解码的代码说明。

首先要声明编码和解码的动态链接库，并将其.dll 文件复制到系统文件中。

```
[DllImport("make.dll")]
[DllImport("RSA_De.dll")]
```

然后声明库函数中要用到的具体的函数：

```
static extern int MakeQRBmp(int[] n, char[] xinxi)
static extern string DeQRBmp()
```

(1) GetData() 方法。

```
public string GetData()
{
string str=DeQRBmp();
return str;
}
```

(2) Add(NumberService n1) 方法。

```
public string res = "";
public string Add(NumberService n1)
{
int[] data = new int[177 * 177];
char[]xinxi= (n1.Number1+n1.Number2+n1.Number3+n1.Number4+
          n1.Number5).ToCharArray()
int i;
int n = MakeQRBmp(data, xinxi);
for (i = 0; i < n * n; i++)
{
  if (data[i] == 0)
   {
       res += "0";
    }
   else
```

```
            res += "1";
    }
        return res;
    }
```

(3) 启动 Restful Web Service

完成了服务契约的定义和实现,接下来需要启动(发布)该服务契约以便外界访问。IIS 托管或 WAS 托管等方式启动,各种托管都有其应用的场景,本实例采用自托管方式。启动调试后,运行流程如图 7.4 所示。

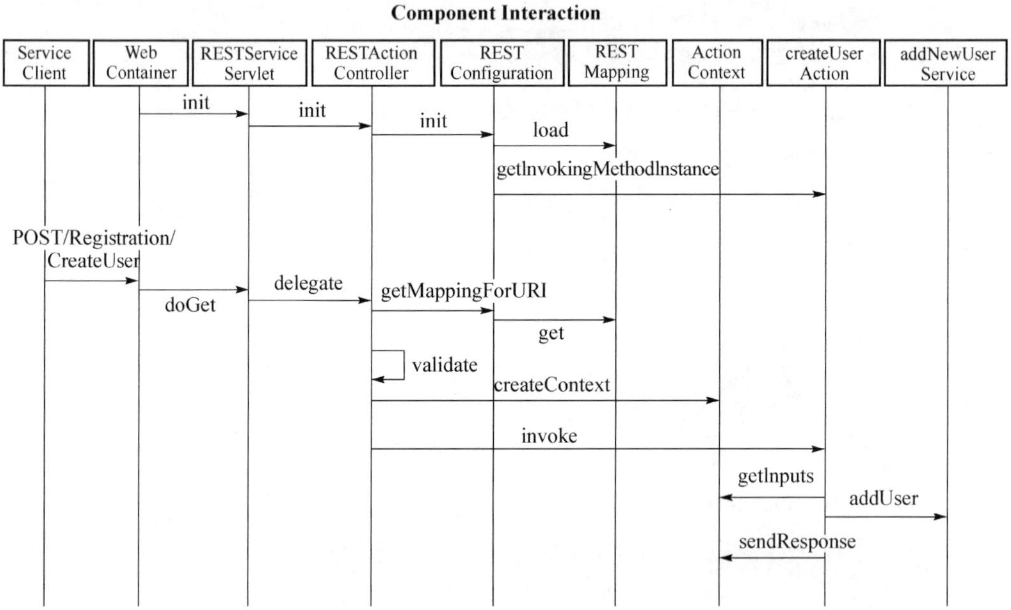

Component Interaction

| Service Client | Web Container | RESTService Servlet | RESTAction Controller | REST Configuration | REST Mapping | Action Context | createUser Action | addNewUser Service |

```
                init        init        init
                                            load
                                            getInvokingMethodInstance
POST/Registration/
CreateUser
          doGet    delegate   getMappingForURI
                                            get
                        validate
                                            createContext
                                            invoke
                                                            getInputs
                                                                        addUser
                                                            sendResponse
```

图 7.4 服务器运行结果

(4) 客户端调用 REST 服务。

当用户单击"生成 QR 码"按钮时,该按钮就会触发编码事件。如果文本框中的信息为空时,则页面会显示一个 Massage 对话框提示"Please input information!"。正常情况下,Default.aspx 页面会将信息传输到 create.aspx 页面上。具体代码如下:

```
    Try
    {
    if(string.IsNullOrEmpty(TextBox1.Text)
            &&string.IsNullOrEmpty(TextBox2.Text))
    {
     Response.Write("<script>alert('Pleaseinput information!')</script>");
    }
```

```
        else
        {
                Image1.ImageUrl="create.aspx?number1="+TextBox1.Text+"&number2="
                    + TextBox2.Text + "&number3="+TextBox3.Text + "&number4="+
                    TextBox4.Text + "&number5="+TextBox5.Text;
        }
        catch (Exception ex)
        {
        Response.Write(ex.ToString());
        }
```

Default.aspx 页面上的信息传送到 create.aspx 页面后,客户端调用的服务器端的编码方法完成编码并将 QR 码图片显示在当前 create.aspx 页面上,然后将 create.aspx 页面地址传给 Default.aspx 页面控件 Image1.ImageUrl 并显示。客户端 create.aspx 页面实现编码的具体代码如下:

```
    public partial class create : System.Web.UI.Page
    {
    static string uri;
    protected void Page_Load(object sender, EventArgs e)
    {
    uri=http://localhost:4600/RESTweb%20service%E5%AE%9E%E7%8E%B0/
            Service.svc/
    NumberService obj = new NumberService()
            { Number1 = Request["number1"].ToString(),
              Number2 = Request["number2"].ToString(),
              Number3 = Request["number3"].ToString(),
              Number4 = Request["number4"].ToString(),
              Number5 = Request["number5"].ToString()};
            string result = AddWithParameter(obj);
            Bitmap img = new Bitmap(400, 400);   //创建 Bitmap 对象
            MemoryStream stream = draw(result);
            img.Save(stream, ImageFormat.Jpeg); //保存绘制的图片
            Response.Clear();
            Response.ContentType = "image/jpeg";
            Response.BinaryWrite(stream.ToArray());
        }
    public static string AddWithParameter(NumberService obj)
    {
    using(HttpResponseMessage response = new HttpClient().Post(uri,
```

```
                    HttpContentExtensions.CreateDataContract(obj)))
{
 string res = response.Content.ReadAsDataContract<string>();
return res.ToString();
}
}
public MemoryStream draw(string a)
{
Bitmap img = new Bitmap(400, 400);          //创建Bitmap对象
Graphics g = Graphics.FromImage(img);       //创建Graphics对象
Pen Bp = new Pen(Color.Black);          //定义黑色画笔
Font Bfont = new Font("Arial", 12, FontStyle.Bold);//大标题字体
g.DrawRectangle(new Pen(Color.White, 400), 0, 0, img.Width,
          img.Height);                      //矩形底色
//黑色过度型笔刷
LinearGradientBrush brush = new LinearGradientBrush(new Rectangle
     (0, 0, img.Width, img.Height), Color.Black, Color.Black, 1.2F, true);
int i, j;
for (i = 0; i < 21; i++)
{
for (j = 0; j < 21; j++)
{
if (a[i * 21 + j].Equals('1'))
  {
     g.FillRectangle(brush, j * 4, i * 4, 4, 4);
  }
}
}
MemoryStream stream = new MemoryStream();   //保存绘制的图片
img.Save(stream, ImageFormat.Jpeg);         //保存绘制的图片
return stream;
}
```

解码功能页面是由一个文件上传控件FileUpload将QR码BMP图片上传至计算机D盘，完成解码后将信息返回到页面控件ListBox并显示。具体代码如下：

```
protected void Button1_Click(object sender, EventArgs e)
{
FileUpload1.SaveAs("D:\\" + FileUpload1.FileName);
WebClient proxy = new WebClient();
```

```
byte[]abc=proxy.DownloadData((newUri("http://localhost:4600/
    RESTweb%20service%E5%AE%9E%E7%8E%B0/Service.svc/GetData")));
Stream strm = new MemoryStream(abc);
DataContractSerializer obj = new DataContractSerializer(typeof(string));
string result = obj.ReadObject(strm).ToString();
TextBox1.text= result;
}
```

要在客户端完成编解码功能,还必须将前面创建好的 Restful Web Service 添加 Web 引用至客户端页面,如图 7.5 所示。

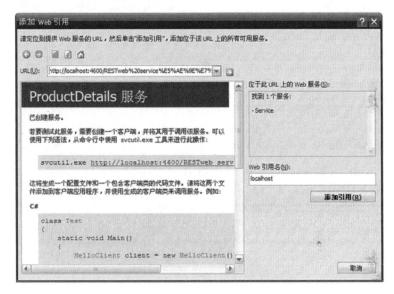

图 7.5 添加 Web 服务对话框

代码通过 dojo.xhrGet 函数向 http://localhost: 8088/viewCommodity/ Restful Web Service 发出了一个 Ajax 请求,然后解析返回的 XML 文件,并更新页面。

第 8 章 云计算平台

物联网突破了人与人通信的边界,而云计算和物联网的结合可谓珠联璧合,这已成为业界公认的产业发展大方向。究其原因是物联网使用了数量惊人的传感器,采集到难以计数的数据量,而这些数据需要通过传输网络将其汇聚和存储,使用云计算则能快速高效地承担这一任务。云计算[33-35]的出现,不仅大大地提高了信息处理能力,而且彻底改变了计算与存储的方式,凭借其高效和按需的计算能力成为物联网的重要组成。相对于传统通信,物联网在信息传输网前向增加了信息采集即传感网,后向增加了海量信息处理环节。海量计算能力,对于物联网庞大数据的处理尤为重要,云计算的出现正好解决了这个问题。

云计算是一种超大规模、虚拟化、易扩展、廉价的服务交付和使用模式,用户通过网络以按需获得服务。云计算(cloud computing)是网格计算(grid computing)、分布式计算(distributed computing)、并行计算(parallel computing)、效用计算(utility computing)、网络存储(network storage technologies)、虚拟化(virtualization)、负载均衡(load balance)等传统计算机技术和网络技术发展融合的产物。它旨在通过网络把多个成本相对较低的计算实体整合成一个具有强大计算能力的完美系统,并借助 SaaS、PaaS、IaaS、MSP 等先进的商业模式把强大的计算能力分布到终端用户。云计算的一个核心理念就是通过不断提高"云"的处理能力,进而减少用户终端的处理负担,最终使用户终端简化成一个单纯的输入/输出设备,并能按需享受云的强大计算处理能力。

最简单的云计算技术在网络服务中已经随处可见,例如,搜索引擎、网络信箱等,使用者只要输入简单指令就能得到大量信息。云计算是未来几年全球范围内最值得期待的技术革命。信息爆炸和信息泛滥日益成为经济可持续发展的阻碍,云计算具有资源动态分配、按需服务的设计理念,还具有低成本解决海量信息处理的独特魅力。未来如手机、GPS 等行动装置都可以透过云计算技术,发展出更多的应用服务。

目前物联网的发展仅是一个初级阶段,所以物联网对云计算的需求还是比较低的。未来,云计算的高阶段的虚拟化和负载平衡都需要进一步研究。

8.1 云计算的概念

目前,对于云计算的认识在不断地发展变化,云计算仍然没有普遍一致的定义。但是云计算在物联网框架中的位置还是有一个基本模式的,如图 8.1 所示。云计算将计算任务分布在大量计算机构成的资源池上,使各种应用系统能够根据需要获取计算力、存储空间和各种软件服务。狭义的云计算指的是厂商通过分布式计算和虚拟化技术搭建数据中心或超级计算机,以免费或按需租用方式向技术开发者或者企业客户提供数据存储、分析和科学计算等服务,如亚马逊数据仓库出租生意。广义的云计算指厂商通过建立网络服务器集群,向各种不同类型客户提供在线软件服务、硬件租借、数据存储、计算分析等不同类型的服务。广义的云计算包括了更多的厂商和服务类型,如国内用友、金蝶等管理软件厂商推出的在线财务软件,谷歌发布的 Google 应用程序套装等。

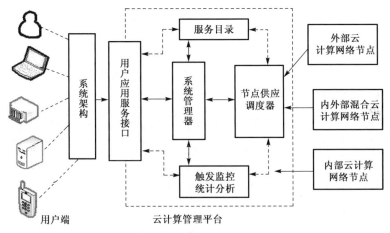

图 8.1 云计算平台示意图

通俗的理解是,云计算的云就是存在于互联网上的服务器集群上的资源,它包括硬件资源(服务器、存储器、CPU 等)和软件资源(应用软件、集成开发环境等),本地计算机只需要通过互联网发送一个需求信息,远端就会有成千上万的计算机为你提供需要的资源,并将结果返回到本地计算机,这样本地计算机几乎不需要做什么,所有的处理都由云计算提供商所提供的计算机群来完成。

8.2 移动终端与云计算

移动云计算就是"云+端"的模式,利用移动互联网,充分发挥价值,利用后台的云,对终端设备进行快速适配,很多应用放在终端中执行,即便是终端性能比较弱也没有问题,可以在后台计算好再推送到终端。其实云计算并不是那么难以理解,简单地概括就是硬件软件化、软件服务化、服务运营化和运营规模化。传统的信息系统设计考虑的主要是单机环境,而云计算考虑的主要是大规模服务器集群环境,也就是数据中心。移动终端与云的关系如图 8.2 所示。

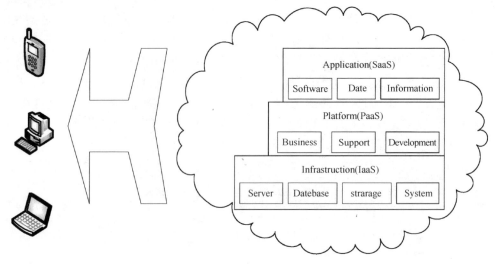

图 8.2　移动终端与云的关系

　　移动互联网和云计算似乎天生就是绝配。智能手机结合了通信和互联网的优势，便携性好、使用方便，但是相对于 PC，却在计算能力、存储能力上相对不足。云计算拥有强大的"资源池"，却需要借助广大的终端传递服务，如果云计算没能成功结合移动互联网，则这项技术的发展前景也岌岌可危。因此，云计算、移动互联网和大数据是当今 IT 互联网行业新的热点。

　　云计算的理念并不是全新的，互联网用户之前也接触到类似的服务，而且已经有大量用户使用这些服务。例如，邮箱服务，用户已经非常信任这种服务，大量的个人信息放在邮箱中，而不用担心被窃取。因此，只要推出能够满足个人实际需求而在价格上又有优惠的业务，这种业务就对用户有足够的吸引力，也就不难推广和普及。所以个人云计算是云计算的一个很好的应用方式。特别是移动互联网的发展，终端已经覆盖消费者几乎所有的日常生活，通过终端传递服务的业务空间非常巨大。而现有的移动终端由于受到计算能力与内容和应用领域的限制，还没有被充分开发出来。这对很多企业来说，都是潜在的巨大商机。

　　传统模式下，企业建立一套 IT 系统不仅需要购买硬件等基础设施，还需要购买软件的许可证，需要专门的人员维护。当企业的规模扩大时，还要继续升级各种软、硬件设施以满足需要。对于企业来说，计算机等硬件和软件本身并非真正需要的，它们仅是完成工作、提供效率的工具而已。对个人来说，正常使用计算机需要安装许多软件，而许多软件是收费的，对不经常使用该软件的用户来说购买是非常不划算的。可不可以有这样的服务，能够提供需要的所有软件供我们租用？这样只需要在用时付少量"租金"，即可"租用"到这些软件服务，节省许多购买软、硬件的资金。我们每天都要用电，但我们不是每家自备发电机，它由电厂集中提供；我们每天都要用自来水,但我们不是每家都有井,它由自来水厂集中提供。这种模式极大地节约了资源,方便了我们的生活。面对计算机给我们带来的困扰,可不可以像使用水和电一样使用计算机资源?这些想法最终导致了云计算的产生。

云计算的最终目标是将计算、服务和应用作为一种公共设施提供给公众,使人们能够像使用水、电、煤气和电话那样使用计算机资源。云计算模式即为电厂集中供电模式。在云计算模式下,用户的计算机会变得十分简单,或许不大的内存、不需要硬盘和各种应用软件,就可以满足我们的需求,因为用户的计算机除了通过浏览器给云发送指令和接收数据,基本上什么都不用做便可以使用云服务提供商的计算资源、存储空间和各种应用软件。这就像连接显示器和主机的电线无限长,从而可以把显示器放在使用者的面前,而主机放在远到甚至计算机使用者本人也不知道的地方。云计算把连接显示器和主机的电线变成了网络,把主机变成云服务提供商的服务器集群。在云计算环境下,用户的使用观念也会发生彻底的变化:从购买产品到购买服务转变。因为他们直接面对的将不再是复杂的硬件和软件,而是最终的服务。用户不需要拥有看得见、摸得着的硬件设施,也不需要为机房支付设备供电、空调制冷、专人维护等费用,并且不需要等待漫长的供货周期、项目实施等冗长的时间,只需要把钱汇给云计算服务提供商,将会马上得到需要的服务。

8.3 云计算技术的特点

8.3.1 云计算的数据特点

(1)数据安全可靠。云计算提供了可靠、安全的数据存储中心,用户不用再担心数据丢失、病毒入侵等麻烦。很多人觉得数据只有保存在自己看得见、摸得着的计算机里才最安全,其实不然。你的计算机可能会因为自己不小心而被损坏,或者被病毒攻击,导致硬盘上的数据无法恢复,而有机会接触你的计算机的不法之徒则可能利用各种机会窃取你的数据。反之,当你的文档保存在类似 Google Docs 的网络服务上,当你把自己的照片上传到类似 Google Picasa Web 的网络相册里,就再也不用担心数据的丢失或损坏。因为在云的另一端,有全世界最专业的团队来帮你管理信息,有全世界最先进的数据中心来帮你保存数据。同时,严格的权限管理策略可以帮助你放心地与你指定的人共享数据。

(2)数据对客户端需求低。云计算对用户端的设备要求最低,使用起来也最方便。为了防止在下载时引入病毒,不得不反复安装杀毒和防火墙软件。所有这些麻烦事加在一起,对于一个刚刚接触计算机,刚刚接触网络的初学者就像一场噩梦!如果再也无法忍受这样的计算机使用体验,云计算也许是你的最好选择。只要有一台可以上网的计算机,有一个喜欢的浏览器,要做的就是在浏览器中键入 URL,然后尽情享受云计算带给你的无限乐趣。

(3) 轻松共享数据。云计算可以轻松实现不同设备间的数据与应用共享。不同设备的数据同步方法种类繁多,操作复杂,要在这许多不同的设备之间保存和维护最新的一份联系人信息,必须为此付出难以计数的时间和精力。这时,需要用云计算来让一切都变得更简单。在云计算的网络应用模式中,数据只有一份,保存在云的另一端,所有电子设备只需要连接互联网,就可以同时访问和使用同一份数据。以联系人信息的管理为例,当使用网络服务来管理所有联系人的信息后,可以在任何地方用任何一台计算机找到某个朋友的电子邮件地址,可以在任何一部手机上直接拨通朋友的电话号码,也可以把某个联系人的电子名片快速分享给好几个朋友。当然,这一切都是在严格的安全管理机制下进行的,只有对数据拥有访问权限的人,才可以使用或与他人分享这份数据。

(4) 云计算的数据潜力。云计算为我们使用网络提供了几乎无限多的可能。为存储和管理数据提供了几乎无限多的空间,也为我们完成各类应用提供了几乎无限强大的计算能力。个人和单个设备的能力是有限的,但云计算的潜力却几乎是无限的。当把最常用的数据和最重要的功能都放在云上时,对计算机、应用软件乃至网络的认识会有翻天覆地的变化,你的生活也会因此而改变。

8.3.2 云计算提供的服务

服务的实现机制对用户透明,用户无需了解云计算的具体机制,就可以获得需要的服务。

(1) 用冗余方式提供可靠性。云计算系统由大量商用计算机组成集群向用户提供数据处理服务。随着计算机数量的增加,系统出现错误的概率大大增加。在没有专用的硬件可靠性部件的支持下,采用软件的方式,即数据冗余和分布式存储来保证数据的可靠性。

(2) 高可靠性。通过集成海量存储和高可靠性能的计算能力,云计算系统能提供较高的服务质量。云计算系统可以自动检测失效节点,并将失效节点排除,不影响系统的正常运行。

(3) 高层次的编程模型。云计算系统提供高层次的编程模型。用户通过简单学习,就可以编写自己的云计算程序,在云系统上执行,满足自己的需求。现在云计算系统主要采用 MapReduce 模型。

(4) 经济性。组建一个采用大量的商用机组成的集群,相对于同样性能的超级计算机花费的资金要少得多。

(5) 服务多样性。用户可以支付不同的费用,以获得不同级别的服务等。

8.4 云计算与大数据

进入 2014 年，大数据(big data)一词越来越多地被提及，人们用它来描述和定义信息爆炸时代产生的海量数据，而这些海量数据往往不易被处理和搜索。数据正在迅速膨胀并变大，它决定着企业的未来发展，虽然很多企业可能并没有意识到数据爆炸性增长带来的隐患，但是随着时间的推移，人们将越来越多地意识到数据对企业的重要性。大数据本身就是一个问题集，云计算是目前解决大数据问题集最有效的手段。云计算提供了基础架构平台，大数据应用在这个平台上运行。目前公认的处理大数据集最有效的手段是分布式处理，也是云计算思想的一种具体体现。云计算与大数据的关系如图 8.3 所示。

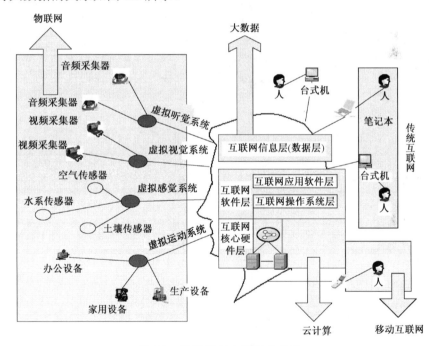

图 8.3 云计算与大数据的关系

随着云时代的来临，大数据也吸引了越来越多的关注。大数据通常用来形容一个公司创造的大量非结构化和半结构化数据，这些数据在下载到关系型数据库用于分析时，会花费过多时间和金钱。大数据分析常和云计算联系到一起，因为实时的大型数据集分析需要像 MapReduce 一样的框架来向数十、数百甚至数千的计算机分配工作。

其实云计算与大数据在概念上有所不同，云计算改变了信息技术，而大数据则改变了业务。另外,大数据必须要有云作为基础架构,才能得以顺畅运营。云计算是分布式处理、并行处理和网格计算的发展,或者说是这些计算机科学概念的商业实现。云计算的基本原理是使计算分布在大量的分布式计算机上,而非本地计算机或远程服务器中,为了更具经济和战略意义,相关企业必须将 IT 的三大趋势,大数据、虚拟化和云服务的力量结合起来。虚拟化和云计算是促使大数据使用的推动力量,使得创造高度自动化的大型池的计算成为可能,以便处理大数据量。三大趋势的组合将创建一个灵活的、可扩展的、智能化的大数据应用程序的基础。

云计算和大数据将带来人们认识上的一次深刻革命,无论对社会、企业和个人,都是一次世界观的改变。互联网不再是一个展示企业的网页或平台,而是属于未来的生产方式,是关乎企业竞争和生存的关键。就像工业经济时代,人们无法拒绝用电;个人计算机时代,企业无法拒绝用计算机办公;大数据将带来的是竞争形态的改变,当你的客户都在互联网上,你的市场就在互联网上,如果缺乏对客户数据的判断和对市场的了解,那么缺少的就是核心竞争力。政府和个人也一样,需要接受大数据时代的来临。整体来看,未来的趋势是,云计算作为计算资源的底层,支撑着上层的大数据处理,而大数据的发展趋势是为决策层提供实时交互式的查询和数据分析。

8.5 云计算的服务形式和优势

云计算还处于萌芽阶段,有庞大的各类厂商在开发不同的云计算服务。云计算的表现形式多种多样,简单的云计算在人们日常网络应用中随处可见,如腾讯 QQ 空间提供的在线制作 Flash 图片、Google 的搜索服务、Google Doc、Google Apps 等。目前,云计算的主要服务形式有 SaaS、PaaS、IaaS。

8.5.1 软件即服务

软件即服务(Software as a Service,SaaS)的服务提供商将应用软件统一部署在自己的服务器上,用户根据需求通过互联网向厂商订购应用软件服务,服务提供商根据客户所定软件的数量、时间的长短等因素收费,并且通过浏览器向客户提供软件的模式。这种服务模式的优势是,由服务提供商维护和管理软件、提供软件运行的硬件设施,用户只需拥有能够接入互联网的终端,即可随时随地使用软件。这种模式下,客户不再像传统模式那样花费大量资金在硬件、软件、维护人员上,只需要支出一定的租赁服务费用,通过互联网就可以享受到相应的硬件、软件和维护服务,这是网络应用最具效益的营运模式。

对于小型企业来说,SaaS 是采用先进技术的最好途径。以企业管理软件来说,SaaS 模式的云计算 ERP 可以让客户根据并发用户数量、所用功能多少、数据存储容量、使用时间长短等因素不同组合按需支付服务费用,既不用支付软件许可费用、采购服务器等硬件设备费用,也不需要支付购买操作系统、数据库等平台软件费用,既不用承担软件项目定制、开发、实施费用,也不需要承担 IT 维护部门开支费用,实际上云计算 ERP 正是继承了开源 ERP 免许可费用只收服务费用的最重要特征,突出了服务的 ERP 产品。目前,Salesforce.com 是提供这类服务最有名的公司,Google Doc、Google Apps 和 Zoho Office 也属于这类服务。

8.5.2 平台即服务

把开发环境作为一种服务来提供,这是一种分布式平台服务,厂商提供开发环境、服务器平台、硬件资源等服务给客户,用户在其平台基础上定制开发自己的应用程序并通过其服务器和互联网传递给其他客户。平台即服务(Platform as a service,PaaS)能够给企业或个人提供研发的中间件平台,提供应用程序开发、数据库、应用服务器、试验、托管和应用服务。Google App Engine,Salesforce 的 force.com 平台,八百客的 800APP 是 PaaS 的代表产品。以 Google App Engine 为例,它是一个由 Python 应用服务器群、BigTable 数据库和 GFS 组成的平台,为开发者提供一体化主机服务器和可自动升级的在线应用服务。用户编写应用程序在 Google 的基础架构上运行,就可以为互联网用户提供服务,Google 提供应用运行和维护所需要的平台资源。

8.5.3 基础设施服务

基础设施服务(Infrastructure as a Service, IaaS)即把厂商的由多台服务器组成的云端基础设施,作为计量服务提供给客户。它将内存、I/O 设备、存储和计算能力整合成一个虚拟的资源池为整个业界提供所需要的存储资源和虚拟化服务器等服务。这是一种托管型硬件方式,用户付费使用厂商的硬件设施。如 Amazon Web 服务(AWS)、IBM 的 BlueCloud 等均是将基础设施作为服务出租。IaaS 的优点是用户只需低成本硬件,按需租用相应计算能力和存储能力,大大降低了用户在硬件上的开销。目前,以 Google 云应用最具代表性,例如,GoogleDocs、GoogleApps、GoogleSites、云计算应用平台 Google App Engine。GoogleDocs 是最早推出的云计算应用,是软件即服务思想的典型应用。它是类似于微软 Office 的在线办公软件。它可以处理和搜索文档、表格、幻灯片,并可以通过网络与他人分享并设置共享权限。Google 文件是基于网络的文字处理和电子表格程序,可提高协作效率,多名用户可同时在线更改文件,并可以实时看到其他成员所做的编辑。用户只需一台接入互联网的计算机和可以使用 Google 文件的标准浏览器即可使用在线创建和管理、实时协作、权限管理、共享、搜索能力、修订历史记录功能,以及随时随地访问的特性,大大提高了文件操作的共享和协同能力。GoogleAPPs 是 Google 企业应用套件,使用户能够处理日渐庞大的信息量，随时随地保持联系，并可与其他同事、客户和合作伙伴进行沟通、共享和协作。它集成了 Gmail、GoogleTalk、Google 日历、GoogleDocs，以及最新推出的云应用 GoogleSites、API 扩展和一些管理功能，包含通信、协作与发布、管理服务三方面的应用，并且拥有着云计算的特性，能够更好地实现随时随地协同共享。另外，它还具有低成本的优势和托管的便捷，用户无需自己维护和管理搭建的协同共享平台。GoogleSites 是 Google 最新发布的云计算应用，作为 GoogleApps 的一个组件出现。它是一个侧重于团队协作的网站编辑工具，可利用它创建一个各种类型的团队网站，通过 GoogleSites 可将所有类型的文件包括文档、视频、相片、日历和附件等与好友、团队或整个网络分享。Google App Engine 是 Google 在 2008 年 4 月发布的一个平台，使用户可以在 Google 的基础架构上开发和部署运行自己的应用程序。目前，Google App Engine 支持 Python 语言和 Java 语言，每个 Google App Engine 应用程序可以使用达到 500MB 的持久存储空间和可支持每月 500 万综合浏览量的带宽和 CPU。并且，Google App Engine 应用程序易于构建和维护，并可根据用户的访问量和数据存储需要的增长轻松扩展。同时，用户的应用可以与 Google 的应用程序集成，Google App Engine 还推出了软件开发套件（SDK），包括可以在用户本地计算机上模拟所有 Google App Engine 服务的网络服务器应用程序。

8.5.4 云计算服务的优势

（1）安全稳定和数据可靠。在无地震等重大自然灾害下，云服务器数据可靠性可达 99.999%，让您的数据安全无忧。数据安全：采用大规模分布式计算系统，每份数据多个副本；单份损坏可以在短时间内快速恢复，保证数据安全。网络安全：安全组间自带防火墙；可杜绝 ARP 攻击和 MAC 欺骗；有效防护 DDoS 攻击，可进行端口入侵扫描、挂马扫描、漏洞扫描等。系统稳定：在线率高达 99.9%，支持云服务器故障自动迁移，恢复速度快，云服务器信息不变（IP 信息、磁盘等）。

（2）性能卓越和弹性伸缩。采用绿色节能多线路 BGP 机房，多线接入保证全国用户高速访问。多线路独享带宽：千兆光纤，独享带宽有效解决带宽瓶颈，性价比远高于传统带宽共享。

（3）节约成本和简单易用。支持多种主流操作系统，让您以服务的方式使用计算和存储资源，按需取用，按需付费，无需购买大量设备，相比于传统主机成本投入降低 30%~80%。完整管理权限：云服务器从创建到启动只需数分钟，拥有超级管理员权限，轻松部署各种互联网应用。通过 Web 管理方式对云服务器进行停机、启动、重启、重置和修改密码等操作。按需购买：云服务器配置按需购买，满足不断变化的应用需求。建议搭配 RDS 使用，内网流量免费。

8.6 移动云计算

云计算的发展并不局限于 PC,随着移动互联网的蓬勃发展,基于手机等移动终端的云计算服务已经出现。基于云计算的定义,移动云计算[36]是指通过移动网络以按需、易扩展的方式获得所需的基础设施、平台、软件等的一种 IT 资源服务的交付与使用模式。移动云计算是云计算技术在移动互联网中的应用。云计算技术在电信和移动行业的应用必然会开创移动互联网的新时代,随着移动云计算的进一步发展,移动互联网相关设备的进一步成熟和完善,移动云计算业务必将在世界范围内迅速发展,成为移动互联网服务的新热点,使得移动互联网站在云端之上。移动云计算的主要优点是突破终端硬件限制、轻量级的数据存取、智能均衡负载,降低管理成本和按需服务降低成本。

8.6.1 移动云计算的特点

随着企业各种业务系统的扩展,以及移动办公人数和地点的增多,例如,在分支机构、家里、咖啡室、出差旅途中、酒店,人们对手机远程接入内网办公和随时、快速、安全性提出了要求。由于手机操作系统及其计算、存储、数据处理能力、3G 带宽和流量资费的限制,针对某些企业应用(如 OA),需要对其某些功能裁剪,或跨平台开发,而且要求其最佳的性能、最高的安全性和最卓越的用户体验。这无疑增加了 IT 开发成本,侵蚀企业有限的预算投资,为企业商业创新戴上了沉重的脚链。

移动通信市场目前正经历着剧烈的创新和变革,具有开放式操作系统的智能手机正在普及。随着新功能的增加,活跃的开发者群体不断地开发出大量功能丰富的新应用程序,手机的个性化应用变得日益丰富。用户对手机功能的要求,早已不是打电话、发短信这样简单的要求,越来越多的人向往着自己的手机可以具备更加丰富的功能,不但能够实现个人应用,还能够进行手机办公,实现更加流畅的操作。

把虚拟化技术应用于手机和平板,适用于移动 3G 设备终端(平板或手机)使用企业应用系统资源,它是云计算移动虚拟化中非常重要的一部分,简称移动云。

移动云具有根据角色按需分配资源和计算性能的特点。还能够实现 Windows 应用的无缝迁移,不需要在移动手持终端上重新开发应用或裁剪,就能够在平板和手机上使用 Windows 应用,有助于提高企业在移动互联网时代通过 3G 设备使用企业应用的效率,符合绿色环保的特点;同时,移动云通过对应用集中管理、严格完整的用户权限管理、高级别加密保护和多种登录验证(证书认证、令牌认证)等手段可以大大降低系统被盗用和数据截取的风险。移动云在没有得到特别授权的情况下数据绝不会离开信息中心,保证数据的安全性。

目前,支持并提供全面的企业级移动虚拟化厂商有 Citrix 公司的桌面云

XenDesktop 和 Cylan 公司的移动云 iCylanAPP 软件。他们支持当今流行各种智能手机操作系统，如 Android、iOS、Windows Phone 和 BlackBerry 等，它能够利用智能手机原有的特有功能，如触感反馈、多点触摸、重力感应、鼠标左右键和上下滚动、中英文输入方便切换和手写输入等，同时集成多种用户认证方法，如动态令牌、各种证书认证等，带给用户卓越的访问体验。

8.6.2 移动云计算的开发

毋庸置疑，在移动应用开发世界里的开发周期是非常短暂的。所以当发现开发团队为使其移动应用能快速地投放到市场，他们会在很大程度上基于各种云技术，这不用感到奇怪。这里提供了几种最高效的方法，可使移动项目通过使用云获得成功。

(1) 托管服务。亚马逊通过 EC2 平台的基础设施即服务(IaaS)产品，在很大程度上是云理念的先驱，所以它应该是意料之中的，许多组织将把应用程序托管到 EC2 服务。但是，在这个增长的领域中亚马逊只是这些角色中的一个，而且在很多情况下，由于软件即服务(SaaS)角色的存在，像 EC2 这样的 IaaS 角色就会被推到一边，在 SaaS 中用户会放弃一些对自己系统和运行时的控制，从而达到系统承诺的较少配置和较低的行政开销。这很有可能是使用云最靠谱的一种方法，因此越来越多的移动应用开始利用基于云的托管服务。

(2) 支付网关。苹果及其 iTunes 商店会如此成功的部分原因是，它们的简单且易于使用的支付系统使它成为 iPhone 和其他基于 iOS 系统应用程序供应商的常规工作，而且也变得很成功。但是随着移动市场越来越成熟，许多移动开发商都已经开始批评苹果的经济模型，很多人都希望有一种可替代的支付机制。一些基于云的支付网关供应商已经出现，这就易于应用开发商与他们的客户执行金融交易，而且不必担心由于可靠性问题或软件漏洞而失去销售额，如果在本地建立金融交易处理系统，这类问题的发生概率可能会提高。

(3) Web 分析。移动应用开发商已经采用了"了解你的用户"这一思想，从而达到一个完全新的水平。移动设备由于屏幕小，软件开发人员必须更有效地利用屏幕空间呈现更多内容。为了让自己的产品更好，更多的移动应用程序依靠基于云的服务来获取、存储和呈现用户交互的信息。

(4) 开发。在云计算中，开发的过程要基于云问题的跟踪系统、源代码管理系统、负载测试工具、集成开发环境，将编码的内容模块化。

8.7 云计算的硬件实现

云计算是一种软件技术，其需要依托于强大的硬件介质才能实现。在物联网的设计中，用硬件实现云计算也是必须考虑的。数据中心是云计算技术应用的重要场所，数据中心也急需引入云计算技术，因为通过云计算可以有效提升数据中心的运营效率，特别是移动终端使用越来越广泛的今天。

云计算的硬件实现如图 8.4 所示，云计算需要数据中心的网络设备具备虚拟机迁移感知与控制、高带宽的网络、服务器高性能集群、提供虚拟机大二层调度网络、具备 FCoE、SDN 等技术。云计算需要数据中心的存储设备具备高速的 IO 处理能力、海量存储、存储虚拟化、自动化存储管理、存储安全、FC/iSCSI 存储技术。目前，IBM、HP、Cisco 等这些传统厂商主要提供云计算的硬件基础设施，也是数据中心基础设施建设的主要参与者，当然，国

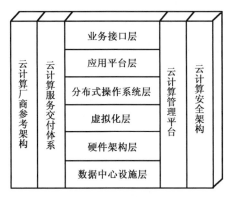

图 8.4　云计算的硬件实现

内有些服务器厂商也是可以选择的，而且在价格和维修方面具有竞争性。另外，Google、Amazon、微软等厂商是云计算技术服务的提供商，是新兴的软件技术厂商。云数据中心的建设是两大类技术厂商融合的结果。

云计算的出现改变了硬件模式，在现有网络结构上，负载均衡提供了一种廉价有效的方法扩展服务器带宽和增加吞吐量，加强网络数据处理能力，提高网络的灵活性和可用性。而集群(cluster)系统是实现云计算硬件的主要框架，它具有：①高可靠性，利用集群管理软件，当主服务器故障时，备份服务器能够自动接管主服务器的工作，并及时切换，以实现对用户的不间断服务。②高性能计算，即充分利用集群中的每一台计算机的资源，实现复杂运算的并行处理，通常用于科学计算领域，如基因分析、化学分析等。③负载平衡，即把负载压力根据某种算法合理分配到集群中的每一台计算机上，以减轻主服务器的压力，降低对主服务器的硬件和软件要求。

总之，云计算硬件实现除了与网络带宽、服务器高性能集群、存储虚拟化和 IO 处理能力有关，还与价格、维修、安装等其他因素相关。

8.8　应用实例(如何选择一个云计算平台)

1. 微软云计算模式

如何选择一个适合自己的云计算平台呢？可以从一开始就选择与 Microsoft 公司合作。微软的云计算战略提供了三种不同的运营模式，这与其他公司的云计算战略有很大的不同。第一种是微软自己构建和运营公有云的应用和服务，向个人消费者和企业客户提供云服务的微软运营模式。第二种是 ISV/SI 等各种合作伙伴基于 Windows

Azure Platform 开发如 ERP、CRM 等各种云计算应用,并在 Windows Azure Platform 上为最终使用者提供服务。另外微软运营在自己的云计算平台中的 Business Productivity Online Suite (BPOS)也可以交给合作伙伴进行托管运营。BPOS 主要包括 Exchange Online、SharePoint Online、Office Communications Online 和 LiveMeeting Online 等服务,这种属于伙伴运营模式。第三种客户可以选择微软的云计算解决方案构建自己的云计算平台(图 8.5 和图 8.6),微软提供包括产品、技术、平台和运维管理在内的全面支持,这是客户自建的运营模式。

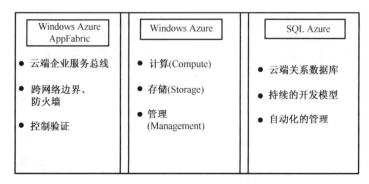

图 8.5　微软云计算的服务界面

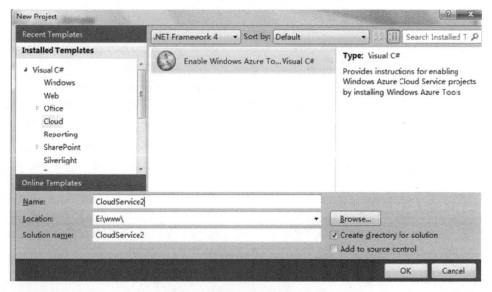

图 8.6　微软云计算的编码界面

Windows Azure Platform 是一个可以提供上千台服务器能力的全新平台。它包括一个云计算操作系统和一个为开发者提供的服务集合,即 Windows Azure、SQL Azure 和 Windows Azure Platform AppFabric。开发人员创建的应用既可以直接在该平台中运行，也可以使用该云计算平台提供的服务。Windows Azure Platform 延续了微软传统软件平台的特点，能够为客户提供熟悉的开发体验，用户已有的许多应用程序都可以相对平滑地迁移。还可以按照云计算的方式按需扩展，在商业开发时节省开发部署的时间和费用。

Windows Azure 可看成一个云计算服务的操作系统；SQL Azure 是云中的数据库；AppFabric 是一个基于 Web 的开发服务，它可以把现有应用和服务与云平台的连接和互操作变得更为简单。AppFabric 让开发人员可以把精力放在他们的应用逻辑上。

2．选择商用云计算产品模式

显然，从经济角度来讲，选择一个商用的云计算平台比较好，系统软件的可靠性都比自己设计要强得多。而且随着时间的推移，价格会越来越便宜。目前有一家美国旧金山科技公司，它在提供云计算平台方面比较有影响，名叫 Joyent，如图 8.7 所示。该公司为客户提供云计算与存储内容。

Joyent 是一家可以提供云计算完整架构的供应商，产品包括如下三个层次。

Joyent Public Cloud：公共云产品，作为基础架构提供 IaaS 服务。

Cloud Control：私有云的云计算管理软件。

Smart Platform：作为 Web 应用开发平台，提供 PaaS 服务。

图 8.7　Joyent 云计算的网站

1）Joyent 公共云

Joyent Accelerator 是 Joyent 公共云产品的核心，能够为 Web 应用开发人员提供基于标准的、非专有的、按需供应的虚拟化计算和存储解决方案。基于 Accelerator，

Joyent 搭建了自己的网络服务，使用具备多核 CPU、海量内存和存储的服务器设备，提供超快的访问、处理速度和超高的可靠性。每月不需太大开销，就可以将自己的 Web 应用运行在 Joyent 的网络服务上。

Joyent 提供云计算基础架构和服务，可以快速将想法变为现实，同时不必承受大量资本投入和长期厂商合同带来的不便。通过 Joyent 的专用数据中心，可以提供具备全面灵活性和安全性的企业级应用表现，同时稳定用户的预算投入。

核心优势如下：

（1）可延展性：Joyent 提供真正的延展性——独特的爆发技术，支持不可预期的突发流量。

（2）负载均衡：能够支持每秒 4000 页的缓存，极大提升性能，同时降低成本。

（3）超强计算能力：是 Amazon 提供能力的 5 倍。

（4）超快的数据库速度：MySQL 的运行速度比 Amazon 快 3 倍。

（5）超快的应用处理速度：WordPress 比 Amazon 快 20 倍。

（6）企业级特性：Joyent 公共云提供静态 IP、持久化存储和免费带宽。

（7）经过反复验证的软件栈：Joyent 公共云提供异常优秀的 Apache、PHP、Python、Rails 和 MySQL 运行性能。

（8）高利用率：相对于竞争对手 6%的利用率，能够达到 70%的利用率，以更少成本提供更多计算能力。

（9）高度安全：具备企业级安全特性，通过大量"财富 500"企业的审核。

（10）灵活性：可以使用任何编程语言、任何数据库，以及任何应用服务器。

（11）标准化：Joyent 完全基于标准的运行环境，可以轻松地迁入、迁出。

（12）快速部署：几分钟即可做到。

（13）升级简便：所用用户均可享受平台的最新版本，因为升级过程定级、无缝进行，而且不会破坏您的定制内容和集成工作。

（14）不需繁冗合同：随时迁入，随时迁出。

（15）稳定运行：5 年提供 IaaS 的经验，让 Joyent 成为资格最老的云平台提供者之一。

（16）Joyent Virtual Appliances：以 Virtual Appliance 形式，提供大量应用软件。

Joyent Accelerator 是 Joyent 云计算平台的基石。Accelerator 是虚拟服务器，所在的部署环境能够提供目前业界最高端的网络和路由访问、硬件负载均衡器、持久化与快速存储设备，同时还有技术最为出众的系统研发和运营团队。由 Accelerator 支撑的计算云可以提供高可扩展性、按需计算的基础架构，支持各种 Web 站点，支持由 Ruby on Rails、PHP、Python 和 Java 开发的各种丰富的 Web 应用。开放、可扩展、速度快，是 Joyent 云计算平台的三个显著特点。

2) Joyent Cloud Control

Cloud Control 管理公共租户云平台如图 8.8 所示。

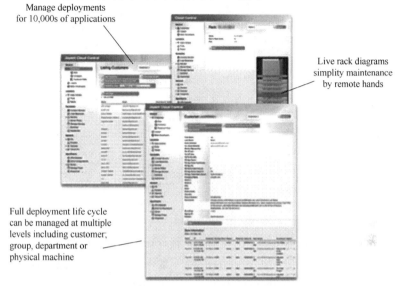

图 8.8　Cloud Control 管理公共租户云平台

　　Cloud Control 这款软件可以运行在现有硬件上，也可在全新的专用机器上运行。Cloud Control 可以管理实时的网络设备，也能管理托管于传统的物理服务器和存储服务器中的虚拟化计算实例。

　　Cloud Control 为您提供基于 Web 的界面和 API，它们的健壮性足以管理完整应用部署架构的整个生命周期，这会跨越以下层面：多个虚拟机、多个物理机器、多个数据中心。

　　Joyent 使用 Cloud Control 来管理我们的公共多租户云平台。Joyent 云平台在网络、存储、操作系统、物理硬件、管理界面和 API 级别等多个层面提供企业级的安全特性。这些安全特性通过高度灵活，具有内在多租户特性的环境得以提供。为了支持真实的企业级延展需求，Joyent Cloud Control 不仅支持单一的虚拟机，而且支持包含多层虚拟机的复杂架构。

　　使用 my.joyent 仪表板，最终用户可以访问 Cloud Control 的一些功能。

　　Cloud Control 的 Web 界面提供如下功能。

　　(1) 完整地部署生命周期管理，并可在客户、团队、部门或物理机器等多个层面进行。

　　(2) 界面简单，并可管理 10000 多个应用的部署。

　　(3) 提供针对单个物理服务器、交换机和路由器的管理工具。

　　(4) 提供针对单个内部或外部客户的管理工具。

(5) 提供管理 Joyent Accelerators 的工具，Joyent Accelerators 是构成 Joyent 云平台基础架构的虚拟机。

(6) 通过远程管理方式，提供实时机架图表显示，突出显示需要受人关注的物理服务器，易于管理维护。

(7) 集成性能度量和监控解决方案。

使用 Cloud Control 部署私有云的好处如下。

(1) 以更快的速度驱动创新，交付全新解决方案。

(2) 不需要 IT 部门太多帮助，即可交付部门级别的自服务。

(3) 使用价值创造机制将支付与成本关联起来。

(4) 为 IT 基础架构降低总体拥有成本（TCO）。

(5) 融入标准部署架构的最佳实践，并专为延展性优化。

(6) 将应用供应周期从几周降至几秒。

(7) 最大化处理能力利用率。

Cloud Control 提供的工具还能达到传统 IT 管理的一些关键目标：完整的资产生命周期管理，基于真实知识的处理能力规划，基于实际的服务器利用率和应用级别性能的测量指标，提升 IT 采购决策的准确性和即时性。

由 Cloud Control 支持的私有云可通过轻松、安全的方式连接至公共 Joyent Cloud 云平台。这就意味着组织可以严密控制访问敏感数据的应用和 SOA 系统，同时还能获得公共云带来的益处：将资本消耗转向运维消耗的能力；降低创新门槛——尝试新想法的风险降低，因为可以短期租用基础架构，花费成本甚至低于一次典型的商务晚宴；支持按需付费处理能力的成长。

3）Joyent Smart 平台

Joyent Smart 平台是一个开源 Web 应用开发平台，即 PaaS，为开发人员提供最简单、有效的方式来开发、部署 Web 应用，同时可以做到自动扩展。

在 Joyent Smart Platform 上构建 Web 应用，开发人员不必像其他平台上的开发人员那样，为不必要的事情操心。

在 Joyent Smart Platform 上编写代码，平台本身会处理您的网站需要的所有基础架构，包括数据存储、内容存储、备份和软件升级。无论站点规模大小，能提供合适的服务器处理能力。

4）Joyent 的延展服务

Joyent 的开发人员和系统架构师有丰富的经验，曾参加过如电子邮件、Web、新闻组、数据库和科学计算等很多大规模集群的设计、开发或管理，此外还曾部署和延展过用 C、C++、Java、Python、Ruby、Erlang、Perl 等多种语言开发的、多种组件的应用。

此外，Joyent 曾开发、构建出世界上最早的 Ruby on Rails 应用，并对其进行延展。在此基础上，围绕着如何部署和延展（包括向上和向下）Rails 应用，Joyent 开发出具有世界先进水平的基础架构和方法论，尤其在应用的评估、基准评分和自我检测方面，表现尤为出色。基准评分方面的基础架构是自成一体的，而且得到广泛认可，自我评测部分大量使用 DTrace。

将 Joyent 的宝贵经验融入自己的开发、应用设计和系统架构中，以确保不会犯任何初级错误。这可以确保开发过程不被系统问题影响，而最终用户也将得到极为出色的用户体验。

Joyent 的延展服务提供世界一流的咨询支持，让应用发挥出巅峰级的效率。延展团队由 Jason Hoffman 直接负责，他是这方面的知名专家，而且经常在各种技术大会上发言，包括 RailsConf Europe、2006、RailsConf 2007、RailsConf Europe 2007。

延展团队每天都进行讨论，并且正在开发一系列完整的咨询解决方案，当前的完整咨询解决方案可以从上到下对 Ruby On Rails 应用进行审核。

3. 面向云基础管理平台 Eucalyptus 与 OpenNebula 模式

用户选择一个好的云计算平台，除了考虑虚拟化技术，软件基础设施和管理平台也很重要。随着云计算概念的兴起，虚拟化技术越来越受到厂商和用户的关注。近年来虚拟化技术已经逐步应用于新一代数据中心与集群计算技术中，并产生了很好的用户体验。虚拟化技术可以将所有可用的计算和存储资源以资源池的方式组成一个单一的整合视图，提供一个用于实现云计算的开源软件基础设施和管理平台，Eucalyptus 和 OpenNebula 模式就能很好地在监控的基础上设计并实现一种自主的、高可靠性的虚拟机动态迁移系统。因此，选择一个云计算平台时，考虑和理解 Eucalyptus 和 OpenNebula 模式很重要。

1) Eucalyptus

Eucalyptus(elastic utility computing architecture for linking your programs to useful systems)是一种开源的软件基础结构，用来通过计算集群或工作站群实现弹性的、实用的云计算。它最初是美国加利福尼亚大学圣塔芭芭拉分校计算机科学学院的一个研究项目，现在已经商业化，发展成为 Eucalyptus Systems Inc。但是，Eucalyptus 仍然按开源项目那样维护和开发。Eucalyptus 是一个面向研究社区的软件框架，它不同于其他的 IaaS 云计算系统，能够在已有的常用资源上进行部署，Eucalyptus 采用模块化的设计，它的组件可以进行替换和升级，为研究人员提供了一个进行云计算研究的很好平台。Eucalyptus 的设计目标是容易扩展、安装和维护。Eucalyptus Systems 还在基于开源的 Eucalyptus 构建额外的产品，它还提供支持服务，在一个平台上提供了对这些资源的抽象。Eucalyptus 逻辑结构图如图 8.9 所示。

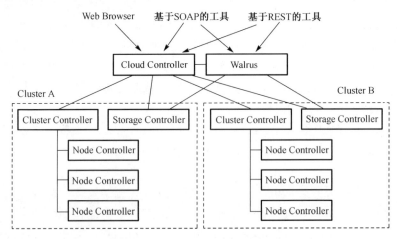

图 8.9　Eucalyptus 逻辑结构图

(1) Cloud Controller (CLC)。

在 Eucalyptus 云内，这是主要的控制器组件，负责管理整个系统。它是所有用户和管理员进入 Eucalyptus 云的主要入口。所有客户机通过基于 SOAP 或 REST 的 API 只与 CLC 通信。由 CLC 负责将请求传递给正确的组件并将来自这些组件的响应发送至该客户机，这是 Eucalyptus 云的对外窗口。

(2) Cluster Controller (CC)。

Eucalyptus 内的这个控制器组件负责管理整个虚拟实例网络。请求通过基于 SOAP 或 REST 的接口被送至 CC。CC 维护有关运行在系统内的 Node Controller 的全部信息，并负责控制这些实例的生命周期。它将开启虚拟实例的请求路由到具有可用资源的 Node Controller。

(3) Node Controller (NC)。

它控制主机操作系统和相应的 Hypervisor (Xen 或最近的 KVM，很快就会支持 VMWare)。必须在托管了实际的虚拟实例(根据来自 CC 的请求实例化)的每个机器上运行 NC 的一个实例。

(4) Walrus (W)。

这个控制器组件管理对 Eucalyptus 内的存储服务的访问。请求通过基于 SOAP 或 REST 的接口传递至 Walrus。

(5) Storage Controller (SC)。

Eucalyptus 内的这个存储服务实现 Amazon 的 S3 接口。SC 与 Walrus 联合工作，用于存储和访问虚拟机映像、内核映像、RAM 磁盘映像和用户数据。其中，VM 映像可以是公共的，也可以是私有的，并最初以压缩和加密的格式存储。这些映像只有在某个节点需要启动一个新的实例并请求访问此映像时才会被解密。一个 Eucalyptus 云安装可以聚合和管理来自一个或多个集群的资源。一个集群是连接到相同 LAN 的一组机器。在一个集群中，可以有一个或多个 NC 实例，每个实例管理虚拟实例的实例化和终止。

客户端依赖于解决方案，但可能以浏览器脚本、一个用户空间应用程序，或者甚至是一个内核模块的形式出现。云控制器是从客户端进入云的接口，并为云提供逻辑决定。云控制执行对客户端进行认证的服务，并将客户端的请求转化为事务。集群控制器是一个节点控制器集合。它负责状态信息并与所提供的虚拟机进行交互。

2）OpenNebula

OpenNebula[37]是开放原始码的虚拟基础设备引擎，它用来动态部署虚拟机器在一群实体资源上，OpenNebula 最大的特色在于将虚拟平台从单一实体机器扩展到一群实体资源。OpenNebula 是 Reservoir Project 的一项技术。

OpenNebula 的目标是将一群实体 Cluster 转换为弹性的虚拟基础设备，且可动态调试服务器工作负载的改变，OpenNebula 在服务器和实体机处设备间产生新的虚拟层，这个层可支持丛集的服务器执行和加强虚拟机的效益。

目前 OpenNebula 可支持 XEN 和 KVM 与实时存取 EC2，也支持映像文档的传输、复制和虚拟网络管理。

OpenNebula 支持多种身份验证方案，包括基本的用户名和密码验证（使用 SQLlite 或 MySQL 数据库管理用户信息）与通过 SSH 密钥验证，还有一个新的 LDAP 插件，但未能成功使用活动目录进行身份验证，OpenNebula 的文档也缺乏相关问题的解决方案。

OpenNebula 还有一个插件安装 oneacct 命令，它允许查看实例运行时长、运行人员、所在主机和其他细节信息，这些信息可以用于计费。

OpenNebula 的模块化设计使得它的未来一片光明，与其他开源产品一起，它们让创建私有云平台变得更廉价，但 OpenNebula 的文档还有大量的工作要做，希望它能和产品更新保持同步。

OpenNebula 包含许多有用的工具，但它的强项还是在核心工具上，因此适合开发人员和管理人员使用。

第9章 数据挖掘与智能搜索

物联网发展迅速,但与之相关的数据查询和数据适配却仍面临许多挑战,这是因为人们分析和理解大规模数据的能力远落后于数据采集和储存的能力,这也就是说,收集存储数据较容易,但分析、查询、搜索与理解这些分布式系统中的数据是相当困难的。众所周知,物联网由三层结构组成。其中有传感网和云计算平台。目前,传感器有两大发展趋势,一个是智能化;另一个是物品设定标识。这就产生了智能计算,同时要求信息必须融入物理世界。在海量存储中,如何提供高质量的服务呢?显然,这与数据挖掘和智能搜索密切相关。在不久的将来,Web的数据挖掘分析和语义Web组合可能是每一个物联网软件设计者必须关注的领域。

在大数据情况下,数据查询和数据适配是用数据挖掘[38-39]来进行分析和理解这些数据的。数据挖掘利用了如下一些领域的思想:来自统计学的抽样、估计和假设检验、人工智能、模式识别、机器学习的搜索算法、建模技术和学习理论。数据挖掘也迅速地接纳了来自其他领域的思想,这些领域包括最优化、进化计算、信息论、信号处理、可视化和信息检索。还有其他领域也起到重要的支撑作用。例如,需要数据库系统提供有效的存储、索引和查询处理支持。还需要高性能(并行)计算的技术来处理海量数据集等。分布式技术也能帮助处理海量数据,尤其是当数据不能集中到一起处理时更是至关重要。数据可分为结构化数据、半结构化数据和非结构化数据。结构化数据称为传统化数据,许多商务数据库都是结构化数据,它们由定义明确的字段组成。半结构化数据和非结构化数据统称为非传统数据。通过挖掘Web潜在的链接结构模式,可获得不同网页间相似度和关联度的信息,进而帮助用户找到相关主题的权威站点。通过对网站文本内容的挖掘,可以有效地组织网站信息,同时可以结合对用户访问行为挖掘,把握用户的兴趣,开展网站信息推送服务和个人信息的定制服务。另外,网页内容挖掘可以实现对网络信息的分类浏览与检索,通过对用户所使用的提问式历史记录的分析,可以有效地进行提问扩展,提高用户的检索效果。海量储存加上机器学习和数据挖掘,运用网络内容挖掘技术改进关键词加权算法,提高网络信息的标引准确度,从而改善检索效果。当前,在美国有一家提供云服务的公司Birst,它帮助企业在企业数据里进行搜索,就如同人们在网络上通过谷歌进行搜索一样方便,专为企业提供大数据服务和商业智能解决方案。目前Birst已在全球拥有企业客户4000多家,服务用户人数超过10万人。Birst的解决方案是通过一系列的功能整合,将过去必须从不同的技术供应商购买,需不同技术背景的人员参与的BI(business intelligence)功能整合到一起,用平台服务的形式实现企业内部 BI 服务流程自动化。Birst 提供的商业智能应用尤其适用于 SaaS（软件即服务）、on-premise（企业内建软件）和 Cloud 模式。显然，在云计算出现之前，传统的计算机是无法处理如此量大并且不规则的非结构数据。十多年来，由互联网公司建立的分布式计算与存储技术可以有效地将这些大量、高速、多变化终端数据存下来，并随时可以进行分析与计算。未来大数据和物联网将有很好的结合点，这种大数据对于国家、政府、社会来说也是一个难得的机遇，这个机遇就是解决过去想解决而解决不了的问题，就是让大数据产生它的大价值。

此外，目前的互联网也存在两个明显不足，首先是计算机不能理解网页的语义，它只是文档载体，仅供人阅读，文档使用 HTML，它不易让计算机去理解与处理。另外文档任意无序存放，搜索不易，网页按"地址"连接，而非按内容（语义）来定位信息资源，也就是说不易按语义查询。为了克服目前互联网的缺陷，人们开展下一代能理解人类语言的智能网络——语义网研究，语义互联网是对当前互联网的一种扩展，这也是物联网同样面对的问题，其目标是通过使用本体和标记语言、XML、RFD 等使互联网资源的内容能被机器理解，为用户提供智能搜索，在云计算平台上保持与人交互的智能化服务。

语义网是 Semantic Web 的中文名称。语义网就是能够根据语义进行判断的网络。语义到底是指什么？在这里不是要给出语义的一个精确解释，因为这确实很困难，尤其当这个概念被不同领域所引用的时候，它的含义往往存在着一些差异。讨论语义的目的是希望我们能够更好地理解 XML 和 RDF 到底在数据表示和交换中起到什么作用，更清楚地看到 XML 和 RDF 之间的区别，各自的优点和不足。将语义简单地看成是数据（符号）所代表的概念的含义，以及这些含义之间的关系，是对数据的抽象或者更高层次的逻辑表示。对于计算机领域，语义一般是指用户对于那些用来描述现实世界的计算机表示的解释，即用户用来联系计算机表示和现实世界的途径。或许这听起来还是不够通俗，通过一个例子来进一步说明语义的含义：以关系数据库为例，数据库中的数据可以简单地认为是存储在一张张表中，如将学生的基本信息存入一张"学生"表中。这时，对于表中的每一列数据所构成的集合，其所隐含的意思就是该列数据所要表达的对应概念，这个概念往往体现为设计人员对该列数据对应的属性所给定的名称，如"姓名"、"性别"等。这些属性之间的关系就相当于数据对应概念之间所存在的关系，它们都是学生这个实体的属性。数据库表中的属性和关系都可以看成数据的语义信息。当然，语义并不是这么简单，它代表的关系可能更为复杂，甚至超过 E-R 模型等数据库建模语言的表达范围。其实语义并不是引入 IT 领域的新概念，数据库已经用语义来区分模式和数据，并作为数据库建模、查询和事务管理技术的一部分，语义是保证数据管理系统达到可扩展性、高效性和健壮性要求的一个关键元素。

虽然 Internet 上分布着海量的信息，但它们主要是面向人类的。由于信息内容没有更好地形式化表示，计算机难于处理这些信息。而互联网上广泛存在的信息格式的异构性、信息语义的多重性与信息关系的匮乏和非统一，给人们在信息搜索、抽取、表示、解释和维护方面造成极大的不便。正是由于这样，网络的深层次应用，如电子商务、电子政务和数字图书馆等智能化服务的开展十分困难。此外，由于计算机拥有对大规模信息处理的能力，所以将网上信息处理和利用尽可能地交给计算机自动完成是解决这些问题的关键。而要达到这样的目的，人们必须让计算机能够理解这些信息，并在理解的前提下更好地处理和利用这些信息。

9.1 数据挖掘的常用算法

随着计算机技术、网络技术、通信技术、Internet 技术的迅速发展和电子商务、办公自动化、管理信息系统、Internet 的普及等，企业业务操作流程日益自动化，企业经营过程中产生了大量的数据，这些数据和由此产生的信息是企业的宝贵财富，它如实地记录着企业经营的本质状况。但是面对大量的数据，传统的数据分析方法，如数据检索、统计分析等只能获得数据的表层信息，不能获得其内在的、深层次的信息，管理者面临着数据丰富而知识贫乏的困境。如何从这些数据中挖掘出对企业经营决策有用的知识是非常重要的，数据挖掘便是为适应这种需要应运而生的。数据挖掘算法示意图如图 9.1 所示。

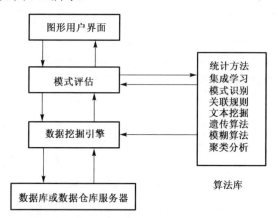

图 9.1　数据挖掘算法示意图

需要强调的是，数据挖掘技术从一开始就是面向应用的。目前，在很多领域，数据挖掘(data mining)都是一个很时髦的词，尤其是在银行、电信、保险、交通、零售(如超级市场)等商业领域。数据挖掘所能解决的典型商业问题包括：数据库营销(database marketing)、客户群体划分(customer segmentation & classification)、背景分析(profile analysis)、交叉销售(cross-selling)等市场分析行为，以及客户流失性分析(churn analysis)、客户信用记分(credit scoring)、欺诈发现(fraud detection)等。通过收集、加工和处理涉及消费者消费行为的大量信息,确定特定消费群体或个体的兴趣、消费习惯、消费倾向和消费需求,进而推断出相应消费群体或个体下一步的消费行为,然后以此为基础,对识别出来的消费群体进行特定内容的定向营销,这与传统的不区分消费者对象特征的大规模营销手段相比,大大节省了营销成本,提高了营销效果,从而为企业带来更多的利润。应用超级计算机、并行处理、神经元网络、模型化算法和其他信息处理技术手段进行处理,从中得到商家用于向特定消费群体或个体进行定向营销的决策信息。

数据挖掘是一种新的信息处理技术,其主要特点是对企业数据库中的大量业务数据进行抽取、转换、分析和其他模型化处理,从中提取辅助经营决策的关键性数据,它在企业危机管理中得到了比较普遍的应用,通常有些重要的数据挖掘算法在Web挖掘中广泛应用。

9.1.1　PageRank算法

PageRank,网页排名,又称为网页级别,是一种由搜索引擎根据网页之间相互链接次数,作为网页排名的要素之一的超链接计算的技术,以Google公司创办人拉里·佩奇(Larry Page)之姓来命名。Google用它来体现网页的相关性和重要性,在搜索引擎优化操作中,是经常用来评估网页优化的成效因素之一。PageRank[40]通过网络的超链接关系来确定一个页面的等级。Google把从 A 页面到 B 页面的链接解释为 A 页面给 B 页面投票,Google根据投票来源(甚至来源的来源,即链接到 A 页面的页面)和投票目标的等级来决定新的等级。PageRank的作用是评价网页的重要性,以此作为搜索结果排序的重要依据之一。实际中各个搜索引擎的具体排名算法是保密的,PageRank的具体计算方法也不尽相同,在这里介绍一种最简单的基于页面链接属性的PageRank算法。这个算法虽然简单,却能揭示PageRank的本质,实际上目前各大搜索引擎在计算PageRank时,链接属性确实是重要度量指标之一。

简单计算如下。

首先,将 Web 做如下抽象:将每个网页抽象成一个节点,如果一个页面 A 有链接直接链向 B,则存在一条有向边从 A 到 B(多个相同链接不重复计算边)。因此,整个 Web 被抽象为一张有向图。现在假设只有四张网页:A、B、C、D,其抽象结构如图 9.2 所示。

显然这个图是强连通的(从任一节点出发都可以到达另外任何一个节点)。需要用一种合适的数据结构表示页面间的连接关系。其实,PageRank 算法是基于这样一种背景思想:

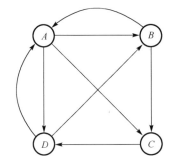

图 9.2　Web 被抽象为一张有向图

用户访问越多的网页可能质量越高,而用户在浏览网页时主要通过超链接进行页面跳转,因此需要通过分析超链接组成的拓扑结构来推算每个网页被访问频率的高低。最简单地,可以假设当一个用户停留在某页面时,跳转到页面上每个被链页面的概率是相同的。例如,图 9.2 中 A 页面链向 B、C、D,所以一个用户从 A 跳转到 B、C、D 的概率各为 1/3。设一共有 N 个网页,则可以组织这样一个 N 维矩阵:其中 i 行 j 列的值表示用户从页面 j 转到页面 i 的概率。这样一个矩阵称为转移矩阵(transition matrix)。下面的转移矩阵 M 对应图 9.2。

$$M = \begin{bmatrix} 0 & 1/2 & 0 & 1/2 \\ 1/3 & 0 & 0 & 1/2 \\ 1/3 & 1/2 & 0 & 0 \\ 1/3 & 0 & 1 & 0 \end{bmatrix}$$

然后,设初始时每个页面的 rank 值为 $1/N$,这里就是 1/4。按 $A\sim D$ 顺序将页面 rank 写为向量 v。

$$v = \begin{bmatrix} 1/4 \\ 1/4 \\ 1/4 \\ 1/4 \end{bmatrix}$$

注意,M 第一行分别为 A、B、C 和 D 转移到页面 A 的概率,而 v 的第一列分别为 A、B、C 和 D 当前的 rank,因此用 M 的第一行乘以 v 的第一列,所得结果就是页面 A 最新 rank 的合理估计,同理,Mv 的结果就分别代表 A、B、C、D 的新 rank 值。

$$Mv = \begin{bmatrix} 1/4 \\ 5/24 \\ 5/24 \\ 1/3 \end{bmatrix}$$

用 M 再乘以这个新的 rank 向量,又会产生一个更新的 rank 向量。迭代这个过程,可以证明 v 最终会收敛,即 v 约等于 Mv,此时计算停止。最终的 v 就是各个页面的 PageRank 值。例如,上面的向量经过几步迭代后,大约收敛在 (1/4, 1/4, 1/5, 1/4),这就是 A、B、C、D 最后的 PageRank。

PageRank 近似于一个用户,是指在 Internet 上随机地单击链接将会到达特定网页的可能性。通常能够从更多地方到达的网页更为重要,因此具有更高的 PageRank。每个到其他网页的链接,都增加了该网页的 PageRank。具有较高 PageRank 的网页一般都是通过更多其他网页的链接而提高的。这里简化了搜索引擎的模型,当然在实际中搜索引擎远没有这么简单,真实算法也非常复杂。不过目前几乎所有现代搜索引擎页面权重的计算方法都基于 PageRank 及其变种。PageRank 并不是唯一的链接相关的排名算法，而是使用最为广泛的一种。其他算法还有 Hilltop、ExpertRank、HITS 和 TrustRank 算法。

9.1.2 关联规则 Apriori 算法

Apriori 算法是一种挖掘关联规则的频繁项集算法，其核心思想是通过候选集生成来挖掘频繁项集，而且算法已经广泛地应用到商业、网络安全等各个领域。关联规则的数据挖掘示意图如图 9.3 所示。

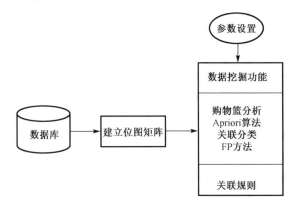

图 9.3 关联规则的数据挖掘示意图

Apriori 算法是一种最有影响的挖掘布尔关联规则频繁项集的算法。其核心是基于两阶段频集思想的递推算法。该关联规则在分类上属于单维、单层、布尔关联规则。在这里，所有支持度大于最小支持度的项集称为频繁项集，简称频集。Apriori 算法是关联规则里一项基本算法，是由 Agrawal 和 Srikant 在 1994 年提出的关联规则挖掘算法。关联规则的目的就是在一个数据集中找出项与项之间的关系，也称为购物篮分析（market basket analysis），关于这个算法有一个非常有名的说法："尿布和啤酒"。这个说法意思是：美国的妇女经常会嘱咐她们的丈夫下班后为孩子买尿布，而丈夫在买完尿布后又要顺手买回自己爱喝的啤酒，因此啤酒和尿布在一起被购买的机会很多。这个举措使尿布和啤酒的销量双双增加，并一直为众商家所津津乐道。经典的关联规则数据挖掘算法——Apriori 算法广泛应用于各种领域，通过对数据的关联性进行分析和挖掘，挖掘出的这些信息在决策制定过程中具有重要的参考价值。

Apriori 算法广泛应用于移动通信领域。移动增值业务逐渐成为移动通信市场上最有活力、最具潜力、最受瞩目的业务。随着产业的复苏，越来越多的增值业务表现出强劲的发展势头，呈现出应用多元化、营销品牌化、管理集中化、合作纵深化的特点。针对这种趋势，在关联规则数据挖掘中广泛应用的 Apriori 算法被很多公司应用。依托某电信运营商正在建设的增值业务 Web 数据仓库平台，对来自移动增值业务方面的调查数据进行了相关的挖掘处理，从而获得了关于用户行为特征和需求的间接反映市场动态的有用信息，这些信息在指导运营商的业务运营和辅助业务提供商的决策制定等方面具有十分重要的参考价值。另外，Apriori 算法也应用于网络安全领域，如在网络入侵检测技术中。早期中大型的计算机系统中都收集审计信息来建立跟踪档，这些审计跟踪是为了性能测试或计费，因此对攻击检测提供的有用信息比较少。它通过模式的学习和训练可以发现网络用户的异常行为模式。采用作用度的 Apriori 算法削弱了 Apriori 算法的挖掘结果规则，使网络入侵检测系统可以快速地发现用户的行为模式，能够快速地锁定攻击者，提高基于关联规则的入侵检测系统的检测性。

该算法的基本思想为：首先找出所有的频集，这些项集出现的频繁性至少和预定义的最小支持度一样。然后由频集产生强关联规则，这些规则必须满足最小支持度和最小可信度。最后使用第 1 步找到的频集产生期望的规则，产生只包含集合项的所有规则，其中每一条规则的右部只有一项。一旦这些规则被生成，那么只有那些大于用户给定的最小可信度的规则才被留下来。为了生成所有频集，使用递归的方法。

```
(1) L1 = find_frequent_1-itemsets(D);
(2) for (k=2;Lk-1 ≠ Φ ;k++) {
(3) Ck = apriori_gen(Lk-1 ,min_sup);
(4) for each transaction t ∈ D{//scan D for counts
(5) Ct = subset(Ck,t);//get the subsets of t that are candidates
(6) for each candidate c ∈ Ct
(7) c.count++;
(8) }
(9) Lk ={c ∈ Ck|c.count≥min_sup}
(10) }
(11) return L= ∪ k Lk;
```

9.1.3 分布式数据挖掘

分布式数据源数据挖掘的第一个问题是发现。除非找到感兴趣的数据，否则使用该数据源的可能性是非常低的。发现机制各不相同，但是可将它们归入两个主要类别：静态发现和动态发现。静态发现是手动确定数据源系统，并预先配置处理系统以在其处理中使用所确定的源。此方法最常见但是最不灵活。如果较新的源变得可用，则无法保证合并新的源。可能的情况是，除非某人注意到新的源，否则新的源将不会被使用。较灵活(但是更难于实现)的机制是动态发现适当的数据源。动态发现是统一描述、发现和集成(Universal Description Discovery and Integration，UDDI)与开放网格服务基础结构(Open Grid Service Infrastructure，OGSI)背后的基本思想。数据源将其功能和内容注册到中央注册中心，在运行时可以查询中央注册中心以寻找与您的处理需要相匹配的数据源(如用于巡天搜索的天文数据库)。

安全地访问信息：获得访问权限需要对用户进行身份验证。对于分布式数据库，每个源可能使用不同的安全机制，这是分布式处理模型里的一个主要难题。

有效地传输与使用数据：数据源的庞大使得通过远程连接获取数据变得不切实际。两种选择分别为：批量获取数据，然后在本地处理；或者在远程平台上执行处理。

9.1.4 集成学习算法

集成学习是一种新的机器学习模式，对集成学习的理论和算法的研究成为机器学习领域的一个热点。集成学习使用多个学习器来解决同一问题，能够显著提高学习系统的泛化能力，成为近年来机器学习领域中一个重要的研究方向。现在，集成学习已经成功应用于行业中 Web 信息过滤、物联网中的数据挖掘、生物特征识别、计算机辅助医疗诊断等众多领域。然而集成学习技术还不成熟，集成学习的研究还存在着大量未解决的问题。尽管集成学习的经典算法族 Boosting 和 Bagging 已经研究得比较深入，但目前关于集成学习算法的设计还没有统一的规则可循，因此继续从其他角度来研究性能更好的集成学习算法是一个趋势，也很有必要。如图 9.4 所示，在训练阶段，集成学习从训练样本中生成一些不同的预测模型，集成方法聚集每个预测模型的输出结果。在生成集成中个体网络方面，最重要的技术是 Boosting 和 Bagging 方法。Boosting 最早由 Schapire 提出，Freund 对其进行改进。通过这种方法可以产生一系列神经网络，各网络的训练集决定于在其之前产生的网络的表现，被已有网络错误判断的示例将以较大的概率出现在新网络的训练集中。此外，在 Bagging 方法中，各神经网络的训练集由从原始训练集中随机选取若干示例组成，训练集的规模通常与原始训练集相当，训练例允许重复选取。这样，原始训练集中某些示例可能在新的训练集中出现多次，而另外一些示例则可能一次也不出现。Bagging 方法通过重新选取训练集增加了神经网络集成的差异度，从而提高了泛化能力。Bagging 与 Boosting 的区别在于 Bagging 的训练集选择是随机的，各轮训练集之间相互独立，而 Boosting 的训练集选择不是独立的，各轮训练集的选择与前面各轮的学习结果有关。

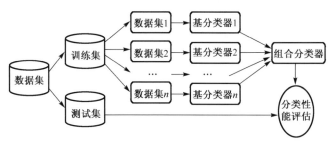

图 9.4　构建集成学习的训练阶段和检验阶段

综上所述，利用数据挖掘进行数据分析的常用方法有分类、回归分析、聚类、关联规则、特征、变化和偏差分析、Web页挖掘等，它们分别从不同的角度对数据进行挖掘：①找出数据库中一组数据对象的共同特点并按照分类模式将其划分为不同的类，其目的是通过分类模型，将数据库中的数据项映射到某个给定的类别。②回归分析方法反映的是事务数据库中属性值在时间上的特征，产生一个将数据项映射到一个实值预测变量的函数，发现变量或属性间的依赖关系，其主要研究问题包括数据序列的趋势特征、数据序列的预测和数据间的相关关系等。③聚类分析是把一组数据按照相似性和差异性分为几个类别，其目的是使得属于同一类别的数据间的相似性尽可能大，不同类别中的数据间的相似性尽可能小。它可以应用到客户群体的分类、客户背景分析、客户购买趋势预测、市场的细分等。④关联规则是描述数据库中数据项之间所存在关系的规则，即根据一个事务中某些项的出现可导出另一些项在同一事务中也出现，即隐藏在数据间的关联或相互关系。⑤特征分析是从数据库中的一组数据中提取出关于这些数据的特征式，这些特征式表达了该数据集的总体特征。⑥变化和偏差分析包括很大一类潜在有趣的知识，如分类中的反常实例、模式的例外、观察结果对期望的偏差等，其目的是寻找观察结果与参照量之间有意义的差别。⑦Web页挖掘随着Internet的迅速发展和Web的全球普及，使得Web上的信息量无比丰富，通过对Web的挖掘，可以利用Web的海量数据进行分析，收集政治、经济、政策、科技、金融、各种市场、竞争对手、供求信息、客户等有关的信息，集中精力分析和处理那些对企业有重大或潜在重大影响的外部环境信息和内部经营信息，并根据分析结果找出企业管理过程中出现的各种问题和可能引起危机的先兆，对这些信息进行分析和处理，以便识别、分析、评价和管理危机。

数据挖掘除了以上介绍的方法，还有模糊逻辑、可视化方法、遗传算法、人工神经网络和统计方法等。目前，数据挖掘技术在企业中应用的难点主要是数据搜集和提取。这是因为企业内部的数据是分散的，业务数据往往被存放在缺乏统一设计和管理的异构环境中，不易综合查询访问，还有大量的历史数据处于脱机状态，不能在线集中存储查询。现在，云计算模式使得物联网中各类物品的实时动态管理和智能分析成为可能。云计算为物联网所产生的海量数据提供了很好的存储空间，并使得实时在线处理成为可能。特别是云存储，可以通过集群应用、网格技术或分布式文件系统等功能，选择合适的数据挖掘方法，将网络中各种不同类型的存储设备通过应用软件集合起来协同工作，共同对外提供智能化数据存储和数据访问。

9.2 语义搜索与语义网

在语义搜索中，使用的是内容和本体概念的匹配，即自动抽取文档的概念，结合相关本体库对其进行语义标注、匹配，形成一种基于本体推理的知识型语义搜索，让用户在系统的辅助下选用最合适词语表达自己的信息需求。

9.2.1 本体论

在 Web 这样一个巨大的信息资源中，知识库是多种多样的，既包含通用的常用知识库，也包含各个领域中的领域知识库。要保证在网络环境的信息能够被计算机理解和交互，就需要有一种统一的表示语言对 Web 的信息进行基于语义的统一表示和交互。

本体论为同一应用领域的成员之间提供了统一的术语集，能够将描述对象进行概念化表示。一个本体由概念类、关系、函数、公理和实例等五种元素组成。本体中的概念是广义上的概念，它除了可以是一般意义上的概念，也可以是任务、功能、行为、策略、推理过程等。本体中的这些概念通常构成一个分类层次。本体中的关系表示概念之间的关联，这种关联表现了除分类层次关系之外的概念之间的所有联系。如球的体积定义由球的半径唯一确定。在许多领域中，公理表示函数之间或关联之间也存在着关联或约束。实例是指属于基本概念类的基本元素，即某概念类所指的具体实体，特定领域的所有实例。

语义 Web 中的本体表示为人们对特定领域中概念的统一的本质认识。对于网络上的应用，重要的是需要定义一种具有统一语法的语言，使得本体能够遵循统一的语法格式进行信息交换。

9.2.2 RDF

资源描述框架（Resource Description Framework，RDF）是一个处理元数据的 XML 应用，所谓元数据，就是"描述数据的数据"或者"描述信息的信息"。也许这样解释元数据有些令人难以理解，举个简单的例子，书的内容是书的数据，而作者的名字、出版社的地址或版权信息就是书的元数据。数据和元数据的划分不是绝对的，有些数据既可以作为数据处理，也可以作为元数据处理，如可以将作者的名字作为数据而不是元数据处理。

众所周知，对资源的描述是和领域及应用相关的，例如，对一本书的描述和对一个 Web 站点的描述是不一样的，即对不同资源的描述需要采取不同的词汇表。因此 RDF 规范并没有定义描述资源所用的词汇表，而是定义了一些规则，这些规则是各领域和应用定义用于描述资源的词汇表时必须遵循的。当然，RDF 也提供了描述资源时具有基础性的词汇表。

通过 RDF，人们可以使用自己的词汇表描述任何资源，但人们更乐意将它用于描述 Web 站点和页面，由于使用的是结构化的 XML 数据，搜索引擎可以理解元数据的精确含义，使得搜索变得更为智能和准确，完全可以避免当前搜索引擎经常返回无关数据的情况。当然前提是 RDF 和标准化的 RDF 词汇表在 Web 上广泛使用，而且搜索引擎需要能够理解使用的词汇表。

简而言之，一个 RDF 文件包含多个资源描述，而一个资源描述是由多个语句构成的，一个语句是由资源、属性类型、属性值构成的三元体，表示资源具有的一个属性。资源描述中的语句可以对应于自然语言的语句，资源对应于自然语言中的主语，属性类型对应于谓语，属性值对应于宾语。由于自然语言的语句可以是被动句，所以前面的简单对应仅是一个概念上的类比。

RDF 是一个用于表达关于万维网（World Wide Web）上资源信息的语言。它专门用于表达关于 Web 资源的元数据，如 Web 页面的标题、作者和修改时间，Web 文档的版权和许可信息，某个被共享资源的可用计划表等。然而，将"Web 资源（web resource）"这一概念一般化后，RDF 可用于表达关于任何可在 Web 上被标识事物的信息，即使有时它们不能直接从 Web 上获取。

本体论为同一应用领域的成员之间提供了统一的术语集。这些成员是人或者智能代理。这样，就需要制定一种表示语言，将描述对象进行概念化表示。现有的表示语言和系统可以分为两类，一类是基于一阶谓词逻辑的表示方法，它们分别是本体语言、Loom、框架逻辑（frame-logic），这些方法具有不同表达能力和计算特性。但是，对于互联网上的应用，更重要的是要定义一种具有统一语法的语言，这样才能使本体遵循统一的语法格式进行信息交换。XML 已经成为当前互联网上数据交换的标准语言，具有良好的可扩展性、样式与内容的分离，以及可遵循的严格的语法要求等特点，支持不同系统之间的信息交换。因此，为了简化语言分析器的分析任务，人们希望建立基于 XML 语法的、支持本体信息交换的语言标准，这样就导致了第二类基于 XML 的本体语言标准的研究。这些语言包括 SHOE（simple HTML ontology extensions）、XOL（XML-based ontology exchange language）、OML（ontology markup language）、RDF（resource description frame）、OIL（ontology interchange language）、DAML+OIL（DARPA agent markup language+ontology inference layer）和 OWL（the web ontology language）。这些语言虽然都是基于 XML 的，但是它们之间有不同的层次。

简单地说，语义网是一种能理解人类语言的智能网络，它不但能够理解人类的语言，还可以使人与计算机的交流变得像人与人交流一样轻松。

语义网是对未来网络的一个设想，在这样的网络中，信息都被赋予了明确的含义，机器能够自动地处理和集成网上可用的信息。语义网使用 XML 来定义定制的标签格式，用 RDF 的灵活性来表达数据，然后需要的就是一种 Ontology 的网络语言（如 OWL）来描述网络文档中术语的明确含义和它们之间的关系。

语义网添加了更多的用于描述属性和类型的词汇，如类型之间的不相交性（disjointness）、基数（cardinality）、等价性、属性的更丰富的类型、属性特征（如对称性），以及枚举类型（enumerated classes）。

(1) 语义网不同于现有 WWW，它是现有 WWW 的扩展与延伸。

(2) 现有的 WWW 面向文档，而语义网面向文档所表示的数据。

(3) 语义网将更利于计算机理解与处理，并将具有一定的判断、推理能力。

语义网不同于现有的万维网，其数据主要供人类使用，新一代 WWW 中将提供为计算机所处理的数据，这将使大量的智能服务成为可能；语义网研究活动的目标是开发一系列计算机可理解和处理的表达语义信息的语言和技术，以支持网络环境下广泛有效的自动推理。

目前所使用的万维网，实际上是一个存储和共享图像、文本的媒介，计算机所能看到的只是一堆文字或图像，对其内容无法识别。万维网中的信息，如果要让计算机进行处理，则必须将这些信息加工成计算机可以理解的原始信息后才能进行处理，这是相当麻烦的事情。而语义网的建立则将事情变得简单。

语义网是对万维网本质的变革，它的主要开发任务是使数据更加便于计算机进行处理和查找。其最终目标是让用户变成全能的上帝，对因特网上的海量资源达到几乎无所不知的程度，计算机可以在这些资源中找到所需要的信息，从而将万维网中一个个现存的信息孤岛，发展成一个巨大的数据库。

语义网将使人类从搜索相关网页的繁重劳动中解放出来。因为网中的计算机能利用自己的智能软件，在搜索数以万计的网页时，通过智能代理从中筛选出相关的有用信息。而不像现在的万维网，只罗列出数以万计的无用搜索结果。

例如，在进行在线登记参加会议时，会议主办方在网站上列出时间、地点，以及附近宾馆的打折信息。如果使用万维网，则此时必须上网查看时间表，并进行复制和粘贴，然后打电话或在线预订机票和宾馆等。但假如使用的是语义网，则一切都变得很简单，此时安装在计算机上的软件会自动完成上述步骤，所做的仅是用鼠标按几个按钮而已。

在浏览新闻时，语义网将给每一篇新闻报道贴上标签，分门别类地详细描述哪句是作者、哪句是导语、哪句是标题。这样，如果在搜索引擎里输入老舍的作品，则可以轻松找到老舍的作品，而不是关于他的文章。

总之，语义网是一种更丰富多彩、更个性化的网络，可以给予其高度信任，让它帮助你滤掉不喜欢的内容，使得网络更像是自己的网络。

虽然语义网给我们展示了 WWW 的美好前景和由此而带来的互联网革命，但语义网的实现仍面临着巨大的挑战。

(1) 内容的可获取性，即基于 Ontology 而构建的语义网网页目前还很少。

(2) 本体的开发和演化，包括用于所有领域的核心本体的开发、开发过程中的方法，以及技术支持、本体的演化与标注和版本控制问题。

(3) 内容的可扩展性，即有了语义网的内容以后，如何以可扩展的方式来管理它，包括如何组织、存储和查找等。

(4) 多语种支持。

(5) 本体语言的标准化。

9.2.3 语义网的实现

语义网[41-42]虽然是一种更加美好的网络,但实现起来却是一项复杂而浩大的工程。要使语义网搜索更精确彻底,更容易判断信息的真假,从而达到实用的目标,首先需要制订标准,该标准允许用户给网络内容添加元数据(即解释详尽的标记),并能让用户精确地指出他们正在寻找什么;然后需要找到一种方法,以确保不同的程序都能分享不同网站的内容;最后要求用户可以增加其他功能,如添加应用软件等。

语义网的实现是基于 XML 和 RDF 来完成的。XML 是一种用于定义标记语言的工具,其内容包括 XML 声明、用于定义语言语法的文档类型定义(Document Type Declaration,DTD)、描述标记的详细说明和文档。而文档又包含标记和内容。RDF 则用于表达网页的内容。

Berners-Lee 于 2000 年提出语义网的体系结构,并对此做了简单的介绍。该体系结构共有七层,各层功能自下而上逐渐增强。

第一层:Unicode 和 URI。Unicode 是一个字符集,这个字符集中所有字符都用两个字节表示,可以表示 65536 个字符,基本上包括了世界上所有语言的字符。数据格式采用 Unicode 的好处就是它支持世界上所有主要语言的混合,并且可以同时进行检索。统一资源定位符(Uniform Resource Identifier,URI),用于唯一标识网络上的一个概念或资源。在语义网体系结构中,该层是整个语义网的基础,其中 Unicode 负责处理资源的编码,URI 负责资源的标识。

第二层:XML+NS+XML Schema。XML 是一个精简的 SGML,它综合了 SGML 的丰富功能与 HTML 的易用性,它允许用户在文档中加入任意的结构,而无需说明这些结构的含意。命名空间(Name Space,NS)由 URI 索引确定,目的是避免不同的应用使用同样的字符描述不同的事物。XML Schema 是 DTD(document data type)的替代品,它采用 XML 语法,但比 DTD 更加灵活,提供更多的数据类型,能更好地为有效的 XML 文档服务并提供数据校验机制。正是由于 XML 灵活的结构性、由 URI 索引的 NS 而带来的数据可确定性,以及 XML Schema 所提供的多种数据类型和检验机制,使其成为语义网体系结构的重要组成部分。该层负责从语法上表示数据的内容和结构,通过使用标准的语言将网络信息的表现形式、数据结构和内容分离。

第三层:RDF+RDF Schema。RDF 是一种描述 WWW 上信息资源的语言,其目标是建立一种供多种元数据标准共存的框架。该框架能充分利用各种元数据的优势,进行基于 Web 的数据交换和再利用。RDF 解决的是如何采用 XML 标准语法无二义性地描述资源对象的问题,使得所描述的资源的元数据信息成为机器可理解的信息。如果把 XML 看成为一种标准化的元数据语法规范,那么 RDF 就可以看成为一种标准化的元数据语义描述规范。RDF Schema 使用一种机器可以理解的体系来定义描述资源的词汇,其目的是提供词汇嵌入的机制或框架,在该框架下多种词汇可以集成在一起实现对 Web 资源的描述。

第四层:Ontology Vocabulary。该层是在 RDF(S)基础上定义的概念及其关系的抽象描述,用于描述应用领域的知识,描述各类资源和资源之间的关系,实现对词汇表的扩展。在这一层,用户不仅可以定义概念,还可以定义概念之间丰富的关系。

第五至七层:Logic、Proof、Trust。Logic 负责提供公理和推理规则,而 Logic 一旦建立,便可以通过逻辑推理对资源、资源之间的关系和推理结果进行验证,证明其有效性。通过 Proof 交换和数字签名,建立一定的信任关系,从而证明语义网输出的可靠性及其是否符合用户的要求。

语义网的体系结构正在建设中,当前国际范围内对此体系结构的研究还没有形成一个令人满意的严密的逻辑描述与理论体系,我国学者对该体系结构也只是在国外研究的基础上做简要的介绍,还没有形成系统的阐述。

语义网的实现需要三大关键技术的支持:XML、RDF 和 Ontology。XML 可以让信息提供者根据需要,自行定义标记和属性名,从而使 XML 文件的结构可以复杂到任意程度。它具有良好的数据存储格式和可扩展性、高度结构化和便于网络传输等优点,再加上其特有的 NS 机制和 XML Schema 所支持的多种数据类型与校验机制,使其成为语义网的关键技术之一。目前关于语义网关键技术的讨论主要集中在 RDF 和 Ontology 上。

RDF 是 W3C 组织推荐使用的用来描述资源及其之间关系的语言规范,具有简单、易扩展、开放性、易交换和易综合等特点。值得注意的是,RDF 只定义了资源的描述方式,却没有定义用哪些数据描述资源。RDF 由三部分组成:RDF Data Model、RDF Schema 和 RDF Syntax。

9.2.4 本体与语义 Web 体系

Ontology 在不同的领域有不同的定义,关注的焦点也不同,哲学领域的本体是对世界上客观存在事物的系统描述,即存在论,也就是最形而上学的知识。Studer 在 Gruber 的基础上于 1998 年扩展了本体的概念,即本体是共享概念模型的明确形式化规范说明。显然后一个定义更能够说明什么是本体。这个定义的具体含义如下。

概念化:将客观世界中的一些现象抽象出来得到的模型。客观世界的抽象和简化。

明确:即显式地定义所使用的概念和概念的约束。

形式化:即精确的数学表述,能够为计算机读取。

共享:本体描述的概念应该是某个领域公认的概念集。

Ontology 是共享概念的显示表述。它关注概念之间的内在语义联系，一般具有交流、互用性、软件工程等三类用途。交流是指人与人、组织与组织，以及人与组织之间的沟通。

Ontology 可以提供一组共同的词汇和概念，从而实现交流。在交流活动中，Ontology 是一个标准化模型，任何大规模集成软件系统内，各种各样、背景不同的人必须对系统及其目标有一种共同的认识，因此必须建立起标准化模型，否则无法进行沟通。

Ontology 对软件系统中所用的术语提供明确定义，对于同一个事物在系统中有完全一致的认识，而且这种认识也是确定的；通过 Ontology 可以集成不同用户的不同观点，以形成更加全面完整的看法。

互用性是指系统间协同工作的能力。Ontology 可以在完全不同的建模方法、范例、语言和软件工具之间进行翻译和转换，从而实现不同系统之间的相互操作和集成。

Ontology 在软件工程方面的作用是从软件系统的设计和开发方面进行考虑的。在软件工程中 Ontology 可以在可重用性、可靠性、规格说明等方面发挥作用。

从 Ontology 的这些用途来看，Ontology 可用于许多领域，如人工智能、知识工程、知识管理、语义检索、信息检索和提取、企业集成、自然语言翻译等各种信息系统。目前在上述领域中，对 Ontology 的应用探索开展得如火如荼。本体(Ontology)是目前计算机科学领域内的研究热点。在计算机界，大多数人接受和认可的本体定义是："本体是共享的概念化(conceptual)的、显示(explicit)的、形式化(formal)的规范说明"。很明显，本体的目标是获取、描述和表示相关领域的知识，提供对该领域知识的共同理解，确定该领域内共同认可的词汇，并从不同层次的形式化模式上给出这些词汇(术语)和词汇间相互的明确关系，从而实现机器对语义的理解。领域本体为领域内的概念，以及概念间广泛存在的各种关系提供一种共享的信息描述，它作为领域内资源描述的知识基础，可以为资源描述提供丰富的语义注解，从而更好地搭建用户资源需求与资源描述之间的"桥梁"。

目前，本体理论在我国学术界已经引起了较为广泛的关注。许多专家、学者从各自专业领域出发对本体工程、本体的表述、转换、集成及其应用等进行了深入的研究。

9.2.5 本体构建的基本方式

对于本体的具体构造过程，可以用下面的公式形象地给出。

本体 = 概念(concept) + 属性(property) + 公理(axiom) + 取值(value) + 名义(nominal)。概念可以分为"原始概念(primitive concept)"(属性是必要条件，而非充要条件的情况)和"定义概念(defined concept)"(属性是充分必要条件的情况)两种；属性则是对概念特征或性质的描述；至于"公理"即是定义在"概念"和"属性"

上的限定和规则;"取值"则是具体的赋值;"名义"是无实例的概念或者是用在概念定义中的实例。在实际的应用中,不一定严格地按照上述五类元素来构造本体。

在构建本体之前,要先明确目标,即决定构建的本体类型和本体的构建方式。

从描述范围来看,本体包括领域本体和公共本体。领域本体和特定的应用相关,描述了现实世界内小范围的一个模型;相反,公共本体包含公共的概念和关系,可用于不同的应用中。公共本体作为本体构建的基石,便于扩展、添加新的概念和关系。必须确定是用自顶向下的方式构建本体,还是使用自底向上的方式。自顶向下的方式,从"is-a"继承关系的顶端开始,往下扩展。许多人工构造就是采用这种办法。而在自底向上的方式下,概念和关系是在发现概念、关系时逐步加入的。这种方式更适于自动构建。针对具体本体构建方式,主要包括以下三种途径:人工构建本体、复用现有本体和半自动化方法。领域本体构建的原型模型如图9.5所示。

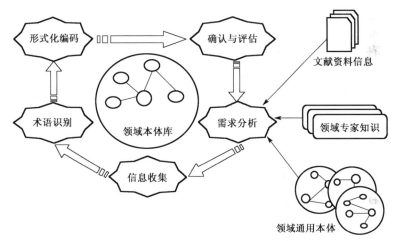

图 9.5 领域本体构建的原型模型

1. 人工构建本体

在 Stanford 大学开发的本体构建工具 Protégé 上,附带了一篇文档"Ontology Development101:A Guide to Creating Your First Ontology",根据其中的观点,人工构建本体分为如下一些步骤:确定范围、考虑复用、枚举词汇、定义类别、定义属性、定义槽(facets)、定义实例、一致性检查。这里写出构建本体的简单步骤。

(1) 列出研究课题所涉及的词条(term)。

(2) 按照词条的固有属性和专有属性特征进行归纳和修改,对词条建立类(class)和层级化的分类模型(taxonomy)。

(3) 加入关系(relation)联系词条和分类模型。

(4) 按照需要,添加实例(instance)作为概念的对象。最后在 Protégé 中,还可以利用其附带的功能和插件对本体进行文字和图形化的导出，格式也可以自由选择。在实践过程中，与软件开发的过程一样，这些步骤并不一定严格按照顺序执行，可能存在迭代回溯。

2. 复用现有本体

构建本体库的时候，为了节省时间，提高效率，避免从空白处开始，可以考虑复用既有的本体库。目前存在的本体很多，如专家知识的各种整理、本体集成词汇、顶层本体(Stanford 大学的 SUO)、主题层次、语言学资源、本体工程组网站和 DAML 网站上的本体库资源等。也可以使用语义搜索引擎 Swoogle 查找自己需要的本体库。

3. 半自动化方法

人工构建本体的方法是一项十分庞大的工程，而本体构建本身又需要很高的技巧，本体的复杂性和工程性形成了知识获取的瓶颈。针对这种现状，出现了一些使用机器学习技术根据模式对 Web 数据进行抽取的方法，如命题规则学习、贝叶斯学习、簇算法等，以期望在 Web 数据的基础上自动或半自动地抽取语义本体。

无论采用哪种方式构建本体都要遵守其准则,按一定标准对构建本体进行评估。

目前对构造本体的方法还没有统一的标准，因此，这还是一个需要进一步研究的方向。但是在构造特定领域本体的过程中，必须有领域专家的参与。

4. OWL 构建领域本体过程

目前已有的 Ontology 很多,出于对各自问题域和具体工程的考虑,构造 Ontology 的过程也各不相同。虽然不少研究人员从实践出发，也提出了很多有益于构造 Ontology 的标准，但是始终没有一个确切统一的 Ontology 构造方法，并且对构造 Ontology 方法的性能评估也没有一个统一的标准。

这里以网上流行的生物群落模型为例，假定生物群落中有动物、植物，其中动物又分为肉食动物和植食动物。植物中以树为代表，肉食动物以狮子、植食动物以长颈鹿作为代表。图 9.6 所示为生物群落中类与子类的层次结构图。

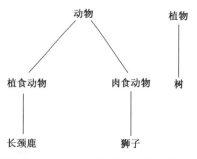

图 9.6　一个生物群落的类层次结构

5. 本体构造工具 Protégé 介绍

人类知识工程师或领域专家在建立和维护本体资源的过程中，离不开本体构建工具的帮助和支持。可供选择的本体构建工具有很多，目前较为流行的是美国 Standford 大学开发的 Protégé。

Protégé 是生成和编辑本体与知识基的可扩展、跨平台的开源式开发环境,目前已经在 30 多个国家得到了广泛的应用和推广。从 Protégé 与其他工具的比较来看,它具有很多其他工具不具备的显著优点。

(1) Protégé 带有 OWL 插件,可以支持 OWL 格式的本体编辑与输出。

(2) 能够定义类和类层次、属性关系和属性-值的约束,以及类和属性间的关系;完整的一致性检验策略能够确保所建的本体包含正确的知识。

(3) 作为一般的和可扩展的软件环境,它提供多种方式存储本体,并且具有很好的互操作性,使用户可以模型化、询问和应用任何领域本体。

(4) 通过可扩展 Plug-in 体系可以容易地集成第三方开发其他插件,如表示约束的一阶逻辑语言插件 PAL 和对本体进行合并与校准的半自动插件 SMART /PROMPT 等。

(5) 支持 JDBC、Oracle、MySQL、SQL 和 Access 等数据库,支持标准的输入和输出格式;可以使用 Java 本地接口(Java Native Interface,JNI)与 C 和 C++程序进行交互。

(6) Protégé 采用友好的可视化界面,功能强大,便于使用。目前拥有最多注册用户,并且不断有新的版本推出。它提供免费的安装程序下载和部分已经建成的本体资源,其注册用户可以通过 E-mail 接收全世界用户的讨论信息,有利于用户之间的学术交流。

更具体地说,Protégé 是目前最容易使用的本体编辑与知识获取的工具,领域专家可以通过 Protégé 所提供的本体-模型化编辑器,清楚地表示他们的知识。Protégé 不进行任务层次的清晰表达,如果需要,则可以把任务-规定知识结合到应用程序本体中,即带有具体应用系统所需要的重要知识领域本体的扩大体。

正是由于这些优点,使得它成为人们构建本体的首选工具。

6. 本体评估标准

对所开发的本体进行评估的目的是发现术语中一些已经定义好的属性的缺陷。具体的评估步骤包括以下几个方面。

(1) 检查本体的体系结构。目标是找出是否有术语违背了建造它们的环境设计标准。

(2) 对语法进行检查。在不考虑意思的情况下,在定义中依据句法指出不正确的结构和错误的关键字。开发环境应该提供语法分析器,能够自动检查自然语言文档的缺乏、形式化定义的关键字、形式化定义的结构、定义中环的减少等。

(3) 对定义中的内容进行检查,为了查明本体确定什么,不确定什么,或者不正确确定什么,什么可能被推理,什么不能被推理,或者什么可能被不正确推理。目的是识别在定义中知识的缺乏和错误。它包括三方面内容:一致性、完全性和简明性,而且这三方面不依赖于用来写本体定义的语言。

一致性指的是从有效的输入数据中不能同时得到互相矛盾的结论。一个本体在语义上是一致的当且仅当它的定义在语义上是一致的，一个特定的定义在语义上是一致的当且仅当：定义的形式化和非形式化都和现实世界一致，而且彼此也一致。

它们不是互相矛盾的句子，这个句子可以使用其他的定义或定理(可能属于或不属于这个本体)推理出来。

完全性指的是本体内的信息覆盖现实世界信息的范围、程度和数量。定义的完全性依靠整个本体论的层次间隔尺寸。如果没有什么被落下，则可以说一个定义是完全的。为了断定一个形式化定义是完全的，首先，想办法确定定义是否满足一个完整定义的结构标准(一个谓词被充分必要条件定义)。其次，确定关系和函数的领域和范围是否被正确而且合适地界定。再次，确定在现实世界中一个特定的概念类的一般化和特殊化是否能正确而且合适地表示此特定类的父类和子类。最后，在每个类的定义中建立一个完全的属性集合，如果用自然语言写的非形式化与预期的形式化定义能表达相同的意思，那么这个非形式化的定义是完全的。

冗余性指的是在本体中的信息是否有用和精确。如果像非形式化定义那样避免了形式化定义的冗余，则能保证在本体中这个特殊的定义是简明的。首先，定义中不能存在明显的冗余。其次，冗余是指不能被属于其他定义的公理所导出。最后，一个类的定义里面的属性的集合被合理和正确的定义。那些定义和例子的自然语言解释不被认为是形式定义的冗余知识。

Mariano 提出的评估和比较本体性能的参考模型标准如下。

(1) 对知识工程的继承。主要考虑传统知识工程对相应方法的影响。

(2) 详细程度。主要考虑方法所提出的行为或技术描述的程度。

(3) 知识形式化工具。主要考虑采用的表示知识的形式化工具。

(4) 构造本体的策略。考虑使用哪种策略构造本体，具体的策略有如下三种：与应用相关，与应用半相关，独立于应用。与应用相关指的是以应用的知识库为基础，通过抽象的过程构造本体。与应用半相关指的是在规范说明阶段指明本体的应用场景。独立于应用指的是整个构造过程与具体的应用无关。

9.2.6 语义 Web 的体系结构

Web 已经成为人类获取信息和得到服务的主要渠道之一，但是 Web 并非已经尽善尽美，仍然存在很多亟待解决的问题。作为一个全球性的信息网络，Web 远没有充分发挥它的潜能，计算机程序还并不能完全按照信息的意义进行操作。例如，它不能准确地分辨出"Computer、计算机、电脑"等同一概念范畴的主体词汇，以及个人主页和天气预报意义上的区别。而这主要是因为人们没有找到可靠的方法来处理信息中存在的语义，让计算机智能地理解网页内容，自动地、有效地、有目的地发现、集成和复用 Web 上的各种数据，而这也正是创建智能化 Web 服务的根本障碍。

语义 Web 研究的主要目的就是：扩展当前的 WWW，使得网络中尽可能多的信息都是具有语义的，是计算机能够理解和处理的，是便于人和计算机之间进行交互与合作的。其研究重点为如何把信息表示为计算机能够理解和处理的形式，即带有语义。因此，在语义 Web 中，各种资源都被人为地赋予了各种明确的语义信息，计算机可以对这些语义信息进行分辨和识别，并对其自动进行解释、交换和处理。目前，将语义 Web 融入现在 Web 结构的初步研究已经进行。不久的将来，当机器有更强的能力去处理和理解数据时，将看到很多重要的新功能。例如，在工业机器人的远程控制过程中，当用户发出某个业务的请求时，计算机就可以自适应地实现业务流程的最佳智能组合和调用，智能化地完成整个流程控制。又如，当某人想报名参加一个研讨会时，计算机就可以自动地为其制定最佳日程和路线与预订酒店等。

显然，语义 Web 的出现，将突破人们传统的信息处理方式，所采用的研究思路和方法也都将具有其自身的特殊性。从功能上来讲，它是对现有 Web 进行的语义功能方面的扩展，它的目标将是实现一种能够理解人类信息的智能网络。

实现语义 Web 的目标有许多中间的和相关的工作要做，WWW 的创始人 Berners-Lee 描述了语义 Web 结构的设想，认为语义 Web 是一个多层次结构，各层功能逐渐增强，下层向上层提供支持，其结构如图 9.7 所示。下面自底向上简要叙述一下各层的功能。

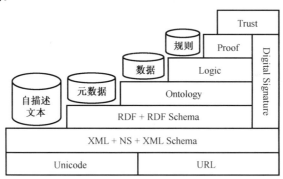

图 9.7 语义 Web 体系结构

Unicode 和 URI 是整个语义 Web 的语法表示基础。Unicode 是一种统一的字符编码系统(采用十六位二进制编码)，支持世界上所有的主要语言文本的集合，URI 是一种标准的标识 Internet 资源的方法，是对当前 Web 所使用的 URL 的扩展。

XML 包含一组规则，任何人可以用这些规则创建一个标记语言。NS 是 XML 名称空间，由 URI 索引确定，在 XML 文档中用于区别元素类型和属性名。XML Schema 用于定义 XML 文档中有效的语法。在这两层的形式化研究方面，人们已经达成广泛的共识，XML 文档的数量也正在迅速增加。

RDF 可以看成语义 Web 体系结构中具有语义性的第一层，按照 W3C 的推荐标准，RDF 是"一种处理元数据的基础，它提供了 Web 上各种应用之间交换机器可理解的信息的协同工作的能力。"RDF 数据模型包括三个基本组成部分：资源（能通过 URI 引用的任何事物）、属性（被描述的资源的特性）和语句（包括引用资源的指针与该资源属性和属性值的表达式）。RDF Schema 在 RDF 之内定义了一个简单的本体建模元语，包括类、类和属性之间的 is-a 关系、属性的领域和范围限制。

RDF 和 RDF Schema 采用 XML 的语法标记，但没有使用 XML 的树型语义表示方法。可以认为 RDF Schema 是一组简单的本体建模元语加在 RDF 上，但 RDF Schema 的表达方式有很大的局限性，对于表达丰富的语义是远不够的，如果没有标准的方法描述基本限制，则这些将有待其上层的本体层将 RDF Schema 扩展成齐全的本体建模语言。

本体层（ontology layer）即语义层，是语义网技术关键的部分，用于描述各种资源之间的联系。本体是描述特定研究领域的一个形式化的概念化模型。因此它非常适合于描述互联网上各种不同的、分散的、半结构信息资源。通过定义共享的、通用的领域理论，本体帮助人和机器明确地进行语义级的信息交换，而不仅是语法级的。从一定程度上讲，本体层定义的是否合理直接关系到逻辑层推理结果的有效性。

在本体层之上是逻辑（logic）层，逻辑层是利用语义 Web 各处的断言导出新知识的地方。

其余的两层是证明（proof）层和信任（trust）层，它们的出发点是认为在语义 Web 上验证语句的有效性将是一项非常重要的工作。数据签名（digital signature）跨越各层，虽然公共钥匙密码术已经存在很长时间，但还没有真正广泛应用。应用它，加上语义 Web 各层的支持，就可以实现信任层。以语义 Web 各层技术作为基础而建立的自描述文档（self-des-doc）、数据（data）和规则（rule）将使得现在的 Web 实现语义化，从而提供更加智能化的服务。

9.2.7 语义标注与服务匹配组合

1. SAWSDL 语义标注规范

万维网联盟 W3C 于 2006 年 4 月成立了 SAWSDL 规范工作组，目标是为 Web 服务开发一套语义标注机制。这套机制利用 WSDL-S 的研究基础和 WSDL2.0 的扩展机制，为添加语义提供简单而通用的支持。W3C 于 2007 年 7 月发布了 SAWSDL 的提议标准，该提议标准于 2007 年 8 月成为 W3C 的正式推荐标准，这是继 OWL-S 和 WSMO 之后的最新推荐标准。该标准试图在 WSDL 和 XSD 元素中用引用语义模型的方法来填补 Web 服务和语义网的鸿沟，这些语义模型在 WSDL 外部定义，引用由标注指定。它充分利用了 WSDL-S、WSDL 2.0 和 XSD 的可扩展属性。SAWSDL 定义了如何在 WSDL 文档（如输入和输出信息结构、接口和操作等不同部件）进行语义标注，SAWSDL 规范的扩展属性与 WSDL2.0、WSDL1.0 和 XML Schema 的可扩展性的框架相适应。例如，规范定义了标注 WSDL 接口和操作的方法与分类信息，并使这些信息起到在注册中心发布服务的作用，模式类型能够在服务发现和组合中发挥作用。另外，SAWSDL 为明确说明 XML Schema 类型与本体之间的数据映射提供了标注机制，这种映射可以用于系统调用期间。

与传统的 Web 本体语言 OWL-S 相比，它的优点主要表现在以下几个方面。

(1) 用户可以使用与 WSDL 相似的语言描述语义和操作层细节。

(2) 通过引用外部语义模型，服务提供者可以选择自己的领域本体对服务接口参数进行标注。

(3) 可以围绕现有的 WSDL 规范更新相关开发工具，重用资源。

语义标注涉及本体中的概念和映射文档的元素。标注机制与本体描述语言无关，也独立于映射语言并且不对某种可能的语言的选择进行限制。常用的标注方法有三种：自动、半自动和手动，自动标注方法目前并不成熟，能被人们接受的是半自动和手动标注。业界也开发了一些支持 SAWSDL 规范的语义标注的工具，本书使用 Eclipse Plug-in Radiant。Radiant 是基于 Eclipse 的插件，它是语义 Web 基于图形化的工具，能够使我们用本体来标注已存在的 Web 服务描述。Radiant 提供了以下功能。

(1) 用简单或复杂本体标注 WSDL 文档的快速和容易的方法。

(2) 检视 WSDL 文档和本体的直观图形化环境。

(3) 对基于 OWL 的本体的支持。

标注的方法是依据 SAWSDL 的语法规范将已构建的本体概念标签添加到 WSDL 文档中，建立 WSDL 文档元素和本体概念的映射关联。

在 Web 服务描述中加入语义信息是解决 Web 服务自动发现、匹配和合成等问题的重要途径。语义信息的添加分为两种：一是开发和使用基于本体的语言，如 OWL-S；二是在现有的 Web 服务标准 UDDI、WSDL 中加入语义信息。无论是哪种方式，关键都是把 Web 服务中的概念与本体中的概念建立相互联系。因此语义标注的两个前提是 WSDL 文档和领域本体模型。采用 SAWSDL 规范的 WSDL 文档的语义标注方法，其基本思路是在 WSDL 文档元素和本体概念间建立联系，并按照 SAWSDL 的语法将本体概念标签加入 WSDL 文档中。

2. 服务匹配和组合框架

Web 服务作为一项新型的分布式组件技术，以其松散耦合和标准化接口的特点成为现阶段企业封装业务数据、构建 SOA（面向服务架构）应用的最佳选择。如何快速灵活地发现合适的 Web 服务，将已有的服务加入原有应用中实现企业信息集成，是现有 Web 服务技术急需解决的问题。然而，单个 Web 服务组件仅具有支持标准协议来进行简单交互的能力，其功能十分有限。另外 Web 服务描述语言 WSDL 只是给出了消息、操作、传输协议绑定等语法层次的描述,不能描述操作之间的协调关系等语义特征,使 Web 服务组件之间不能真正地理解相互交互的内容,不能进行服务过程的自动化组装。因此现有的 Web 服务技术仍难以满足企业应用集成的技术需求。

服务匹配和组合框架原理如图 9.8 所示。

在上述框架中,语义标注和服务模板是两个关键环节。语义标注的目的是在领域本体(Ontology)与服务的操作参数之间建立映射关系,使服务具备语义信息,从而增强服务发现和匹配的能力。经过标注的 Web 服务组件可以在 UDDI-S 中注册。通过服务搜索引擎,可以将 UDDI-S 中发现的候选服务送入服务模板进行匹配度评估,实现服务的最佳匹配和选择。

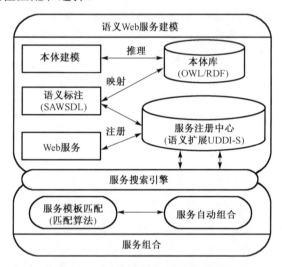

图 9.8　服务匹配和组合框架原理

3. 本体映射方法

语义标注的两个前提是 WSDL 文档和领域本体模型。标注即在 Web 文档中的概念与本体中的概念之间建立映射,WSDL 文档进行语义标注的基本思路是在 WSDL 文档元素和本体概念间建立联系,设计算法对两者的匹配程度进行计算,根据量化的结果确定每个 WSDL 文档元素对应的本体概念,按照规定的语法将本体概念标签加入 WSDL 文档中,如图 9.9 所示。在设计合理的匹配模型和算法基础上,以上每个环节均可以自动实现。

4. 服务组合的方法

Internet 开放网络环境实现资源共享与应用集成已经成为商业应用领域的焦点问题。Web 服务以其完全开放、松散耦合、标准协议规范和高度可集成等特点,得到产业界和学术界的广泛认可。为了能够更加充分地利用网络上已有的 Web 服务，有必要将多个服务组合起来以提供更为强大的功能。

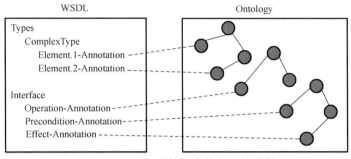

图 9.9　WSDL 文档与本体之间的映射

工业界和学术界提出了很多服务组合的方法，这些方法大致基于两种思想：基于工作流的思想和基于 AI 规划的思想。

5. 基于 AI 规划的服务组合

OWL-S 的出现为基于 AI 规划的组合方法提供了可能，将 Web 服务看成 AI 中的动作，通过输入/输出参数、前提和结果等来描述服务。在服务组合时，只要将 Web 服务的描述映射为动作的形式化描述，在 Web 服务空间中以构造 Web 服务组合为目标，通过形式化的推理来得出 Web 服务的组合序列，动态形成服务组合方案，同时也能够保证规划结果的正确性和完整性。

6. 自动服务组合

这里给出自动服务组合的模型用来说明服务组合的过程，如图 9.10 所示。该模型是对服务组合的高层抽象，不限制于具体的语言、方法和平台，其中的组件与组合过程借鉴前面所述的工作流和 AI 规划的概念和技术。

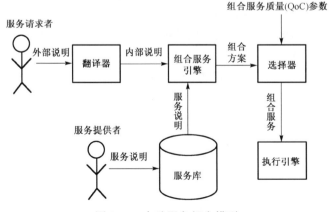

图 9.10　自动服务组合模型

这个组合系统中有两类参与者：服务提供者和服务请求者。服务提供者发布可用的服务，而服务请求者消费和使用服务。该模型包括以下组件：翻译器、组合服务引擎、选择器、执行引擎和服务库。服务库存储服务提供者发布的服务，并为组合服务引擎提供各原子服务的说明。翻译器负责将参与者提供的外部语言（如 WSDL 或 OWL-S 的 ServiceProfile）翻译为组合服务引擎能够使用的内部语言（形式化语言，如逻辑编程语言）。对于每个请求，组合服务引擎使用服务库中的可用服务生成组合方案以满足请求。如果得到一个以上的方案，选择器将会根据组合服务质量（Quality of Composition，QoC）的属性评估所有的方案，选出最佳方案（以过程模型表示，如 BPEL4WS 或 OWL-S 的 ServiceModel）。执行引擎执行方案并将结果返回服务请求者。组合服务过程模型的生成：服务请求者提出需求后，组合服务引擎通过组合服务提供者发布的原子服务来满足需求。组合服务引擎一般以服务的功能作为输入，以描述组合服务的过程模型为输出。过程模型包含原子服务的集合与服务之间的控制流和数据流。组合服务的评估和选择：在开放环境下，可能存在许多服务具有类似功能的情况。因此组合服务引擎可能会生成不止一个满足需求的组合服务。在这种情况下，选择器就可以使用组合服务质量（QoC）属性和其他非功能属性来评价组合服务，选出最佳组合服务。最佳组合服务可以用给定的过程模型（如 BPEL4WS 或 OWL-S 的 ServiceModel）来表示，从而便于引擎的调用和执行。组合服务的执行：当选出唯一的组合服务的过程后，执行引擎就可以执行该组合服务。组合服务的执行可以看成是过程模型中消息传递的序列，前一个服务的输出将转化为后续原子服务的输入，从而形成了组合服务的数据流。

9.3 移动搜索

移动搜索是指以移动设备为终端，对普遍互联网进行搜索，从而高速、准确地获取信息资源。随着科技的高速发展，信息的迅速膨胀，手机已经成为信息传递的主要设备之一。尤其是近年来手机技术的不断完善和功能的增加，利用手机上网也已成为一种获取信息资源的主流方式。2013 年 1 月，TechWeb 发布结果显示，百度移动搜索跻身 2012 年度最受欢迎的十大移动应用。

移动搜索是基于移动网络的搜索技术的总称，用户可以通过短信息（Short Message Service，SMS）、无线应用协议（Wireless Application Protocol，WAP）、互动式语音应答（Interactive Voice Response，IVR）等多种接入方式进行搜索，获取互联网信息、移动增值服务和本地信息等信息服务内容。

9.3.1 语言搜索

苹果公司在 iPhone4S 中推出一个语音服务 Siri 语音控制功能。使用这个功能就可以直接把 iPhone 变成一个智能化的机器人，可以通过语音让手机进行天气查询、搜索查询等功能。同时苹果系统的对手安卓也在短期内推出语音操作系统，这一手机功能上的创新也会改变搜索者的搜索行为。未来的移动搜索将会把语音搜索纳入一个重要的搜索途径；而只要说几句话就可以进行搜索，将会使许多的搜索用户舍弃烦琐的键盘输入，改用语音搜索。

9.3.2 谷歌搜索

随着谷歌推出一系列的产品如加密搜索、Google+、搜索加上你的世界（SPYW）等，进一步实现搜索的个性化。未来的移动搜索也不例外，移动搜索的功能将会变得更加个性化，移动的搜索结果也将基于搜索位置、搜索偏好和个人的社交网络信息等。同时，基于移动设备的特质，移动设备的搜索结果也将更加本地化，搜索的结果将会以本地附近的搜索结果为主。

9.3.3 百度搜索

虽然其他搜索引擎也能搜索中文，但百度搜索主要面对的客户是中国人。百度搜索客户端主界面包括四部分：搜索区（包括垂直搜索切换+搜索框+语音输入搜索）、内容导航区（包括新闻、贴吧、小说、热搜榜、导航）、Ding Widget 切换区、功能导航区。整体 UI 设计很清爽，并能在设置中选择预设或本地图片作为个性化壁纸。值得一提的是，其语音输入搜索功能相当强大，在相对安静的环境下普通话识别率接近 100%，方言识别测试也能识别大部分，用户体验的确很好。

受制于电池、带宽、屏幕尺寸等多种客观因素，PC 搜索引擎已不适应于移动搜索。从 Google 在移动搜索结果页的不断探索和尝试，到 Apple 推出的让人惊艳的 Siri，直接给用户提供想要的答案已经成为移动搜索服务的趋势。

9.3.4 移动搜索与桌面搜索的区别

移动搜索更容易搜出本地的搜索结果，但还不能按照品牌和商店进行过滤搜索，因为绝大多数人用手机搜索兴趣点应该在本地信息上。

移动搜索用户与桌面搜索用户相比，对搜索结果的关注度较高，但由于屏幕所限，很少有用户使用下拉条，在移动搜索结果上排名第一与第四之间的点击率可能下降 90%以上。

移动搜索结果很少使用过滤，搜索引擎会记录你的习惯，给出定制的搜索结果并展示其结果，点击率和跳出率是决定移动搜索结果排名的一个关键词因素。

移动搜索很少使用关键词，用户所处的"地点"是关键，而桌面搜索就宽泛得多，内容是通用的，地点也不是那么重要，因此，如果要优化自己的手机网站，做地区优化是必不可少的，甚至需要修改网站的地理位置信息。

9.4 应用实例(基于语义搜索的语音交互系统设计)

随着信息网络，机器人技术，在线翻译系统和机器识别的发展，人们越来越认识到基于HMM(hidden Markov model)语音识别单机模型已不能满足实际工程的需要。当前语音识别主要基于文本搜索，语音参数与模拟参数相匹配，应用某种不变测度，寻求语音参数与模拟参数之间的相似性，结合装有DSP语音板卡一起工作，用似然函数进行判决，这也就是说语音参数与模拟参数匹配是当前语音识别系统的核心。由于HMM模型并不含有语义信息，语音参数与模拟参数的相似度远比不上语义相似度计算严格。因此，寻找一种语义搜索应用于当前语音识别，对提高语音识别率有十分重要的意义。

在语义搜索中，使用的是内容和本体概念的匹配，即自动抽取文档的概念，结合相关本体库对其进行语义标注、匹配，形成一种基于本体推理的知识型语义搜索，让用户在系统的辅助下选用最合适词语表达自己的信息需求。在大量当前语音识别研究模型基础上，分析对比文本搜索与语义搜索的差别，提出一种基于语义搜索的分布式语音识别模型，建立语音识别本体库，并对语音识别的模型标注、功能匹配进行研究。

1. 基于语义搜索的分布式语音识别模型

在语义理解下的自然语言处理搜索模型中，HNC(hierarchical network of concepts)，是一个比较有代表性的，以概念联想脉络为主线，融语义、语法为一体的自然语言理论，虽然它将信息检索从以前关键词层面提高到基于知识(概念)层面，对知识有一定的理解和处理能力，能够实现分词技术、概念搜索，但将这种理论引入语音识别中似乎理论上可以，但实际上还是有一段距离的。在这种情况下，智能语义搜索应用于语音识别是不是遥遥无期呢？显然，这种结论也过于草率。近来，一家在美国旧金山的搜索引擎公司(Powerset)，使用了自然语言处理技术来构建起搜索服务，利用语义Web技术，经过近两年多的开发与测试，Powerset正式发布第一个产品，名为Search Wikipedia Articles。通过Powerset进行语义搜索时，用户不会局限于输入关键词，还可以输入词组或整句的内容，并且它的搜索结果不是单一的一个站外链接和简单摘要，而往往是直接呈现用户的问题结果和大量延伸资料。可以说Powerset智能搜索的成果使人们看到语义搜索用于语音识别和机器识别的希望，提高了人们在人工智能和语义搜索的信息能力，基于语义搜索的分布式语音交互系统如图9.11所示。

基于语义搜索的语音交互系统模型最基本的核心思想就是根据目前Powerset文字搜索新进展(Powerset 核心思想是根据人工智能和语义搜索只能够在有限范围实

现,所谓的有限范围是指在合理的语义本体基础上,这也就是说,一个大的人工智能搜索由若干子系统(Agent)来实现,而每一个子系统都有一个合理本体库),拟采用 Web 服务来实现对语音的翻译、识别技术,利用语义网技术、TTS 技术,最终构建网上语音交互系统。

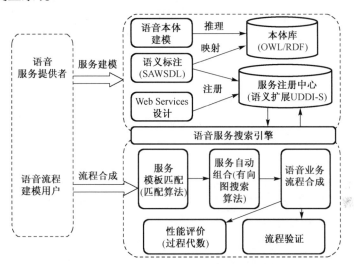

图 9.11　基于语义搜索的分布式语音交互系统工作原理图

这里采取的技术路线是:首先,选取几个典型的语音服务流程,根据服务流程的需要开发一定数量的 Web Service 组件,重点对服务组件的功能、输入/输出参数、操作进行语义规划。其次,根据语音服务流程领域范围和上述语义规划,使用本体建模工具(如 Protégé)创建本体文件(OWL/RDF),采用本体推理 API(如 Pellet、Jena)对本体模型进行解析,研究本体概念相似度的计算和推理方法。接着,按照 SAWSDL 规范对 Web Service 组件的服务描述文件 WSDL 标注语义信息,使之与上述本体概念模型建立映射关系。同时,研究 WSDL 文件的语义自动标注方法、SAWSDL 文件的解析方法和服务注册中心 UDDI 的语义扩展(UDDI-S)方法,并将 Web Service 组件描述信息及其本体语义信息注册到 UDDI-S 中。然后,研究服务匹配算法和从 UDDI-S 中动态搜索服务的方法,并结合不同服务过程创建服务模板,通过服务模板的匹配度评估选择出满足要求的 Web Service 组件。同时,根据业务协同关系构建服务关系有向图,对有向图进行抽象,形成组合路径的生成树模型,使用有向图搜索算法对生成树进行遍历以形成服务组合的路径,并将路径转换为 BPEL 流程文件。最后,采用 Pi 演算对 BPEL 流程进行可靠性验证,并采用过程代数对流程进行性能评价,据此对流程进行调整和优化。

语音 Web 服务作为一项新型的分布式组件技术,以其松散耦合和标准化接口的特点成为现阶段分布式语音识别平台、构建 SOA 应用的最佳选择。如何快速灵活地发现合适的 Web 服务，将已有的服务加入原有应用中，实现分布式语音识别和 IVR 信息集成，是现有 Web 服务技术急需解决的问题。

语义 Web 服务的出现为以上问题提供了解决方法。语义 Web 服务的关键问题是服务的语义标注和自动匹配问题。由于服务自动匹配是实现服务自动组合的前提，所以很多学者对此进行研究，这些研究主要是利用 OWL-S、WSMO 和 WSDL-S 等语义描述文件实现 Web 服务的动态发现和服务匹配。但纵观这些方法，它们忽略了服务内部的功能单元的组合匹配，对领域本体的语义信息和推理能力重视不够，影响了 Web 服务发现的效果，因此当前基于语义的 Web 服务匹配方法在效果上还存在较大的提升空间。在 WSDL-S 提案的基础上，万维网联盟 W3C 提出了新的语义标注规范 SAWSDL(semantic annotations for WSDL)。因此，本书提出利用 SAWSDL 对语义标注和领域本体的充分支持，开展对 Web 服务的语义标注和自动匹配的研究。

本书采用的服务自动组合框架的基本思想为：首先，开发一定数量的原子 Web Service 组件，对它们的功能、输入/输出参数、操作进行语义规划；其次，根据业务领域范围和上述语义规划，使用本体建模工具（如 Protégé）创建本体文件（OWL/RDF），采用本体推理 API（如 Jena）对本体模型进行解析，计算本体中概念的相似度；再次，按照 SAWSDL 规范对 WSDL 进行语义标注，使之与上述本体概念模型建立映射关系，同时利用匹配算法并结合业务过程创建服务模板（Service Template，ST），通过服务模板的匹配度评估选择出满足要求的 Web Service 组件；最后，对选择出的 Web Service 组件进行组合。

2. 基于 SAWSDL 的语义标注方法

在 Web 服务描述中加入语义信息是解决 Web 服务自动发现、匹配和合成等问题的重要途径。目前的语义标注分为手工、半自动和自动三种方法，而手工和半自动的方式比较普遍。目前支持 SAWSDL 标注的工具有 Eclipse Plug-in Radiant、Woden extension for SAWSDL、IBM Semantic Tools for WS、WSMO Studio 等。可以使用这些工具进行功能和执行语义的标注。图 9.12 中，左侧为 WSDL 文档的元素结构，上部为本体模型的概念结构。

1) 语音服务匹配

服务匹配主要分为三个方面，即功能匹配、I/O 参数匹配和服务质量(QoS)匹配，其目的都是为服务请求寻找符合条件的候选服务(CS)。本书采用服务模板(ST)来实现服务的自动匹配和选择。图 9.13 所示为服务模板的结构，其中集成了各种服务匹配算法。服务模板 ST 将一个业务过程从功能、操作参数和 QoS 三方面进行分解，通过匹配算法和匹配度评估，从候选服务中选出业务过程所需的 Web Service 组件。

第 9 章　数据挖掘与智能搜索　　219

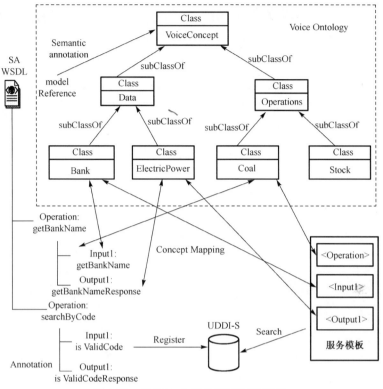

图 9.12　WSDL 文档的语义标注过程

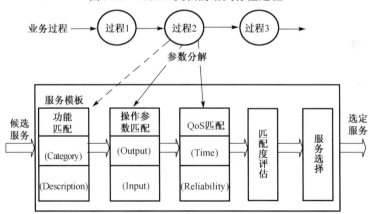

图 9.13　服务模板

(1) 功能匹配。

由于功能语义是服务描述或请求中与服务功能相匹配的本体概念,所以功能匹配度 f_ms 为两个本体概念间的匹配计算。功能匹配包括 C(Category)、D(Description) 两个参数的匹配,匹配算法需要根据具体的参数表达方式来定义。如式(9.1)所示,

Ω_F 为功能本体概念匹配函数，$ms_F(ST, CS)$ 为 ST 与 CS 在功能性匹配指标下的匹配程度，包含功能 (F) 语义匹配。

$$ms_F(ST, SC) = \Omega_F(ST.F, SC.F) \tag{9.1}$$

一般采用式 (9.2) 中的平均匹配度值 avgConceptMatch 来选择是否接受该本体中的概念来标注 WSDL 文档：

$$avgConceptMatch = \frac{\sum_{i=1}^{k} ms(m_i)}{k} \tag{9.2}$$

式中，k 为 WSDL 文档中被匹配的概念总数。

(2) I/O 参数匹配。

组合服务执行过程中，实际的 I/O 参数为 ST I/O 参数。ST 的输入应包含被 CS 需要的所有输入，CS 才能够正常执行。如图 9.14 所示，节点代表服务，节点之间的箭头 (边) 代表服务输入与对应的输出之间的连接，虚线箭头代表 I/O 参数不是精确匹配但语义相等。另外，SI 表示起始状态，SF 表示终止状态。

若用户提供输入参数为 Si1，想得到 So9，根据式 (9.3) 可以计算出最优服务匹配和组合顺序。

$$W = (\lambda) \cdot ET + (1 - \lambda) \cdot SV \tag{9.3}$$

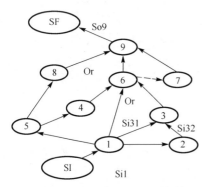

图 9.14 I/O 参数匹配过程

式中，执行时间 (ET) 和语义相似值 (SV) 代表边的权重；λ 表示影响权重的其他因素，如服务稳定性、安全性等。图 9.14 所示的 I/O 参数匹配过程可转换为如下匹配算法：

```
If similarity value=1 Exact (ST, CS);
If ST⊆CS substitute (ST, CS);
If SC⊆ST Subsumes (ST, CS);
Degree of match (CS, ST)
If CS subclass of ST return Exact;
If CS subsumes ST return Substitute;
If ST subsumes CS return Subsumes;
If ST overlaps CS then return Overlap;
Otherwise Relaxed.
```

其中，Exact 为两个概念相同，Substitute 为两个可以替换，Subsumes 为包含，Overlap 为相交。

2) 服务匹配实例与框架开发

本书选用 University of Georgia LISDIS 实验室开发的 NWSAF API，开发一个服

务匹配框架的原型,并将服务模板集成到这个框架中,其体系结构如图 9.15 所示,软件界面如图 9.16 所示。

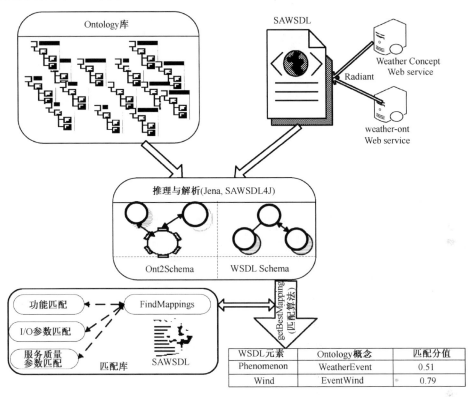

图 9.15 服务匹配框架的结构

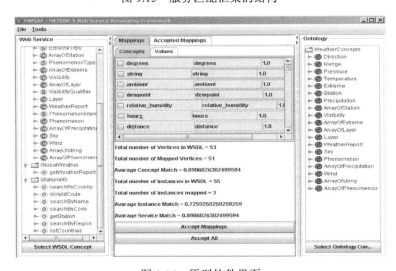

图 9.16 原型软件界面

该框架首先输入经过标注的 SAWSDL 文件和 OWL 本体文件，然后把本体概念与 WSDL Schema 通过匹配算法计算匹配度。从得到的数据分析可知 VoiceConcept 本体与 Voice 服务的 WSDL 文档整体匹配度为 0.811。

该框架采用公式，计算得到的平均匹配程度和总体匹配程度如表 9.1 所示。

表 9.1 VoiceConcept 本体与 Voice 服务的匹配结果

内容	VoiceConcept	Voice-ont
WSDL 中节点总数	53	53
匹配的节点数	51	14
平均匹配程度	0.891	0.9
WSDL 中实例总数	55	55
匹配的实例数	3	24
平均实例匹配程度	0.726	0.769
总体匹配程度	0.857	0.143

基于语义搜索的分布式语音识别模型的研究实现从语义标注、服务发现、服务匹配、服务组合到流程合成的整体过程，为基于语义搜索网上语音交互系统奠定基础。

基于语音交互的 SAWSDL 作为最新的语义标注规范，在 Web 服务的语义标注中具有简单灵活的优点，除了采用手工标注方式，还可以采用匹配算法实现服务的半自动和自动标注。本书在语义标注的基础上运用服务模板，实现对 Web 服务的匹配度计算，根据计算结果可以选择出最佳匹配的服务，对基于语义搜索的语音识别的算法有一定的指导作用。

第 10 章　智能化移动终端的物联网设计

所谓智能化(相对而言)移动终端的物联网设计与第 5 章移动装置的物联网设计的相同之处是前端移动化，不同之处是设计更难、更具有挑战性。智能化移动终端的物联网设计困难之处，除了模式识别数学模型不易理解，主要是因为智能化移动终端中嵌入了生物特征专用芯片(也有其他专用芯片)，所谓生物特征专用芯片就是利用生物特征识别技术做成的芯片，这种专用芯片在嵌入式终端整合中加入多种约束条件，也就是芯片外端输出电流电压和几何特征不容许更改，存在识别速率与后端数据交换相适配难点，一旦处理不好，往往发生前后端数据交换中断，而且设计不易修补。

科学家们预测，生物技术、纳米技术和信息科学相互融合是今后二十年科学研究的热点。也就是说，物联网技术与纳米技术、生物技术一定会相互联系和融合。例如，美国 Google 公司现在就涉足生物科学技术，研究使用纳米颗粒在血液循环中"探测"癌细胞，向传感器预报信息。另外，神经修复(脑机接口)是神经科学中和神经的修复相关的领域，即使用人工装置(假体)替换掉原有功能已削弱的部分神经或感觉器官。神经假体最广泛的应用是人工耳蜗，截止到 2006 年全世界已有大约十万人植入。

生物特征识别技术，目前比较成熟并大规模使用的方式主要为指纹、虹膜、脸、耳、掌纹、手掌静脉等。此外近几年来，语音识别、脑电波识别、脑机接口、唾液提取 DNA 等研究也有突破，有的已进入商用阶段，如图 10.1 所示。

图 10.1　生物识别

生物特征识别技术通常按照扫描、数字化处理、分析、特征提取、存储、匹配分类几个步骤处理。目前，扫描数字化处理已经相对成熟，主要的研究集中在分析和特征提取方面，近年来存储、匹配和检索的高速化处理也发展很快。生物特征识别技术的应用相当广泛，在计算机应用领域居重要地位。在计算机安全学中，生物特征识别是认证的重要手段，生物测定则被广泛地应用在安全防范领域，而具有生物特征识别技术的移动终端广泛应用在刑侦、银行、战场环境、卫生医疗和国家安全领域。未来，这种智能化移动终端需求量会越来越大。

另外，物联网的一个关键技术就是要解决人与物之间的关系，这也就是说人能够用语音操控机器，反之，机器能产生人能听懂的语音。与机器进行语音交流，让机器明白你说什么并且机器发出声音回应你，这是人们长期以来梦寐以求的事情。语音识别技术就是让机器通过识别和理解过程把语音信号转变为相应的文本或命令的技术，语音识别正逐步成为信息技术中人机接口的关键技术，语音识别技术与语音合成技术结合使人们能够不用键盘，通过语音命令进行操作。最新预测表明，随着4G网络的逐渐普及，语音驱动的服务将在4G市场中扮演重要的角色，支持语音识别的各种产品纷纷面世。同时，近几年工业机器人技术和信息家电技术正在向智能化、模块化和系统化的方向发展，开发实用的语音识别和控制系统，对于语音识别技术的普及与应用具有十分重要的意义。人们预计，未来十年内，语音识别技术将开始从实验室走向市场，进入工业、家电、通信、医疗、家庭服务、消费电子产品等各个领域。很多专家都认为语音识别技术是未来若干年信息技术领域重要的科技发展技术之一，尤其是网上语音交互系统有可能取得重大突破。

目前，谷歌将把现有的语音识别和自动翻译技术整合到智能手机中，并希望能够在几年内开发出基本的架构。如果这一想法能够实现，则最终将为全球上千多种语言的用户提供语音翻译服务。同样，苹果公司语音识别正在为手机搜索作准备，并确立在移动互联网上运行，用户通过苹果公司的语音识别，不但可以在手机上迅速定位音乐、文件，更可以在云计算平台上搜索更多内容。

总之，在智能移动终端物联网的设计中，生物特征识别技术的终极发展目标就是人们可以不必携带任何辅助的身份标识物品，仅利用个人生物特征就可以在网络化的虚拟社会与现实社会进行个人的身份认证与识别。例如，人们可以通过基于网络化的物理访问控制系统，进行门禁与考勤操作，可以通过网络化的逻辑访问控制进行文件的访问与修改，可以通过网络化的生物特征识别进行金融交易等。同时，人们利用方便的自然语言可以发出语音操控命令。为了满足网络化社会的需求，逐步构建网络化的生物特征识别系统将是未来生物特征识别技术的一种必然发展趋势，同时也将具有广阔的市场前景。

10.1 生物识别原理与应用领域

什么是生物识别技术？所谓生物识别[43]技术就是通过计算机与光学、声学、生物传感器和生物统计学原理等高科技手段密切结合，利用人体固有的生理特性，(如指纹、指静脉、人脸、虹膜等)和行为特征(如笔迹、声音、步态等)来进行个人身份鉴定。虹膜识别与指纹识别如图 10.2 所示。

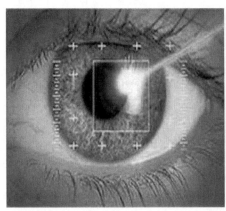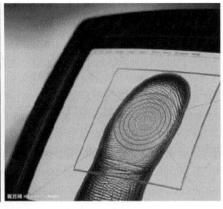

图 10.2　虹膜识别与指纹识别

生物识别技术主要是指通过人类生物特征进行身份认证的一种技术，人类的生物特征通常具有唯一性、可以测量或可自动识别和验证、遗传性或终身不变等特点，因此生物识别认证技术相对传统认证技术存在较大的优势。生物识别系统对生物特征进行取样，提取其唯一的特征并且转化成数字代码，并进一步将这些代码组成特征模板。由于微处理器和各种电子元器件成本不断下降，精度逐渐提高，生物识别系统逐渐应用于商业上的授权控制如门禁、企业考勤管理系统安全认证等领域。用于生物识别的生物特征有手形、指纹、脸形、虹膜、视网膜、脉搏、耳廓等，行为特征有签字、声音、按键力度等。基于这些特征，人们已经发展了手形识别、指纹识别、面部识别、发音识别、虹膜识别、签名识别等多种生物识别技术。生物识别技术过程和原理如图 10.3 所示。

生物识别过程首先是通过传感器捕捉选定生物特征，处理生物特征、提取和注册生物特征模板，然后在本机信息库和中央信息库中找到相应模板，同时现场扫描选定的生物特征，处理生物特征和提取生物特征模板，扫描获得的生物特征模板同存储的生物特征模板匹配，为应用提供匹配对比，最后作出判断和选择。

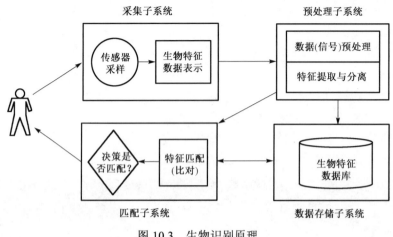

图 10.3 生物识别原理

10.2 语音识别原理

语音识别[44-46]是模式识别的一个分支,又从属于信号处理科学领域,同时与语音学、语言学、数理统计和神经生物学等学科有非常密切的关系。根据实际中的应用不同,语音识别系统可以分为特定人与非特定人的识别、独立词与连续词的识别、小词汇量与大词汇量和无限词汇量的识别。但无论哪种语音识别系统,其基本原理和处理方法都大体类似。不同任务的语音识别系统有多种设计方案,但系统的结构和模型思想大致相同。语音识别系统本质上是一种模式识别系统,包括特征提取、模式匹配、参考模式库等三个基本单元,它的基本结构如图 10.4 所示。

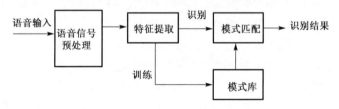

图 10.4 语音识别过程

未知(待识别)语音经过话筒变换成电信号(即语音信号)后加在识别系统的输入端,首先经过预处理,再根据人的语音特点建立语音模型,对输入的语音信号进行分析,并抽取所需的特征,在此基础上建立语音识别所需的模板。而计算机在识别过程中要根据语音识别的模型,将计算机中存放的语音模板与输入的语音信号的特征进行比较,根据一定的搜索和匹配策略,找出一系列最优的与输入的语音匹配的模板。然后根据此模板的定义,通过查表就可以给出计算机的识别结果。显然,这种最优的结果与特征的选择、语音模型的好坏、模板是否准确都有直接的关系。

语音信号识别最重要的一环就是特征参数提取。提取的特征参数必须满足以下要求。

(1) 提取的特征参数能有效地代表语音特征，具有很好的区分性。

(2) 各阶参数之间有良好的独立性。

(3) 特征参数要计算方便，最好有高效的算法，以保证语音识别的实时实现。

特征提取用于提取语音中反映本质特征的声学参数，如平均能量、平均跨零率、共振峰等。训练是在识别之前让讲话者多次重复语音，从原始语音样本中去除冗余信息，保留关键数据，再按照一定规则对数据加以聚类，形成模式库。最后模式匹配，是整个语音识别系统的核心，它是根据一定规则（如某种距离测度）和专家知识（如构词规则、语法规则、语义规则等），计算输入特征与库存模式之间的相似度（如匹配距离、似然概率），判断出输入语音的语意信息。模板匹配的方法发展比较成熟，目前已达到实用阶段。在模板匹配方法中，要经过四个步骤：特征提取、模板训练、模板分类、判决。常用的技术有四种：动态时间规整、隐马尔可夫理论、矢量量化技术和人工神经网络方法。

10.2.1 动态时间规整

语音信号的端点检测是进行语音识别的一个基本步骤，它是特征训练和识别的基础。所谓端点检测就是在语音信号中的各种段落（如音素、音节、词素）的始点和终点的位置，从语音信号中排除无声段。早期进行端点检测的主要依据是能量、振幅和过零率。但效果往往不明显。20 世纪 60 年代日本学者提出了动态时间规整（Dynamic Time Warping，DTW）算法。该算法的思想就是把未知量均匀地伸长或缩短，直到与参考模式的长度一致。在这一过程中，未知单词的时间轴要不均匀地扭曲或弯折，以使其特征与模型特征对正。

10.2.2 隐马尔可夫法

隐马尔可夫法（HMM）是 20 世纪 70 年代引入语音识别理论的，它的出现使得自然语音识别系统取得了实质性的突破。HMM 方法现已成为语音识别的主流技术，目前大多数大词汇量、连续语音的非特定人语音识别系统都是基于 HMM 模型的。HMM 是对语音信号的时间序列结构建立统计模型，将之看成一个数学上的双重随机过程；一个是用具有有限状态数的 Markov 链来模拟语音信号统计特性变化的隐含的随机过程；另一个是与 Markov 链的每一个状态相关联的观测序列的随机过程。前者通过后者表现出来，但前者的具体参数是不可测的。人的言语过程实际上就是一个双重随机过程，语音信号是一个可观测的时变序列，是由大脑根据语法知识和言语需要（不可观测的状态）发出的音素的参数流。可见 HMM 合理地模仿了这一过程，很好地描述了语音信号的整体非平稳性和局部平稳性，是较为理想的一种语音模型。

10.2.3 矢量量化

矢量量化是一种重要的信号压缩方法。与 HMM 相比，矢量量化主要适用于小词汇量、孤立词的语音识别中。其过程是将语音信号波形的 k 个样点的每一帧，或有 k 个参数的每一参数帧，构成 k 维空间中的一个矢量，然后对矢量进行量化。量化时，将 k 维无限空间划分为 M 个区域边界，将输入矢量与这些边界进行比较，并被量化为距离最小的区域边界的中心矢量值。矢量量化器的设计就是从大量信号样本中训练出好的码本，从实际效果出发寻找到好的失真测度定义公式，设计出最佳的矢量量化系统，用最少的搜索和计算失真的运算量，实现最大可能的平均信噪比。

核心思想可以这样理解：如果一个码本是为某一特定的信源而优化设计的，那么由这一信息源产生的信号与该码本的平均量化失真就应小于其他信息的信号与该码本的平均量化失真，也就是说编码器本身存在区分能力。

在实际的应用过程中，人们还研究了多种降低复杂度的方法，这些方法大致可以分为两类：无记忆的矢量量化和有记忆的矢量量化。无记忆的矢量量化包括树形搜索的矢量量化和多级矢量量化。

10.2.4 神经网络的方法

人工神经网络的方法是 20 世纪 80 年代末期提出的一种新的语音识别方法。人工神经网络(ANN)本质上是一个自适应非线性动力学系统，模拟了人类神经活动的原理，具有自适应性、并行性、鲁棒性、容错性和学习特性，其强的分类能力和输入-输出映射能力在语音识别中都很有吸引力。但由于存在训练、识别时间太长的缺点，目前仍处于实验探索阶段。

由于人工神经网络不能很好地描述语音信号的时间动态特性，所以常把人工神经网络与传统识别方法结合，分别利用各自优点来进行语音识别。

10.3 语音识别 SALT Web 应用开发

在物联网的设计中，语音识别既可以在前端实现，也可以在后端完成；既可以用硬件实现，也可以用软件完成；既可以在单机上实现，也可以在 Web 上完成。微软的 SALT 语音开发工具包就是在 Web 上实现的语音识别，如图 10.5 所示。

目前，支持 SALT 标准的主要产品和开发工具有微软的 SASDK、飞利浦基于 Java 2 的 SALT 浏览器、美国 Kirusa 公司的 SoftServer、美国 HeyAnita 公司的 FreeSpeech Platform、卡内基·梅隆大学的 OpenSAIT 等。微软的 SALT 语音开发工具包(Speech Application Software Development Kit，SASDK)能够无缝嵌入到 Visual Studio .NET 中。SASDK 可以让 Web 开发人员创建、调试和部署支持语音的 Microsoft ASP.NET Web 应用程序，这些应用程序适用于多种设备，包括电话、基于 Microsoft Windows Mobile 的设备和桌面计算机等。SASDK 提供了全套的开发工具，可用来设计在多种客户端上运行的、支持语音的 Web 应用程序。SASDK 还提供了一组功能强大的 ASP.NET 语音控件、一个适用于 Microsoft Internet Explorer 的语音外接程序、一个适用于 Microsoft Pocket Internet Explorer 的语音外接程序、一个内容丰富的语法库和语音调试工具与一个事件日志记录工具。

图 10.5　在 Web 上实现的语音识别

1. SALT 控件元素

SALT 控件有三个最顶级的属性元素：<listen>、<prompt>和<dtmf>。其中<listen>和<dtmf>属性又包含<bind>和<grammar>属性，同时<listen>元素也支持<record>属性。下面分别介绍它们。

<listen>属性控件用于语音输入，根据指定语法规则来处理语音识别的方法，同时也用于记录语音输入(如声音信息)。因此，它包含了<grammar>、<record>和<bind>属性与一些处理语音资源的事件和配置识别属性，还包含一些语法激活和去活的方法，可以控制语音识别的开始和停止。下面举一个简单的语音识别例子：

```
<salt:listen id="travel">
<salt:grammar src=". /city. xml"/>
<salt:bind targetElement="txtBoxOriginCity"
value="/result/origin_ city"/>
</salt:listen>
```

<listen>属性还可以通过程序或脚本文件调用 Start()方法。而对应<listen>属性需要完成语音识别的处理，包括成功识别、不成功识别和超时，其他的语音事件和每个识别开关都可以通过指明超时时间、识别置信度或其他一些相关参数来完成配置。

<grammar>属性用来指明相关语法、嵌入或者引用。一个<listen>属性可以被赋予多个语法，在<listen>属性设置中，在识别开始以前可以通过方法对单个语法进行激活和去活。

<bind>属性可以用于对变量或控件的相关值进行识别结果的赋值，即在语音识别时可以将识别结果直接传递到相应绑定的变量或者平台控件(如 C#中的列表控件或者文本控件)。在<listen>属性中，它可选择进行多重绑定。识别结果往往通过 XML 文档形式进行返回，因此<bind>属性在其值属性中用 XPath 来指定一个特定的节点存放返回结果，同时在测试属性下，用一个 XML 模式的查询来指明绑定条件。如果条件为真，则节点的值就被赋给指定页面目标元素的相应属性值。下面举一个简单的例子：

```
<result text="I'd like to go to London, please"} confidence="0.45">
<dest_city text="to London" confidence="0.55">London</dest_city>
</result>
```

下面代码中绑定状态将节点"dest city"的值赋给 XHTML 元素 txtBoxDest，而在"dest_city"的预设条件中设置其置信度"confidence"的属性值为大于 0.4：

```
<input name="txtBoxDestCity" type="text"/>
<salt:listen…>
<salt:bind targetElement="LxtBoxDestCity"
value="/result/dest_ city"
test-"/result/dest_ city[@confidence >0.4]"
/>
</salt:listen>
```

所以绑定元素是一个简单的处理识别结果的方法。对于更多复杂的处理，在 onReco 事件处理中可以通过编程方式或在浏览器的脚本文件中调用来完成。

<record>属性用于指明声音记录参数和其他一些语音输入的相关信息。记录的结果也可以在<bind>中得到处理，或者在浏览器脚本代码中完成。

<prompt>属性用于指明系统语音或文本输出。它可以是简单的文本、语音输出标记、变量值、声音文件的链接，或者这些的复合输出。<prompt>属性一般是在脚本代码或 SMIL 浏览器，或者是在脚本文件中的对象方法中来执行。为了使 SALT 应用具有交互性，SALT 用户将支持 W3C 标准。

```
<salt:prompt id=""ConfirmTravea">
So you want to travel from
<salt:value targetElement="txtBoxOriginCity"' targetAttribute="value"
    />
    to
<salt:value targetElemen= "txtBoxDestCity"' targetAttribute="value"/>
?
</salt:prompt>
```
<prompt>也具有<start>，<stop>，<pause>和<resume prompt playback>，以及<alter speed>和<volume>属性。

<dtmf>属性用于电话应用中指明DTMF语法来处理键盘输入和其他事件。例如，<listen>属性，它的属性要素是<grammar>和<bind>，同时它也包含DTMF的一些资源配置来处理DTMF按键和超时。对于<listen>属性，它可以通过编程方式用<start>和<stop>命令来执行。与 LISTEN 控件类似，<dtmf>也包含了<grammar>和<bind>属性。下面的例子说明了通过<grammar>和<bind>属性如何监听和获取电话号码。

```
<salt:dtmf id-"dmtfPhoneNumber">
<salt:grammar src="7digits.gram"/>
<salt:bind value="/result/phoneNumber" targetElement="iptPhoneNumber"
 />
</salt:dtmf>
```

dtmf 元素的配置包括超时设置和其他属性设置。并且还包括键盘处理事件，规则的 dtmf 序列和语法规则外的输入。

1) 事件处理

根据上面的介绍，SALT 的元素是页面文档模型（DOM）中的 XML 对象。这样，每个 SALT 元素都包含方法、属性和脚本中可以调用的事件处理，这样在网页执行过程中也可以和其他事件进行交互。这就允许 SALT 的语音接口很好地和网页应用进行综合。例如，<listen>、<prompt>和<dtmf>都包含了不同的方法来控制控件的开始和结束。另外，它们还包含配置和结果存储与事件处理属性，同时还包含语音相关的事件。因此当识别结果被成功返回时，事件"onReco"被绑定在<listen>属性，如果在播放用户提示时，一旦收到用户输入，则"onBargain"事件就会激活。下面的例子是多模式网页应用，当用户单击一个输入域时激活 start 方法，实现 click-to-talk 的交互模式。

```
<input name=" txtBoxDestCity" type="text"
onclick="recoDestCity.Start()" />
<salt:lis七en id="recoDestCity">
```

```
<salt:grammar src="city.xml"/>
<salt:bind targetElement="txtBoxDestCity" value="/result/city"/>
</salt:listen>
<input type=""button"" onclick="recoFromTo.Start()" value="Say From and To Cities"/>
<input name="txtBoxOriginCity" type="text"/>
<input name="txtBoxDestCity" type="text"/>
<salt:listen id="recoFromTo">
<salt:grammar src="FromToCity.xml"/>
<salt:bind targetElement="txtBoxOriginCity" value=" /result/originCity"/>
<salt:bind targetElement="txtBoxDestCity" value="/result/destCity"/>
</salt:listen>
```

2) 对话流程

本节介绍了一个简单的用 client-side 脚本完成的对话流程管理例子。SALT 根据 RunAsk() 脚本函数激活<listen>和<prompt>。为了说明程序执行结果，识别结果被绑定在相关的输入域，通过脚本函数 procOriginCity() 和 procDestCity() 来完成，它们将会通过与<listen>相关的 onReco 事件来触发。onNoReco 事件用于在收到不可识别的语音输入时，播放适当的提示信息 SayDidntUnderstand 提示。

```
<!-- HTML -->
<html xmlns:salt="urn:saltforum.org/schemas/020124">
<body onload="RunAsk()">
<form id="travelForm">
<input name="txtBoxOriginCity" type="text"/>
<input name="txtBoxDestCity" type="text"/>
</form>
<!-- Speech Application Language Tags -->
<salt:prompt id="askOriginCity">Where would you like to leave from?
</salt:prompt>
<salt:prompt id="askDestCity"> Where would you like to go to?
</salt:prompt>
<salt:prompt id="sayDidntUnderstand" onComplete="runAsk()">
Sorry, I didn't understand.
</salt:prompt>
<salt:listen id="recoOriginCity"'
onReco="procOriginCity()" onNoReco="sayDidntUnderstand.Start()">
<salt:grammar src="city.xml"/>
```

```
</salt:listen>
<salt:listen id="recoDestCity"
onReco="procDestCity()"onNoReco="sayDidntUnderstand.Start()">
<salt:grammar src="city.xml""/)
</salt:listen>
<!-script->
<script>
function RunAsk(){
    if (travelForm.txtBoxOriginCity.value==""){
        askOriginCity.Start();
        recoOriginCity.Start();
    )else if (travelForm.txtBoxDestCity.value==""){
        askDestCity.Start();
        recoDestCity.Start();
    }
}
function procOriginCity(){
    travelForm.txtBoxOriginCity.value=recoOriginCity.text;
    RunAsk();
}
function procDestCity(){
    travelForm.txtBoxDestCity.value=recoDestCity.text;
    travelForm.submit();
}
</script>
</body>
</html>
```

以上对 SALT 技术应用过程中将会用到的一些知识进行了简要介绍和说明，通过简单的例子，展现了 SALT 技术在网页设计中如何完成语音平台和网络开发平台的整合。

2. 基于 SALT 的语音识别 Web 应用实例

1) 系统功能

在上述理论方法的基础上开发完成一个基于 SALT 的语音识别系统，它不但有自己的独立功能模块，还可以附加其他功能模块或其他子系统集成为一个企业语音平台，如构建一个企业呼叫中心。该实例具备下列一些功能。

(1) 语音合成。

在语音识别系统中，存在许多语音播放效果，所有这些语音效果都是通过一定的合成算法产生，具体包括支持多语言种类（英文、中文），合成数字、字符和时间，语音库混合播放等。

(2) 语音识别。

在语音识别系统中,最基本的语音服务功能包括对用户自然语言的准确识别,也就是说可以直接实现机器"听懂"人说话,为服务整个系统提供一个实现语音识别的接口,从而可以进一步提供其他服务。

根据上面的分析,将本实例划分为以下三个功能模块:语音合成模块(TTS)、基于 SALT 的语音识别模块、功能服务模块,其结构如图 10.6 所示。

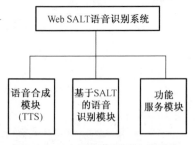

图 10.6 语音识别实例功能结构

其中,语音合成模块负责实现将任意指定的文字语句合成为语音,然后由标准输出设备输出;语音识别模块将标准输入设备输入的自然语音信号识别为文本字句;而功能服务模块实现基于语音的服务功能。

2) 系统设计与实现

(1) 用户界面设计。

本系统主要采用用户控件对 ASP.NET 页面进行设计,包括四个用户控件:Header、Flow、Footer 和 Page。具体代码如下:

```
<%@Register TagPrefix="IVR" TagName="Footer" Src="UserControls\F'ooter.ascx"%>
<%@Register TagPrefix="IVR" TagName="Header" Src="UserControls\Header.ascx"%>
<%@Register TagPrefix="IVR" TagName="Flow" Src="UserControls\Flow.ascx"%>
<%@Register TagPrefix="IVR" TagName="Pagel" Src="UserControls\Pagel.ascx"%>
    <html>
    <body>
      <form>
      <IVR:Header id="Header" runat="server"></IVR:Header>
      <IVR:FIow id="Flow" runat="server"></IVR:FIow>
      <IVR:Footer id="Footer" runat="server"></IVR:Footer>
      <IVR:Pagelid="Pagel" runat="server"></IVR:Page I >
      </form>
    </body>
    </html>
```

(2) Web 应用程序设计。

本系统的应用程序可以分为两部分进行设计和开发,即服务器后台程序和 Web 页面。对于前端的 Web 页面,在 MVC 模式中处于视图部分,可以使用 ASP.NET 来实现,同时还需用到 HTML 和 script 的相关知识;而服务器后台程序是语音识别处理的核心层,在 MVC 模式中处于控制器部分,可以通过 C#编程来完成。另外,在设计时还要考虑如何将 SALT 技术融合到传统的 Web 应用中,从而实现语音识别平台和传统 Web 应用的整合。该系统的运行流程如图 10.7 所示。

在该系统中,用户可以设定待合成的文字信息,如"Hello World!",语音合成功能按钮可以将其转化成目标语音流并从标准输出设备(如耳机和音箱)输出。语音识别功能按钮可以将人的自然语音识别成具有语义的文字,并根据用户语音命令显示出不同的图片。该系统的识别页面如图 10.8 所示。

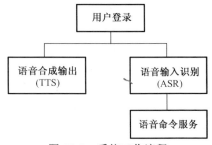

图 10.7 系统工作流程

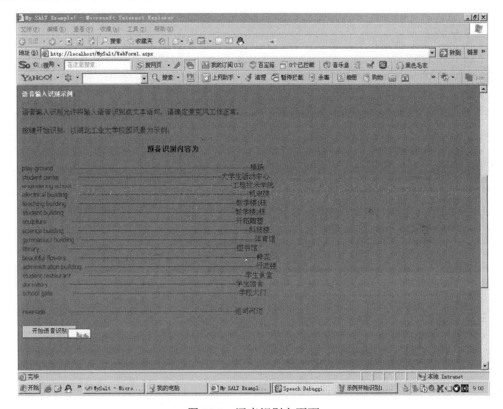

图 10.8 语音识别主页面

在图 10.8 中预先设置了识别内容,用户使用标准输入设备(如麦克风)读出这些内容,识别页面根据不同的读音将显示出不同的图片。该系统预先定义的识别内容如下:

play ground --操场
student center ---大学生活动中心

```
engineering school ----------------------------------------------------- 工程技术学院
electrical building ------------------------------------------------------- 机电楼
teaching building 1 ---------------------------------------------------- 教学楼 1 栋
teaching building 2 ---------------------------------------------------- 教学楼 2 栋
sculpture --------------------------------------------------------------- 开拓雕塑
science building -------------------------------------------------------- 科技楼
gymnasium building --------------------------------------------------- 体育馆
library ------------------------------------------------------------------- 图书馆
beautiful flowers -------------------------------------------------------- 鲜花
administration building ----------------------------------------------- 行政楼
student restaurant ----------------------------------------------------- 学生食堂
dormitory --------------------------------------------------------------- 学生宿舍
school gate ------------------------------------------------------------- 学校大门
riverside ----------------------------------------------------------------- 河边
```

为了实现对上述内容的识别，必须在页面中加入 SALT 标记，即声明 SALT 变量，实现的代码如下：

```
<!-- Importing the namespace from the implementation -->
   </HEAD><?import namespace="SALT" implementation="#SpeechTags" />
<body topmargin="0" leftmargin="0"><!-- Start Toolbar -->
```

系统各个变量对象声明如下：

```
<!--SALT speech recognition object -->
<SALT:listen id="TestReco" onsilence="HandleOnSilence()" onreco=
      "HandleOnReco()" onnoreco="HandleOnNoReco()"onerror=
      "HandleOnError()">

ASP.NET 页面的主要代码如下：
<form>
<input type="button"
      ...................
      ...................
<form id="RecoStatus"><p> </p></form>
<form id="RecoText"><p> </p></form>
```

10.4 语音识别、触控和自动一体化（谷歌眼镜）

谷歌眼镜[47]（Google project glass）是由谷歌公司于 2012 年 4 月发布的一款"拓

展现实"眼镜(图10.9),它具有与智能手机一样的功能,还可以通过声音控制拍照、视频通话和辨明方向,以及上网冲浪、处理文字信息和电子邮件等。

这款眼镜将集智能手机、GPS、相机于一体,在用户眼前展现实时信息,只要眨眨眼就能进行拍照上传、收发短信、查询天气路况等操作。用户无须动手便可上网冲浪或者处理文字信息和电子邮件,在兼容性上,Google 眼镜可同任一款支持蓝牙的智能手机同步。谷歌眼镜就像是可佩戴式智能手机,让用户可以通过语音指令,拍摄照片,发送信息,以及实施其他功能。如果用户对着谷歌眼镜的麦克风说"OK,Glass",一个菜单即在用户右眼上方的屏幕上出现,显示多个图标:拍照片、录像、谷歌地图或打电话。

图 10.9 谷歌眼镜

1. 谷歌眼镜的组成结构

谷歌眼镜主要结构包括在眼镜前方悬置的一台摄像头和一个位于镜框右侧的宽条状的计算机处理器装置,配备的摄像头像素为 500 万,可拍摄 720p 视频。镜片上配备一个头戴式微型显示屏,它可以将数据投射到用户右眼上方的小屏幕上(图 10.10)。显示效果如同 2.4m 外的 25in(1in=2.54cm)高清屏幕。还有一条可横置于鼻梁上方的平行鼻托和鼻垫感应器,鼻托可调整,以适应不同脸型。在鼻托里植入电池,它能够辨识眼镜是否被佩戴。电池可以支持一天的正常使用,充电可以用 Micro USB 接口或者专门设计的充电器。根据环境声音在屏幕上显示距离和方向,在两块目镜上分别显示地图和导航信息技术的产品。谷歌眼镜的重量只有几十克,内存为 682MB,使用的操作系统是 Android 4.0.4 版本号为 Ice Cream Sandwich,所使用的 CPU 为德州仪器生产的 OMAP 4430 处理器。2011 年这块晶片曾被用在摩托罗拉生产的两款手机 Droid Bionic 和 Atrix 2 上。音响系统采用骨导传感器。网络连接支持蓝牙和 WI-FI-802.11b/g。总存储容量为 16GB,与 Google Cloud 同步。配套的 My Glass 应用需要 Android 4.0.3 或者更高的系统版本。

2. 工作原理

谷歌眼镜利用的是光学反射投影原理,即微型投影仪先是将光投到一块反射屏上,然后通过一块凸透镜折射到人体眼球,实现所谓的"一级放大",在人眼前形成一个足够大的虚拟屏幕,可以显示简单的文本信息和各种数据。谷歌眼镜实际上就是微型投影仪+摄像头+传感器+存储传输+操控设备的结合体。右眼的小镜片上包括一个微型投影仪和一个摄像头,投影仪用于显示数据,摄像头用来拍摄视频与图像,存储传输模块用于存储与输出数据，而操控设备可通过语音、触控和自动三种模式控制。

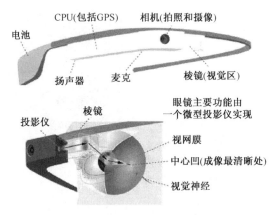

图 10.10　谷歌眼镜的结构

10.5　脑电波和脑图像识别

美国从 2014 年开始投入 1 亿美元研究和绘制人类大脑活动图谱（图 10.11）。这项关于大脑的最新研究被业界认为可以同人类基因工程相媲美，将引发另一场医学革命。该项目总投入将超过 30 亿美元，耗费长达十年时间，预计将为美国带来巨大收益。

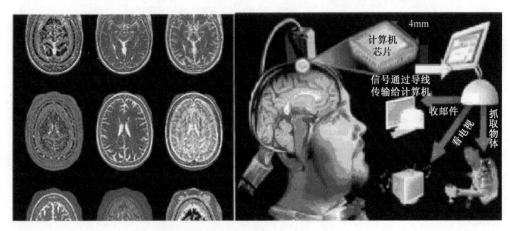

图 10.11　大脑活动图谱的研究

人们为什么要研究大脑思维过程，无非是推动医疗革命和想用计算机芯片代替机器智能化控制。脑波也称为"脑电波"。人脑中有许多的神经细胞在活动着，并且呈现电器性的变动，也就是说，有电器性的摆动存在。而这种摆动呈现在科学仪器上,看起来脑电图就像波动一样。目前,脑波相关的技术大多应用在医疗领域,如治疗癫痫等脑部疾病。此外,已经有多个科研机构宣称开发出可以利用思维控制的义肢,但是,目前大多仍停留在实验室阶段。虽然人类对于脑波的研究已经有 60 多年,但是相关的科研成果一直没有进行大规模的商业化应用。一方面是由于人的大脑过于复杂,人类对于它的研究还比较初级;另一方面脑波测量的困难也成为阻碍技术进一步发展的重要原因。人的大脑被紧紧包裹在头盖骨中,头骨屏蔽掉大量信号,能够传到外面的已经相当微弱,因此从外界测量就变得格外困难。在专业医疗领域,脑电波的测量要在患者头上装上十几个电极,并且涂满导电胶,十分麻烦。如此复杂的测量过程也阻碍脑波技术在民用市场推广,不过经过多年的技术积累,相关的技术终于在最近十年中取得了一些突破性进展。目前,硅谷创业公司 Neurosky 已经将庞大的脑波监测设备缩减至一个头戴式耳机的大小,并且仅需要一个金属触点就可以实现对于脑波的测量,这种便携式的设备也使脑波技术的大规模民用化成为可能。凭借这方面的技术优势,这家成立仅 7 年的公司迅速成长为行业内的领军企业。其实,人的思维过程,就是脑细胞活动节奏的反应。目前神经科学家只能对大脑活动进行粗略的测试。他们可以通过正电子发射计算机断层扫描技术或核磁共振成像技术,并借助介质如氧气,对大脑广阔区域的活动进行探测,或者测量单体或少数的神经元电活动。一些神经科学家将数码成像或者电视筛选技术所存在的问题和正确的解决方法相对比,认为 PET 和 MRI 缺乏对细节的描绘,会产生很多模糊的图像,而将焦点集中于少数的神经元就好像近距离地观看低像素的照片,失去了整张的画面。研究者普遍认为思维真正的活动,需要数千到上百万不等的神经元参与。现在,研究者还不能对如此大规模的神经元集成活动进行观测。为了绘制人类大脑活动图谱必须研发新方法,从而可以在动物模型条件下绘制图像和跟踪大量的细胞活动,然后再寻找一种安全的方式将该方法应用于人类。目前还不清楚该项目将着眼于哪一种大脑活动图谱的绘制,但是理论上,这种新方法可以帮助科学家理解大脑活动过程,从而研究计算机芯片实现智能化控制,这如同数学模型中的神经网络算法(这种算法是模拟生物学上的神经细胞连接功能)制成 DSP 芯片一样。如图 10.12 所示。

  IBM 近来开发出一款微芯片,能够模拟神经元、突触的功能以及其他脑功能来执行计算。IBM 称,该芯片颠覆了多数电脑中所使用的基本芯片的设计,能够很好地完成模式识别、目标分类等任务,并且相比传统硬件大大降低了耗电量。这种芯片称为 TrueNorth,TrueNorth 使用了 54 亿个晶体管,是传统 PC 处理器的四倍以上,产生的效果相当于 100 万个神经元和 2.56 亿个突触。它们被分成了 4096 个结构,这种结构名为"神经突触内核"(neurosynaptic cores),每一个结构都能使用一种名为"crossbar(交叉)"的通信模式来存储、处理数据并向其他结构传输数据。

图 10.12　模拟神经细胞连接的芯片

10.6　生物识别相关芯片介绍

下面介绍几种生物识别相关芯片，其主要目的是提供各种芯片的接口参数和电路逻辑框图，以便在物联网前端设计中能够容易整合在嵌入式智能终端中。这里提供的芯片仅供参考，也有其他相应各种芯片，设计人员可根据各种需求在智能终端设计中选择更加合适的芯片。

1. 指纹识别芯片

PS1802 DSP 是一款面向嵌入式指纹识别领域的高性能 DSP 芯片，工作主频 120MHz，峰值运算能力 480MIPS，内嵌 156KB RAM，功耗小于 150mW（120MHz），如图 10.13 所示。内嵌的图像处理加速器和功能丰富的 SoC 可极大减少用户在指纹识别领域的研发开销和知识储备，使客户以最快的速度推出适应市场需求的多种个性化指纹识别产品。如考勤机、门锁、箱包、保险柜等。PS1802 DSP 逻辑框图如图 10.14 所示。

图 10.13　PS1802 DSP 指纹识别芯片

芯片特点如下。

(1) 120MHz 的 16bit Supper Scalar DSP 内核。

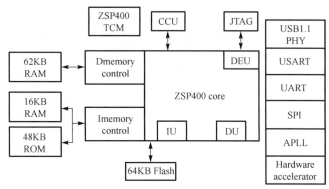

图 10.14　PS1802 DSP 逻辑框图

(2) 多任务支持。

(3) 双 MAC。

(4) 双 ALU。

(5) 每周期支持 4 条指令，峰值运算能力可达 480MIPS。

(6) 单周期访问片上 124KB 数据 RAM。

(7) 单周期访问片上 32KB 指令 RAM。

(8) 丰富外设接口：USB、SPI、UART、I^2C 接口。

(9) 自带时钟的看门狗定时器。

(10) USB 1.1 接口支持 USB 2.0 全速模式。

(11) USART 可配置成 SPI、UART 或 I^2C。

(12) 片上可编程 PLL。

(13) 图像格式 256×288 像素，多种形式输出(二值图、细化图、特征点细化图)。

(14) 片上 bootloader 支持四种程序引导模式。

(15) 无效外设访问保护单元。

(16) 低成本的 12MHz 无源晶振即可驱动 CPU、USB 和所有外设。

2. 图像(面部)识别芯片

SH7766 SoC 集成了支持视点转换引擎和动态范围控制等全新视图功能的硬件引擎(图 10.15)。图像渲染器视点转换引擎可实时制作出因视频输入或场景而异的视点俯视图像。此外，依托动态范围控制功能，即使是处理向阳处和背阴处这种亮度大不相同的多个视频图像，也能调整复合视频亮度，补偿过亮和过暗，以便更清晰地看清图像显示。SH7766 SoC 还配置了二维图形(可选配三维图形引擎)功能，能在摄像头视

图 10.15　SH7766 SoC 图像(面部)识别芯片

频上层叠加高精度图形元素，由此可以形成前所未有的高级用户界面。

瑞萨电子与瑞萨通信技术推出支持俯视系统及图像识别功能的 SH7766 SoC 单芯片产品规格如表 10.1 所示。

表 10.1 SH7766 SoC 产品规格

项目	SH7766 规格
部件编号	SH7766（R8A77660DB；二维图形）
电压	3.3 V(IO)、1.5 V(DDR3 接口)、1.275V(内核)
CPU	SH-4A
工作频率	534MHz
温度	−40～85℃
缓存	指令缓存：32KB
	操作数缓存：32KB
DDR3 SDRAM 总线	● DDR3-SDRAM（DDR3-712）
	● 外部总线频率、最高 356MHz（最高 712M 字/秒）
	● 数据：16 位
本地总线状态控制器	● 闪存和 SRAM IF
	● 管理外部存储空间（划为三个区域，每个最大 64MB）
	● 数据总线宽度，8 位或 16 位
主要的片上外设功能	IMP-X2266 MHz 图像识别单元
	显示单元上的 IMR-LSX 图像渲染器/失真校正单元
	IMR-X 图像渲染器/失真校正单元
	DRC 动态范围控制/压缩单元

3．语音识别芯片

Sensory 是一个语音识别芯片的供应商，公司位于美国加州。有各种不同的嵌入式识别芯片，这种芯片适合嵌入式移动终端，由于中文不同于英文，要想解决中文语音识别问题，详细情况可咨询 Sensory，如图 10.16 所示。而 SR160X 是深圳盛矽电子科技有限公司推出的非特定人海量词库免采库系列语音识别芯片，该系列芯片识别前不用训练。SR160X 系列核心的嵌入式语音识别系统硬件的电路系统，主要包括麦克风输入电路、ADC、DAC、功放输出电路、键盘电路和各种通信电路等，语音保存到 SPI Flash 存储器中。SR160X 系列语音识别芯片采用的是一个 16 位结构的微控制器，将 MCU、A/D、D/A、RAM、ROM 集成在一块芯片上，具有很高的集成度。同时具有较高运算速度的 16×16 位的乘法语音和内积运算指令，CPU 最高可达时钟 49MHz，因此在复杂的数字信号处理方面既非常便利又比专用的 DSP 芯片便宜得多。并具有 12 位 ADC 和 14 位 DAC 保证音频精度，配置带自动增益控制（AGC）的麦克风输入方式，为语音处理带来了极大的方便。既具有体积小、集成度高、可靠性好的特点，又具有较强的中断处理能力、高性能的价格比和功能强、效率高的指令系统与低功耗、低电压的特点，所以非常适合用于嵌入式语音识别系统，但是，这种芯片仅适用于简单语音识别。

图 10.16　语音识别芯片

芯片参数如下。
(1) 电压为 2.4～3.6V。
(2) 识别率高，支持多级词条识别，功能灵活多样。
(3) 支持多国语言识别。
(4) 多个 I/O 口，可以控制电机、传感器等。
(5) 4 种语音压缩码率放音，2 种语音编码录音。
(6) 自动睡眠和唤醒功能。

详细情况可咨询深圳盛矽电子科技有限公司。

4. TTS 芯片

语音合成和语音识别技术是实现人机语音通信，建立一个有听和讲能力的口语系统所必需的两项关键技术。使计算机具有类似于人一样的说话能力，是当今时代信息产业的重要竞争市场。与语音识别相比，语音合成技术相对说来要成熟一些，TTS 这种芯片目前在移动终端设计中已经广泛应用。XF-S3011 芯片就是安徽中科大讯飞信息科技有限公司针对嵌入式应用领域而设计的一款中文语音合成单芯片产品，将完整的语音合成系统集成到单一的处理器内部，通过接口接收并合成任意文本，如图 10.17 所示。芯片的文本分析算法具备一定的智能性，可识别常见的数值、号码、时间、度量单位等格式的文本，可对中文姓氏中的多音字进行处理。详细 XF-S3011 语音合成电路如图 10.18 所示。

图 10.17　中科大讯飞 TTS 嵌入式芯片

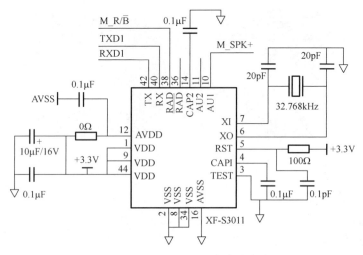

图 10.18 XF-S3011 语音合成电路

5. Affymetrix（昂飞）基因芯片

Affymetrix 公司位于美国加州，该公司是一个生物芯片供应商。Affymetrix GeneChip 生物芯片检测系统，是由高密度 GeneChip 芯片和试剂、杂交、扫描仪器、数据处理和分析工具组成的一整套检测平台，是世界上第一种经欧盟和美国 FDA 审批的可用于体外诊断的芯片系统。Affymetrix 公司芯片产品非常丰富，目前可以提供生命科学研究和医学研究的二十多种生物物种的全基因组表达谱芯片。基因表达研究方面，GeneChip 芯片被业界广泛采用，可研究的物种十分丰富，广泛用于发现新的信号通路、疾病分型、验证药物作用位点、证明作用机制、分析毒性反应等多个领域。Affymetrix 全面分析人、小鼠、大鼠全部 Exon 表达的基因芯片，用于分析同一个基因不同转录产物；推出人、小鼠、酵母菌、线虫、果蝇的 Tiling 芯片，可用于分析基因组 DNA 上所有可以被转录的部分，发现新转录本，扫描基因组甲基化修饰位点，染色质修饰位点等。Affymetrix 基因芯片如图 10.19 所示。

在 DNA 研究方面，GeneChip 芯片同样有着不俗成绩，SNP 分型芯片在全基因组扫描、肿瘤基因组学、致病基因分型和药代动力学相关基因分型方面得到广泛应用。另外高密度的重测序芯片使得特定区域的基因序列分析成为可能。Affymetrix 公司芯片在目前的公共数据库中积累了大量数据结果，与其他的生物芯片平台相比，Affymetrix 芯片平台能够提供更大量的比较数据，以满足生物信号通路分析和目标靶分子

图 10.19 Affymetrix 基因芯片

等深入研究的需要。同时，丰富的商业软件和免费软件为 Affymetrix 芯片系统构建了相应分析平台，使得个性化数据分析成为可能，也大大促进了实验结果的交流。由于生物芯片涉及生物专业领域，要想将该芯片嵌入到智能终端上，目前还有一定的困难，详细情况可以咨询 Affymetrix 公司。

6. 智能化（大脑）芯片

所谓大脑芯片（仿真人脑思维的芯片）现在还不存在。虽然如此，但目前也研制出来一些专用芯片，一种称为"神经形态芯片"（neuromorphic chip），它能够实时执行复杂的感觉运动任务，并拥有短期记忆和依赖语境的决策能力。有一些能够实时模拟人类大脑处理信息的过程，如图 10.20 所示。

目前欧盟、美国和瑞士正在紧锣密鼓地研制模拟大脑处理信息的神经网络计算机，希望通过模拟生物神经元复制人工智能系统。这种新型计算机的"大脑芯片"迥异于传统计算机的"大脑芯片"。它能运用类似人脑的神经计算法，低能耗和容错性强是其最大优点，较之传统数字计算机，它的智能性会更强，在认知学习、自动组织、对模糊信息的综合处理等方面也将前进一大步。智能控制系统包含了将来无处不在的环境感知、嵌入式计算、网络通信和网络控制等系统工程，它注重计算资源与物理资源的紧密结合与协调，这主要用于一些智能系统（如机器人、智能导航等）上。而这样系统就称为信息物理系统（Cyber Physics System，CPS）。目前，信息物理系统还是一个比较新的研究领域。CPS 的意义在于将物理设备联网，特别是连接到互联网或移动互联网上，使得物理设备具有计算、通信、精确控制、远程协调和自治等五大功能。本质上说，CPS 是一个具有控制属性的网络，但它又有别于现有的控制系统。CPS 把通信放在与计算和控制同等地位上，这是因为 CPS 强调的分布式应用系统中物理设备之间的协调是离不开通信的。CPS 对网络内部设备的远程协调能力、自治能力、控制对象的种类和数量，特别是利用"大脑芯片"使网络规模远超过现有的工控网络。CPS 让整个世界互联起来。如同互联网改变了人与人的互动一样，CPS 将会改变我们与物理世界的互动。

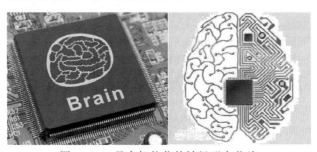

图 10.20　具有智能化的神经形态芯片

10.7 应用实例(专用芯片的嵌入式视频服务器)

随着社会经济的快速稳定发展,人们对生活和工作环境的安全更为关注。视频监控系统作为安全防范系统的重要组成部分,近年来也得到长足的发展,在社会生活中扮演着越来越重要的角色,特别是在交通监控、银行、公安和安保系统。网络带宽、计算机处理能力和存储容量的迅速提高,以及各种视频信息处理技术的出现,使得物联网的智能视频监控成为视频监控的最新发展趋势。

为了提高硬件的识别速度,物联网终端中嵌入专用芯片,这里仅考虑嵌入式系统硬件层的设计是不够的,还需要考虑硬件识别速率与后端数据交换、芯片的几何特征和各种约束条件。其实,实现某种识别算法可以用软件,也可以用硬件,从便携式和识别速度上理解,应尽可能用硬件实现。

嵌入式系统硬件层的核心是嵌入式微处理器,嵌入式微处理器与通用 CPU 最大的不同在于嵌入式微处理器大多工作在为特定用户群所设计的系统中,它将通用 CPU 许多由板卡完成的任务集成在芯片内部,从而有利于嵌入式系统在设计时趋于小型化,同时还具有很高的效率和可靠性。嵌入式微处理器有各种不同的体系,即使在同一体系中也可能具有不同的时钟频率和数据总线宽度,或集成了不同的外设和接口。据不完全统计,全世界嵌入式微处理器已经超过 1000 多种,体系结构有 30 多个系列,其中主流的体系有 ARM、MIPS、PowerPC、X86 和 SH 等。但与全球 PC 市场不同的是,没有一种嵌入式微处理器可以主导市场,仅以 32 位的产品而言,就有 100 种以上的嵌入式微处理器。嵌入式微处理器的选择是根据具体的应用而决定的。

硬件层与软件层之间为中间层,也称为硬件抽象层(Hardware Abstract Layer,HAL)或板级支持包(Board Support Package,BSP),它将系统上层软件与底层硬件分离,使系统的底层驱动程序与硬件无关,上层软件开发人员无需关心底层硬件的具体情况,根据 BSP 层提供的接口即可进行开发。该层一般包含相关底层硬件的初始化、数据的输入/输出操作和硬件设备的配置功能。BSP 具有以下两个特点:①硬件相关性。因为嵌入式实时系统的硬件环境具有应用相关性,而作为上层软件与硬件平台之间的接口,BSP 需要为操作系统提供操作和控制具体硬件的方法。②操作系统相关性。不同的操作系统具有各自的软件层次结构,因此,不同的操作系统具有特定的硬件接口形式。实际上,BSP 是一个介于操作系统和底层硬件之间的软件层次,包括系统中大部分与硬件联系紧密的软件模块。设计一个完整的 BSP 需要完成两部分工作:嵌入式系统的硬件初始化和 BSP 功能,设计硬件相关的设备驱动。

1. 视频监控系统介绍

监控前端就是现场采集设备,主要负责采集监控现场的音视频信息。嵌入式视频服务器是整个监控系统的核心,主要功能包括:接收监控前端传送过来的音视频数据流并按照指定的编码算法对数据流进行数字编码压缩,之后再使用一定的网络协议组装成包经 TCP/IP 网络发送到监控端;接收并响应监控端的控制信息,经过软、硬件转换后对现场设备进行控制等。监控端可以是运行视频监控软件的普通 PC 或工控机,也可以是运行特制的监控软件的嵌入式设备,多数时候包括其他一些扩展应用设备如存储服务器等组成。监控人员通过监控端进行实时视频监控和整个系统的配置管理。现在,物联网的发展已使得监控前端采用无线方式,而一般智能视频监控系统如图 10.21 所示。

2. 嵌入式视频服务器

嵌入式视频服务器是智能视频监控系统设计中最重要的部分。其主要任务是:将模拟的音视频信号通过 A/D 转换成没有被压缩的音频和图像数字信号,再通过 DSP 或具有图像处理功能的专用集成电路(Application Specific Integrated Circuit,ASIC)芯片进行压缩编码,将压缩编码的音视频数据通过网络传输给远程的监控端。

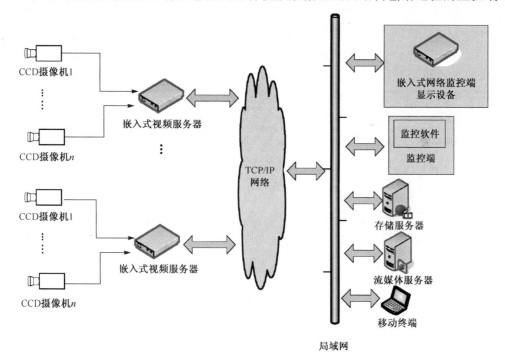

图 10.21 智能视频监控系统示意图

按前述视频服务器的功能,可归纳出嵌入式视频服务器具有六个主要模块:图像采集模块、图像压缩(编码)模块、音频采集模块、音频编码模块、数据传输模块和系统控制模块。就视频服务器的设计重点来看，最重要的是图像压缩模块和系统控制模块，它们是可靠、高效的嵌入式计算平台的核心。图像压缩模块是视频压缩编码算法运行的载体，而控制模块是视频服务器的控制中心，服务视频服务器的管理和控制工作。一般来说这两个模块的结构有两种。

(1) 采用硬件压缩编码，控制器模块是一独立器件。此时一般是视频编码专用芯片加微控制单元(Micro Control Unit，MCU)的结构。由于视频编码专用芯片是为某种算法定制设计的，所以编码效率很高，且量产后成本低；如果直接采用其他厂商的编码芯片，则可大大缩短开发周期。但由于其上的编码算法是硬件固化的，只能进行某种特定的视频压缩运算，所以采用这种方案的网路摄像机系统的可重用性和扩展性很差。

图像编码模块和系统控制模块还可在单块大规模现场可编程门阵列(Field-Programmable Gate Array，FPGA)芯片内用固件实现。这种结构的系统性能较高、功能灵活，但对设计人员要求较高，开发周期较长，且成品的成本较高。

(2) 软件编码压缩，控制模块与图像压缩模块合二为一，由单个器件执行。此时一般选用高性能的多媒体 DSP 芯片。这种高性能多媒体 DSP 芯片除了适合于数字信号高速、并行运算的 CPU 核和缓存结构等，还在片上集成了丰富的外围设备接口，极大地简化了音视频多媒体处理系统的接口电路。DSP 芯片数据处理能力强，且可编程，采用这种方案的系统设计灵活，可扩展性强。且开发较简便，周期短，是现在视频服务器设计采用最多的方案。

3. TMS320DM642 芯片参数

DM642 全名 TMS320DM642，是美国 TI 公司 C6000 系列 DSP 中的一款定点 DSP，其核心是 C6416 型高性能数字信号处理器，具有极强的处理性能、高度的灵活性和可编程性，同时外围集成了非常完整的音频、视频和网络通信等设备和接口，特别适用于机器视觉、医学成像、网络视频监控、数字广播，以及基于数字视频/图像处理的消费类电子产品等高速 DSP 应用领域，如图 10.22 所示。笔者针对市场客户的需求，设计并实现了一款以 TVP5150 为视频输入解码器，以 PCM1801 为音频输入采集电路，以 TMS320DM642 型 DSP 为核心处理器的多路视频采集兼压缩处理 PCI 板卡，并将其应用于构建高稳定性、高鲁棒性和多媒体数字监控系统，取得了较好的社会效益和经济效益。TMS320DM642 系统体系结构图如图 10.23 所示。

图 10.22　TMS320DM642 芯片

TMS320DM642 采用第二代高性能、先进的超长指令字 veloci T1.2 结构的 DSP 核和增强的并行机制，当工作在 720MHz 的时钟频率下，其处理性能最高可达 5760MI/s，使得该款 DSP 成为数字媒体解决方案的首选产品，它不仅拥有高速控制器的操作灵活性，而且具有阵列处理器的数字处理能力，TMS320DM642 的外围集成了非常完整的音频、视频和网络通信接口，TMS320DM642 芯片的详细参数如下。

(1) 3 个可配置的视频端口(VPORT0～2)能够与通用的视频编、解码器实现无缝连接，支持多种视频分辨率和视频标准，支持 RAW 视频输入/输出，传输流模式。

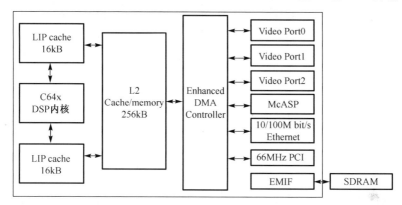

图 10.23　TMS320DM642 系统体系结构

(2) 1 个 10/100Mb/s 以太网接口(EMAC)，符合 IEEE 802.3 标准。

(3) 1 个多通道带缓冲音频串行端口(McASP)，支持 I^2S、DIT、S/PDIF、IEC60958-1、AES-3、CP-430 等音频格式。

(4) 2 个多通道带缓冲串行端口(McBSP)，采用 RS232 电平驱动。

(5) 1 个 VCXO 内插控制单元(VIC)，支持音/视频同步。

(6) 1 个 32 位、66MHz、3.3V 主/从 PCI 接口，遵循 PCI2.2 规范。

(7) 1 个用户可配置的 16/32 主机接口(HPI)。

(8) 1 个 16 位通用输入/输出端口(GPIO)。

(9) 1 个 64 位外部存储器接口(EMIF)，能够与大多数异步存储器(SRAM、EPROM)和同步存储器(SDRAM、SBSRAM、ZBT SRAM、FIFO)无缝连接，最大可寻址外部存储器空间为 1024MB。

(10) 1 个具有 64 路独立通道的增强型直接内存访问控制器(EDMA)。

(11) 1 个数据管理输入/输出模块(MDIO)。

(12) 1 个 I^2C 总线模块。

(13) 3 个 32 位通用定时器。

(14) 1 个符合 IEEE 1149.1 标准的 JTAG 接口和子板接口等。

4. 视频监控中的运动侦测与告警

视频监控中的运动侦测与告警被看成是视觉系统的一个重要能力，是视频监控系统实现智能化的关键一步，它的目的就是提取监控场景中的运动目标，为运动物体的识别跟踪和行为理解等中高级视觉分析提供必备条件。

运动侦测,英文翻译为"motion detection technology",一般也称为移动检测,常用于无人值守监控录像和自动报警。通过摄像头按照不同帧率采集的图像会被 CPU 按照一定算法进行计算和比较,当画面有变化时,如有人走过、镜头被移动,计算比较结果得出的数字会超过阈值并指示系统自动做出相应的处理。移动侦测技术是运动检测录像技术的基础,现在已经被广泛使用于网络摄像机、汽车监控锁、数字保护神、婴儿监视器、自动取样仪、自识别门禁等众多安防仪器和设施上。常见的移动侦测系统还允许使用者可以自由设置布防撤防时间、侦测的灵敏度、探测区域。当触发时可联动录像、联动报警输出、联动摄像机转到相应的预置位。

运动侦测不仅可以自行替代监控人员的部分工作,提高监控系统的自动化水平,也可以提高监控存储的效率。视频监控系统绝大多数都有存储模块,可对监控场景图像数据进行连续存储。然而,由于视频监控系统的工作时间长,视频数据存储量相当庞大,给存储容量提出了较高的要求。存储监控图像的目的是记录监控场景中的动作,如果长时间记录无运动图像,存储的有效信息量极少,则失去了存储的意义。这也需要有相应的运动侦测算法判断监控图像的全部或部分有无运动的发生,控制存储模块的动作,有效地节省存储空间。因此,图像序列的运动侦测在数字视频监控系统中有较强的实用价值。监控场景的运动侦测与告警技术是智能视频监控系统的核心技术之一,是其智能性的重要体现。本系统的运动侦测采用的是在视频编码端基于帧差法实现的技术,实现了视频预存储功能,可以存储告警开始前一段时间直到告警结束后一段时间的视频信息。所谓视频预存储,即监控端在通常状态下只是进行实时预览监控和接收运动侦测的告警信息,接收的码流数据在用于解码播放的同时,会被写入一个固定大小的先进先出(First in First out,FIFO)缓冲区里,一旦接受的告警信息有效,即可将告警发生时前一段时间的数据,即 FIFO 缓冲区的数据写入文件保存,然后再开始将告警发生时接收的码流数据写入文件,告警解除后,延时一段时间再停止写文件,转入写缓冲区状态,实现运动侦测告警的全过程存储。这样可以完整获取告警事件发生的整个过程,而 FIFO 缓冲区的使用又节约了系统的存储资源,在相同的存储空间下,可以大大延长保存视频的时间。自动存储是智能视频监控系统自动化、智能化的重要体现,其软件设计过程如图 10.24 所示。

5. 嵌入式视频服务器与物联网后端的连接

在硬件和软件相互连接接口中,物联网设计对于嵌入式系统来说是很普遍的要求,软、硬件之间的接口一直是嵌入式系统设计的瓶颈,也是软、硬件划分优先考虑的约束条件。数据层的设计就是从硬件接口获取数据,在嵌入式系统中,通常在硬件和软件之间建立 TCP/IP(移动 IP)的 socket 连接来实现通信。应用程序只要连接到 socket，便可以和网络上任何一个通信端点连接，传送数据。这也就是说，struct 的结构是一个连接软、硬件的约束变量，人们完全可以将它看成一个最优化的指标。

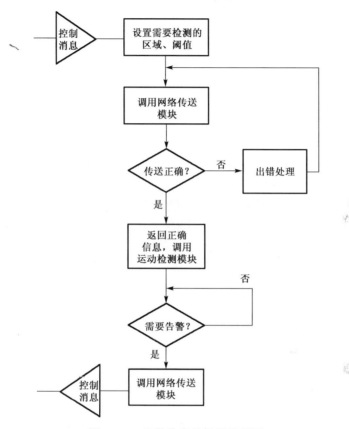

图 10.24　告警信息的转发流程图

基于 DM642 的机器人视觉系统实现了在走廊中机器人的自定位和目标定位及对操作者和典型障碍物的识别功能。在系统上的创新主要有两个方面：一方面是实现基于 DSP 平台的门牌识别和优化，有效地提高系统目标的识别速度；另一方面是探索基于图像识别技术、RFID 技术、传感器技术相融合的自主移动机器人的机器视觉系统，这种方法有效地提高系统的可靠性和鲁棒性。实际应用表明，本书设计的机器视觉系统具有较好的合理性和实用性。也许这个视觉系统不是最好的，但是至少机器人视觉系统又有了新的选择。毕竟因为功用不同，机器人有着很多样式，多一种选择，相信很多机器人就会有了最合适自己的"眼睛"。

参 考 文 献

[1] 周洪波. 物联网：技术、应用、标准和商业模式[M]. 北京：电子工业出版社, 2010.

[2] 刘幺和, 等. 物联网原理与应用技术[M]. 北京：机械工业出版社, 2011.

[3] 杨恒, 等. 最新物联网实用开发技术[M]. 北京:清华大学出版社, 2012.

[4] http://detail.1688.com/offer/669240281.html.

[5] http://wenku.baidu.com/link?url=Eq10EA3FhQrBTKkQXZYy3OxBpm2jFdw8PLzbagM9oJaBihGmu9rgKBHg2qo9ls_IpmklfBPGZO3MLz.

[6] 李金哲, 等. 条形码自动识别技术[M]. 北京：国防工业出版社, 1991.

[7] 易昌惠. 条码识别技术的发展[J]. 企业标准化, 2004, 2:62-63.

[8] 何玉芳. 浅谈条码技术的应用[J]. 云南财贸学院学报, 2003, 04:

[9] http://baike.baidu.com/view/1748420.htm?fr=aladdin.

[10] http://baike.baidu.com/link?url=SyJ8IhFKGkwsAmtpu3xPCKhX8bkRuxS3hr_ooQFEplPNEfV1dd-v3zE3wrtUMiX.

[11] 永来. 托管提供商和安全专家联手打造云计算安全[N]. 网络世界, 2010.

[12] http://baike.baidu.com/view/908354.htm?fr=aladdin.

[13] http://baike.baidu.com/view/1103025.htm?fr=aladdin.

[14] http://baike.baidu.com/view/807.htm?fr=aladdin.

[15] http://news.im2m.com.cn/158/09473370518.shtml.

[16] 王爱宝, 等. 移动互联网技术基础与开发案例[M]. 北京：人民邮电出版社, 2012.

[17] 郑凤, 等. 移动互联网技术架构及其发展[M]. 北京：人民邮电出版社, 2013.

[18] http://baike.baidu.com/view/252596.htm?fr=aladdin.

[19] http://baike.baidu.com/view/10187188.htm?from_id=8301540&type=search&fromtitle=MOOC&fr=aladdin.

[20] 陆清, 等. 移动互联网终端核心开发技术与应用[M]. 合肥：中国科学技术大学出版社, 2013.

[21] 王平, 等. 嵌入式计算机硬件体系设计[M]. 北京：北京交通大学出版社, 2011.

[22] 李宁, 等. Android 开发完全讲义[M]. 北京：水利水电出版社, 2012.

[23] 邓文渊, 等. Android 开发基础教程[M]. 北京:人民邮电出版社, 2014.

[24] 黄隽实, 等. Android 和 PHP 开发最佳实践[M]. 北京：机械工业出版社, 2013.

[25] 郝忠孝, 等. 移动对象数据库理论基础[M]. 北京：科学出版社, 2012.

[26] Güting R. H, Schneider M. Moving Objects Databases. //金培权等, 译. 移动对象数据库[M]. 北京：高等教育出版社, 2009.

[27] http://baike.baidu.com/subview/3385614/9338180.htm?fr=aladdin.

[28] http://baike.baidu.com/view/136475.htm?fr=aladdin.

[29] http://baike.baidu.com/view/4600961.htm?fr=aladdin.

[30] Tiwari S. Professional NoSQL //巨成, 译. 深入 NoSQL[M]. 北京: 人民邮电出版社, 2012.

[31] Chun W. J. Core Python Programming. //宋吉广, 译. Python 核心编程[M]. 北京: 人民邮电出版社, 2008.

[32] Subbu A. RESTful Web Services Cookbook. //丁雪丰, 译. RESTful Web Services Cookbook 中文版[M]. 北京: 电子工业出版社, 2011.

[33] 杨正洪, 等. 云计算和物联网[M]. 北京:清华大学出版社, 2011.

[34] 乐天. 云计算还须迈过安全关[N]. 计算机世界, 2008.

[35] 李响.云计算风云乍起[N]. 计算机世界, 2008.

[36] Rodger R. Beginning Mobile Application Development in the Cloud. //王英群等, 译. 移动云计算应用开发入门经典[M]. 北京: 清华大学出版社, 2013.

[37] http://www.open-open.com/news/view/1e4272e.

[38] 朱明, 等. 数据挖掘[M]. 合肥: 中国科学技术大学出版社, 2008.

[39] 李涛, 等. 数据挖掘的应用与实践[M]. 厦门: 厦门大学出版社, 2013.

[40] http://baike.baidu.com/view/844648.htm?from_id=111004&type= syn&fromtitle=pagerank&fr=aladdin.

[41] 吴朝晖, 等. 语义网格: 模型方法和运用[M]. 杭州: 浙江大学出版社, 2008.

[42] 田雪莹, 等. 语义 Web 技术与网络化制造[M]. 北京: 经济管理出版社, 2013.

[43] http://baike.baidu.com/view/356193.htm?from_id=404892&type= syn&fromtitle=%E7%94%9F%E7%89%A9%E8%AF%86%E5%88%AB&fr=aladdin.

[44] 刘幺和, 宋庭新. 语音识别与控制应用技术[M]. 北京: 科学出版社, 2008.

[45] 王作英, 等. 基于段长分布的 HMM 语音模型识别模型[J]. 电子学报, 2004, 6:

[46] 屈丹, 等. VoIP 语音处理与识别[M]. 北京: 国防工业出版社, 2010.

[47] http://baike.baidu.com/view/8293822.htm?from_id=8706652&type= syn&fromtitle=%E8% B0%B7%E6%AD%8C%C7%9C%BC%E9%95%9C&fr=aladdin.